新型电力系统

**NEW POWER SYSTEM AND
NEW ENERGY SYSTEM**

与

新型能源体系

辛保安　主编

中国电力出版社
CHINA ELECTRIC POWER PRESS

图书在版编目（CIP）数据

新型电力系统与新型能源体系 / 辛保安主编 . — 北京：中国电力出版社，2023.9（2023.11 重印）
ISBN 978-7-5198-8104-7

Ⅰ . ①新… Ⅱ . ①辛… Ⅲ . ①电力系统 ②新能源 Ⅳ . ① TM7 ② TK01

中国国家版本馆 CIP 数据核字（2023）第 160110 号

出版发行：中国电力出版社
地　　址：北京市东城区北京站西街 19 号（邮政编码 100005）
网　　址：http://www.cepp.sgcc.com.cn

印　　刷：三河市万龙印装有限公司
版　　次：2023 年 9 月第一版
印　　次：2023 年 11 月北京第十次印刷
开　　本：787 毫米 ×1092 毫米　16 开本
印　　张：20.5
字　　数：342 千字
定　　价：98.00 元

前 言

PREFACE

能源保障和安全事关国计民生，是须臾不可忽视的"国之大者"。党的十八大以来，习近平总书记站在统筹中华民族伟大复兴战略全局和世界百年未有之大变局的高度，提出了"四个革命、一个合作"能源安全新战略，作出加快构建新型电力系统、建设新型能源体系的重大战略决策，为新时代我国能源高质量发展指明了方向、提供了根本遵循。

2021年3月，习近平总书记在中央财经委员会第九次会议上，对碳达峰碳中和作出重要部署，强调要构建新型电力系统，明确了我国能源电力转型发展的方向。国家电网公司第一时间研究部署，成立碳达峰碳中和工作领导小组，发布国内企业首个"双碳"行动方案、构建新型电力系统行动方案，大力实施新型电力系统科技攻关行动计划，全面推进传统电力系统向新型电力系统升级。

2022年10月，习近平总书记在党的二十大报告中明确指出"深入推进能源革命""加快规划建设新型能源体系"。2023年7月，习近平总书记在主持召开中央全面深化改革委员会第二次会议时指出"深化电力体制改革，加快构建清洁低碳、安全充裕、经济高效、供需协同、灵活智能的新型电力系统，更好推动能源生产和消费革命，保障国家能源安全"。同月，习近平总书记在全国生态环境保护大会上指出"落实好碳达峰碳中和'1+N'政策体系，构建清洁低碳安全高效的能源体系，加快构建新型电力系统"。国家电网公司不断深化理论研究，从认识、方法、实践等方面，对新型电力系统与新型能源体系进行了分析研究，形成理论研究和实践成果。

本书以习近平新时代中国特色社会主义思想为指导，深入贯彻落实习近平总书记关于能源电力的重要讲话和重要指示批示精神，立足经济社会发展大局，结合能源电力行业实际，深入研究新型电力系统"是什么""怎么建"等基础理论，提出新型电力系统构建的方法论，分析研究新型电力系统与新型能源体系之间的关系，阐述以新型电力系统推动建设新型能源体系的路径。

全书共九章，从认识论、方法论和实践论三个范畴开展分析研究。

第一章阐述了新型电力系统的五个定位，论述了新型电力系统的五个内涵，解读了新型电力系统的特征。

第二章阐述了新型电力系统构建的理论创新、形态创新、技术创新、产业创新、组织创新"五大创新"方法论。

第三章从基础理论、多学科交叉融合等方面，论述了新型电力系统理论创新。

第四章从源网荷储形态创新和能源互联网形态升级等方面，论述了新型电力系统形态创新。

第五章从技术创新体系、技术标准支撑体系、知识产权支撑体系等方面，论述了新型电力系统技术创新。

第六章从基础产业、数字产业、新兴产业等方面，论述了新型电力系统产业创新。

第七章从市场建设、机制建设、平台建设等方面，论述了新型电力系统组织创新。

第八章分析研究了新型电力系统与新型能源体系之间的关系，运用方法论原理，提出了新型能源体系建设方法。

第九章融合国家电网公司发展实践，论述了以新型电力系统推动建设新型能源体系的路径。

本书在成稿过程中，得到了专家学者、电力同行等社会各界的大力支持，他们提出了宝贵的意见和建议，在此表示感谢。

编　者

2023 年 9 月

目 录
CONTENTS

第一章
新型电力系统
定位、内涵和特征

第一节　新型电力系统定位

新型电力系统定位，是把握其内涵、特征和构建方法的重要前提。站在全局看能源、立足能源看电力，是找准新型电力系统定位的基本方式。在系统观念的引领下，新型电力系统必须融入中国式现代化建设，全方位满足人民美好生活需要；必须服务构建新发展格局，加快构建现代化产业体系；必须推进碳达峰碳中和，加快推动能源清洁低碳转型；必须保障国家能源安全，立足我国能源资源禀赋全面提升能源自主供给能力；必须推动能源高质量发展，破解能源安全、环境可持续和能源公平的能源"不可能三角"问题。图1-1所示为新型电力系统定位。

图 1-1　新型电力系统定位

一、融入中国式现代化建设

新型电力系统是融入中国式现代化建设的有力保障。中国式现代化是人口规模巨大、全体人民共同富裕、物质文明和精神文明相协调、人与自然和谐共生、走和平发展道路的现代化。第一，我国是人口大国且仍处于向新型工业化国家转型升级的关键期，能源需求特别是电力需求还有较大增长空间，电力安全、稳定、高效供应对人民生活改善和社会长治久安至关重要。第二，我国区域发展不平衡不充分问题仍然突出，电力既是全面改善社会生产生活方式，为满足人民美好生活需求提供安全、经济、绿色、普惠用能服务的最直接载体，又是国民经济发展的关键支柱型和极具潜力的主导型产业之一，对于推动实现资源环境、经济发展、民生保障等多重战略目标下的政策协同，聚焦共同富裕目标具有重要作用。第三，能源电力是现代物质文明的原动力，不仅体现为能源电力资源本身的优化配置，也体现为通过制度建设统筹协调促进生产力和生产关系的进步，是推进社会主义精神文明建设、增强人民精神力量的重要行业，推进能源电力治理体系和治理能力现代化是发展社会主义先进文化、广泛凝聚人民精神力量的应有之义。第四，大自然是人类赖以生存发展的基本条件，人与自然和谐共生是把生态文明建设融入经济社会现代化建设全过程的体现，能源电力作为社会生产生活的基础动力，应以自身清洁低碳发展引领经济社会绿色转型，服务美丽中国建设，以高品质生态环境支撑高质量发展，电力行业以"为美好生活充电、为美丽中国赋能"为己任，是构建清洁低碳、安全高效能源体系的关键环节。第五，能源电力是重塑我国比较优势、推动全球产业链供应链重构、拓展发展新空间的重要行业。我国作为全球最大的可再生能源市场和设备制造国，需要积极推动参与应对气候变化全球治理，通过能源国际合作助力构建人类命运共同体。

图 1-2 所示为"绿水青山就是金山银山"理念发源地——湖州市安吉县余村。

图 1-2 "绿水青山就是金山银山"理念发源地——湖州市安吉县余村

二、服务构建新发展格局

新型电力系统是服务构建新发展格局的重要动力。新发展格局以现代化产业体系为基础，现代化产业体系是现代化国家的物质技术基础，是实现第二个百年奋斗目标的坚强物质支撑。从国际环境看，低碳经济发展为全球经济结构升级和产业变革指明了全新方向，全球碳排放权交易市场前景广阔，产业增量空间巨大，新型电力系统高度依赖技术突破，相应新模式、新业态的蓬勃发展将为经济结构升级提供新动力，为把握全球经济新增长点、推动全球能源产业链重构带来重大机遇。从国内环境看，新型电力系统产业是我国现代化产业体系的重要组成部分，兼具基础设施和经济新动能作用，为制造强国、质量强国、交通强国等社会主义现代化强国建设提供发展动力和平台，为推动构建以国内大循环为主体、国内国际双循环相互促进的新发展格局提供强引擎和新动能。新型电力系统产业发展将推动电力产业规模和市场规模持续扩大，预计2020—2060年我国电力产业投资规模将超过100万亿元，储能、综合能源、能源互联网等产业规模都将达到万亿级别。新型电力系统将成为国家低碳经济的核心枢纽，在整个低碳经济发展中发挥平台和基础服务作用。

三、推进碳达峰碳中和

新型电力系统是推进碳达峰碳中和的支撑平台。我国经济社会发展取得历史性成就的同时，生态环境问题也成为其可持续发展的制约因素。能源是国民经济发展的命脉，能源活动是我国二氧化碳排放的主要来源。2000—2020年我国各行业二氧化碳排放情况如图1-3所示，其中，2020年我国能源燃烧产生的二氧化碳排放量102亿吨，约占全社会二氧化碳排放总量的87%，其中电力行业二氧化碳排放量约占能源活动二氧化碳排放总量的41%。实现"双碳"目标，能源是主战场，电力是主力军，需要以安全降碳为重点战略方向加快推进能源清洁低碳转型。在能源供给侧，清洁能源高质量规划建设和利用消纳，主要以电力的方式完成。在能源消费侧，提升终端用能电气化水平是促进节能减排、提质增效的重要途径。在能源配置侧，持续完善特高压及各级电网网架，确保能源电力资源大规模广域优化配置，是持续健全能源产供储销体系的重点。适应新能源占比逐渐提高的新型电力系统是实现能源生产清洁化、能源消费电气化、能源配置平台化的关键支撑。

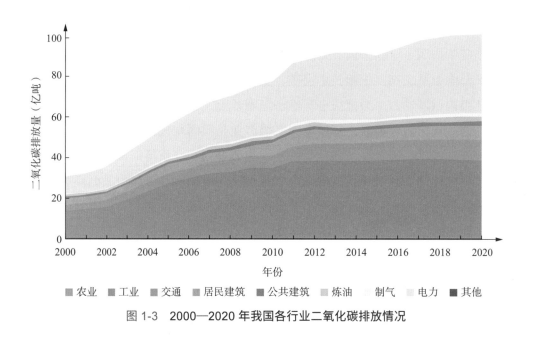

图 1-3　2000—2020 年我国各行业二氧化碳排放情况

四、保障国家能源安全

新型电力系统是保障国家能源安全的关键抓手。国家安全是民族复兴的根基，能源安全是国家安全体系和能力现代化的重要组成部分。当前我国能源生产和消费总量均居世界首位，预计我国一次能源消费总量将于 2035 年达到 61 亿吨标准煤左右的峰值，全社会用电量 2035 年和 2060 年将分别达到 13.1 万亿千瓦时和 15.7 万亿千瓦时左右。我国化石能源增产空间有限，煤炭供给能力相对充足但市场存在结构性矛盾，目前的技术可开发储量低，对外依存度长期处于高位。油气进口通道集中度高，对海上通道和高风险地区依赖程度较高。我国能源安全面临严峻挑战，能源自主供给能力相对受限。相比之下，我国可再生能源资源丰富，目前已开发的可再生能源还不到技术可开发资源量的十分之一，可开发潜力巨大。开发可再生能源是应对化石能源资源相对不足、提升我国能源自给水平的必由之路，构建新型电力系统是从我国能源资源禀赋出发，适应未来能源安全重心向电力系统转移的必然选择。

五、推动能源高质量发展

新型电力系统是实现能源高质量发展的有机载体。高质量发展是全面建设社会主义现代化国家的首要任务，能源是重要的先行领域。我国经济社会发展已进入加快绿色化、低碳化的高质量发展阶段，生态文明建设仍处于压力叠加、负重前行的关键期。能源安全供应护航经济社会发展，能源清洁转型推动经济社会可持续发展，能源公平以全体人民共享发展成果为根本目的，在多目标统筹要求下，能源高质量发展至关重要，亟须统筹解决能源安全、环境可持续和能源公平的能源"不可能三角"问题（见图1-4）。

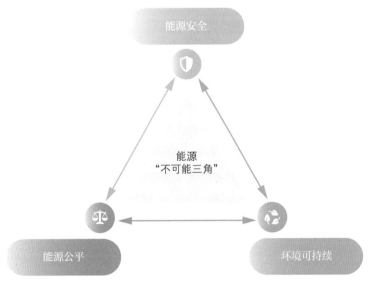

图1-4 能源"不可能三角"

能源安全方面，随着新能源大规模快速发展，电力电量平衡、系统运行稳定、电力调控管理、关键矿物原料的供应保障等将面临新的挑战。环境可持续方面，我国实现"双碳"目标时间紧、难度大，以煤为主的能源资源禀赋带来较大的碳排放压力，目前技术条件下新能源大规模开发利用受区域环境和基础设施承载力的限制，大量新能源设备退役后不及时回收也可能引发环境问题。能源公平方面，新能源大规模开发、煤炭清洁高效利用及碳捕集、利用与封存（Carbon Capture，Utilization and Storage，CCUS）等降碳措施将推动能源供应成本上升。能源发展的不同区域间、群体间、代际间的公平问题正在受到更多关注。总体来看，破解能源"不可能三角"的重心将逐渐转向电力系统，构建新型电力系统是推动实现能源"不可能三角"制约下能源高质量发展的关键。

第二节 新型电力系统内涵

统筹国家能源安全、清洁低碳转型和经济社会高质量发展，立足新发展阶段、贯彻新发展理念、构建新发展格局，需要新型电力系统全环节发力，在电源构成、电网形态、负荷特性、技术基础、运行特性等方面主动实现"五个转变"。

一、电源构成转变

电源构成由以化石能源发电为主导，向大规模可再生能源发电为主转变。实现"双碳"目标，应推进煤炭消费替代和转型升级，通过非化石能源深度替代化石能源实现能源生产清洁化，继续发挥煤电兜底保障和系统调节作用。大力发展新能源，坚持集中式和分布式开发并举，循序渐进地推动新能源向能够提供可靠电力支撑的主力电源发展。构建多元化电力供应体系，助力能源供应体系绿色低碳发展。随着能源转型不断深化，新型电力系统电源构成从确定性的、可调可控的常规电源占主导，逐步演化为随机性、间歇性、波动性的新能源发电占主导，最终实现新能源发电量占主导。由图 1-5 可知，2060 年我国新能源发电装机容量和发电量占比将分别为 64.6% 和 58.6%。

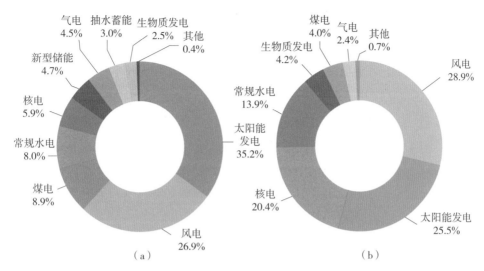

图 1-5　2060 年我国各类电源装机容量占比及发电量占比

（a）装机容量占比；（b）发电量占比

二、电网形态转变

电网形态由"输配用"单向逐级输电网络向多元双向混合层次结构网络转变。电网作为连接能源电力生产和消费的枢纽平台，在实现资源优化配置的同时，面临着支撑新能源规模化开发、高比例消纳和新型负荷广泛接入的挑战，构建适应高比例可再生能源广域输送和深度利用的电力网络体系，是电网功能形态从电力资源优化配置平台向能源转换枢纽转变的关键。新型电力系统源端汇集接入组网形态从单一的工频交流汇集接入电网，逐步向工频／低频交流汇集组网、直流汇集组网接入等多种形态过渡；输电网络形态从交流骨干网架与直流远距离输送为主过渡到交流电网与直流组网互联。

三、负荷特性转变

负荷特性由刚性、消费型向柔性、产消型转变。节能降碳增效是促进能源清洁低碳转型的关键助力，电能替代是实现"双碳"目标的重要途径。以智能用电技术、互联网技术、通信技术为基础，需求响应推动了电力系统负荷由刚性向柔性转变；电动汽车、虚拟电厂、分布式储能等新型负荷的不断涌现实现了用户侧调节潜力的充分释放，催生了电力用户"产消者"新形态。终端消费电气化水平不断提升的背景下，电力负荷多元互动、产消融合新形态层出不穷。新型电力系统终端负荷特性逐步从以社会生产生活为主要驱动的"被动型"向具有灵活互动能力的"主动型"转变；用户侧含高比例分布式电源与可调节负荷，源荷角色转换呈现随机性；终端用户能源消费从刚性需求向高弹性柔性需求转变，网荷互动能力持续提升，预计到2060年，可调节负荷规模可达到电网最大用电负荷的15%。

四、技术基础转变

技术基础由支撑机械电磁系统向支撑机电、半导体混合系统转变。能源清洁低碳转型背景下，新型电力系统呈现高比例可再生能源、高比例电力电子设备的"双高"特点，带来系统形态和特性的"双转型"挑战、电力电量实时平衡与电力系统安全稳定的两大技术难题，传统电力系统的理论框架和控制方法已不完全适用。新型电力系统构建过程是关键核心技术不断突破及应用的过程，技术基础是电力系统技术发展的底层逻辑，厘清技术基础转变形势才能把握新型电力系统技术创新方向。新型电力系统物理形态从以同步发电机为主导的机械电磁系统，转变为由电力电子设备与同步机共同主导的功率半导体、铁磁元件混合系统；电力系统动态特性从机电暂态和电磁暂态过程由弱耦合向强耦合转变；电力系统稳定特性从工频稳定性为主导向工频和非工频稳定性并存转变。

五、运行特性转变

运行特性由"源随荷动"单向计划调控向源网荷储多元协同互动转变。加快构建新型电力系统关键在于坚持系统观念，坚持源网荷储一体化和多能互补发展，推进电源构成清洁化以提升可再生能源接入水平，推进电力网络多形态融合并存以实现高比例可再生能源发电资源大范围优化配置，推进电力负荷多元化以提高非化石能源消费比重，推进新型储能建设以增强电力系统灵活调节能力。源网荷储多元协同是促进电力系统高质量发展，推动构建新型电力系统的内在要求。新型电力系统平衡模式从传统源荷实时平衡模式，向源网荷储协同互动的非完全源荷间实时平衡模式转变，即大规模储能协同参与后，实现源荷在时间层面上解耦的"源—储—荷"平衡模式。

全国首个源网荷储一体化示范区在浙江海宁创建，如图 1-6 所示。

图 1-6　浙江海宁源网荷储一体化示范区

新型电力系统是以交流同步运行机制为基础，以大规模高比例可再生能源发电为依托，以常规能源发电为重要组成，以坚强智能电网为平台，以源网荷储协同互动和多能互补为重要支撑手段，深度融合低碳能源技术、先进信息通信技术与控制技术，实现电源侧高比例可再生能源广泛接入、电网侧资源安全高效灵活配置、负荷侧多元负荷需求充分满足，适应未来能源体系变革、经济社会发展、与自然环境相协调的电力系统。

第三节　新型电力系统特征

新型电力系统是清洁低碳、安全高效的能源体系的重要组成部分，承载着能源转型的历史使命，具备清洁低碳、安全充裕、经济高效、供需协同、灵活智能的特征，如图 1-7 所示。

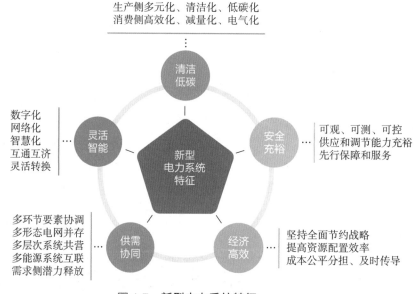

图 1-7　新型电力系统特征

一、清洁低碳

构建新型电力系统需要推动形成清洁主导、电为中心的能源供给和消费体系。科学合理有序发展常规水电、气电、核电，推进煤电机组"三改联动"，构建多轮驱动电力供应体系，实现增量需求主要依靠清洁能源来满足，推广能源供给碳减排技术，能源供给侧实现多元化、清洁化、低碳化。着力提高能源电力利用效能，推进能耗总量和强度"双控"逐步向碳排放总量和强度"双控"转变、电能占终端能源消费比重不断提升，推动能源消费侧实现高效化、减量化、电气化。图 1-8 所示为吉林丰满水电站。

图 1-8　吉林丰满水电站

二、安全充裕

构建新型电力系统需要合理安排稳定支撑性电源和调节性资源建设，交流、直流各电压等级电网协调发展，分布式新能源和微电网等实现可观、可测、可控，筑牢安全"三道防线"，建设规模合理、结构坚强的大电网，增强电力系统韧性、弹性和自愈能力，保证电力供应和系统调节能力充裕。及时适应新型电力系统与外部系统高度交互形成的开放的复杂巨系统形态，扩展安全防御内涵，在加强系统稳定管控的同时，强化对供应安全、非常规安全问题的防控，构建覆盖全时间尺度、全空间维度、协调统一的综合安全防御体系。不断提升系统承载能力、资源配置能力和要素交互能力，将一次能源供给、政策应对手段、应急保障资源和调配能力等纳入电力系统的充裕性考量，持续提升新型电力系统对经济社会发展的先行保障和服务能力。新型电力系统安全防御体系构建思路如图 1-9 所示。

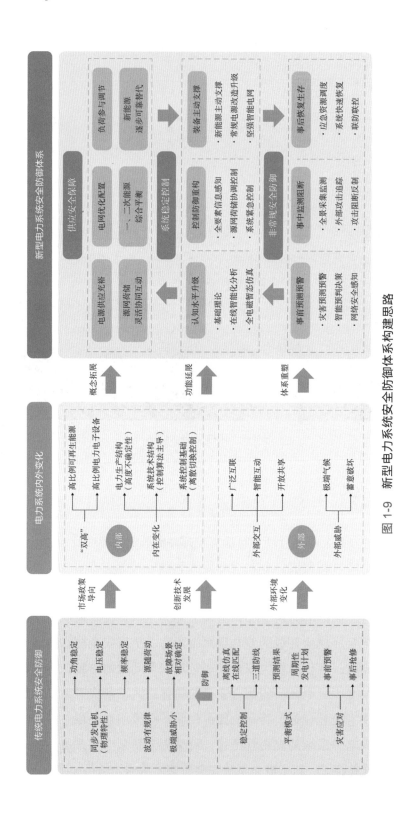

图 1-9　新型电力系统安全防御体系构建思路

三、经济高效

构建新型电力系统需要坚持全面节约战略，将以科学供给满足合理能源电力需求作为关键发展主线，建立源网荷储互动、多能协同互补的资源配置平台。电源侧新能源提供可靠电力支撑，化石能源向基础保障性和系统调节性电源并重转型，电网侧充分发挥能源电力资源的优化配置作用，负荷侧推动传统消费者向产消者转变，提升系统整体效率，实现转型成本的公平分担和及时传导，以及电力的价值升级和价值创造，推动更经济、更可持续的能源转型。

四、供需协同

构建新型电力系统需要加强传统火电、新型储能、虚拟电厂等海量系统调节资源的存量挖潜和增量能力建设，实现源网荷储多要素、多主体协调互动，交直流混联大电网、微电网、局部直流电网等多形态电网并存，物理设备一次系统、信息通信二次系统、市场交易调度运营系统等多层次系统共营，电力系统与冷、热、氢、气等多能源系统互联，加强能效分析、能效管理和能效服务，充分激发需求响应潜力，吸引社会各界广泛参与和主动响应，实现高质量的供需动态平衡。随着部分地区负荷峰谷差增加，充分激发需求响应潜力不仅更具经济性，也应成为保障系统高峰用电的必备手段。依托新型电力系统更高水平的供需协同，推动实现国家产业结构升级和区域产业转移与能源供需格局优化的高效统筹。

五、灵活智能

构建新型电力系统需要融合应用"大云物移智链"等新型数字化技术、先进信息通信技术、先进控制技术，建设新型数字能源基础设施，通过大数据采集传输、存储、应用对海量分散发供用对象开展智能协调控制，促进新型电力系统能量流和信息流的深度融合，呈现数字化、网络化、智慧化特点。充分发挥电力的灵活转化特性和电网的基础平台作用，实现电力与燃气、热力等终端能源之间的互通互济和灵活转换，提升能源系统弹性、提高能源利用效率。

第二章
新型电力系统
构建方法论

第一节　新型电力系统构建原则

以习近平新时代中国特色社会主义思想为指导，深入贯彻落实"四个革命、一个合作"能源安全新战略，加快构建清洁低碳、安全充裕、经济高效、供需协同、灵活智能的新型电力系统，推动建设新型能源体系，坚持清洁低碳是方向、能源保供是基础、能源安全是关键、能源独立是根本、能源创新是动力、节能提效要助力，统筹发展与安全、统筹保供与转型，立足源网荷储各环节协同发力，加强科技驱动、市场带动、政策联动，保障能源安全。

构建新型电力系统，需要把握以下发展趋势。

发展目标更注重兼顾保供应、促转型。既需要确保电力安全可靠供应、保障经济社会发展和民生用电需求，更需要推动能源清洁低碳转型、确保如期实现"双碳"目标。

发展内容更关注电力系统整体。系统性推动构建多元化供应体系，创新电网发展方式，挖掘需求侧调节潜力，促进储能规模化应用，强化政策机制建设，实现源网荷储协同互动、多能互补协调发展。

发展方向更适应复杂多样场景。以底线思维充分考虑新能源发电强不确定性、弱可控性，电网形态多元化、平衡特性复杂化，用电负荷多样性、柔性、生产与消费兼具性等特点，以及能源价格波动、极端天气频发等因素，加强前瞻性、全局性、系统性风险识别和管控，提高电力行业的适应性。

发展思路更重视超前布局前沿技术。新型电力系统的构建是一个高度依赖技术创新的迭代升级过程，既需要充分考虑当前及今后较长时间内电力系统仍以交流电技术为基础，发挥好现有技术的重要作用，也需要高度重视前沿技术对新型电力系统演化的决定性作用，加强自主创新，按照试点推进、示范先行，因地制宜积极探索新型电力系统构建路径。

构建新型电力系统，需要遵循以下基本原则（见图2-1）。

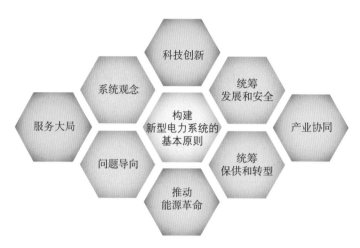

图 2-1　构建新型电力系统的基本原则

1. 服务大局

始终胸怀"国之大者",坚定不移走中国式现代化道路,增强战略自信,保持战略定力,准确领会和把握党中央提出的能源安全新战略、"双碳"目标、新型能源体系、能源电力保供、乡村振兴等一系列重大部署,牢固树立大局意识,聚焦主责主业,找准在服务国家大局中的定位,始终在党中央工作大局中谋划、部署和推动新型电力系统相关工作,积极推进我国能源清洁低碳转型行稳致远,为维护社会大局稳定作出更大贡献,以扎实有力的工作为党分忧、为国尽责、为民奉献,努力为逐步实现全体人民共同富裕提供更好的能源服务。

2. 系统观念

新型电力系统的构建是一项复杂的系统性工程,涉及领域多、覆盖面广,时间跨度长、不确定性强,应不断提高科学思维能力,将能源电力行业置于整个经济系统中考虑,把握好全局和局部、当前和长远、主要矛盾和次要矛盾的关系,针对构建新型电力系统面临的重大理论和实践问题,加强前瞻性思考、全局性谋划、整体性推进,加强能源绿色低碳发展顶层设计,建立并完善跨行业、跨部门协同机制,努力实现多目标平衡和整体最优。

3. 问题导向

问题是时代的声音,回答并指导解决问题是理论的根本任务。切实增强问题意识,聚焦当前能源电力领域高质量发展面临的突出矛盾、新问题和深层次问题，切实做到"真研究问题、研究真问题"，找准靶心、对症下药、有的放矢，敢于坚持原则、敢于动真碰硬，以钉钉子精神化解矛盾、破解难题，奋力将构建新型电力系统的各项事业不断推向前进。

4. 科技创新

为加快构建新型电力系统，能源电力行业应瞄准世界科技前沿，抓住大趋势，下好"先手棋"，打好基础、储备长远，强化重点攻坚，做好技术兜底，多元化加大科技投入，高效配置创新要素，加强基础研究，从源头和底层解决关键技术问题，实现前瞻性基础研究、引领性原创成果重大突破。加强前沿引领技术研究，加快关键核心技术攻关，立足于现实性、紧迫性，着眼于前瞻性、战略性，常态化研判科技创新态势，为电力科技创新提供智力支撑。持续加强基础研究与应用技术攻关，对接国家科技重大需求，发挥好制度、政策的价值驱动和战略牵引作用，不断创新基础研究模式，强化需求导向，突出场景牵引，科学规划布局重大科技基础设施，打造体系化、任务型的政产学研用一体化创新联合体。持续加强创新生态环境培育，打造体系化、高层次基础研究人才培养平台，推行"揭榜挂帅"、项目总师、容错纠错等科技攻关机制，健全成果转移转化和收益分享机制，促使创新创业的内生动力得到有效激发。加快推进高水平科技自立自强，持之以恒推动新旧动能转换，将为创新大潮奔流涌动拓展源头活水，为党和国家长治久安再造大国重器。

国家电网公司在耐压试验装置领域进行科技创新，图 2-2 所示为南瑞集团大功率检测中心开展 500 千伏电缆长期耐压试验。

5. 推动能源革命

新型电力系统的构建必须立足我国能源资源禀赋，坚持先立后破、通盘谋划，支持煤炭清洁高效利用，积极促进风能、太阳能、氢能、水能等清洁能源发展，加快构建新能源供给消纳体系，推动能源结构从以化石能源为主向以清洁能源为主转变，把能源的饭碗端在自己手里。优化电网发展格局，提升电网优化配置资源能力。落实全面节约战略，积极引导全社会节约用能、高效用能、绿色用能。积极推进工业、建筑供冷供暖、交通运输和居民生活等重点领域节能降碳改造。

6. 统筹发展和安全

发展是安全的基础和目的，安全是发展的条件和保障。能源电力是经济社会

图 2-2　南瑞集团大功率检测中心开展 500 千伏电缆长期耐压试验

稳定运行的基础保障，关系民生、关系稳定、关系发展。完整、准确、全面贯彻新发展理念，立足我国基本国情，站在总体国家安全观的高度，充分发挥煤炭、煤电兜底保障作用，科学把握减污降碳节奏，有序实现能源结构调整，始终保证能源电力供应稳定充裕。大力加强能源储备应急体系和预测预警体系建设，以大概率思维应对小概率事件，扎实做好经受风高浪急甚至惊涛骇浪重大考验的准备。把安全发展要求落实到生产经营管理各领域，有效防范和化解各类风险，坚决守牢安全"生命线"，努力实现更高质量、更有效率、更可持续的发展。以"时时放心不下"的责任感，保持如履薄冰的警觉，杜绝麻痹与侥幸，用严之又严、细之又细、慎之又慎、实之又实的举措，以毫不懈怠、毫不松懈、毫不手软的态度，切实把安全生产抓实抓紧抓到位，确保万无一失。

7. 统筹保供和转型

新型电力系统的构建应立足当下、放眼长远，从关系国家治理体系治理能力、关系党执政基础的政治高度，深刻认识保障电力供应的极端重要性，以更高站位、更高标准、更严要求，推动压紧压实保供责任、提高系统保供能力、落细负荷管理措施、严格执行保供纪律，确保电力供应无虞。在保障电力可靠供应的前提下积极服务碳达峰碳中和，扎实推进能源结构调整，扎实抓好煤电"三改联动"，积极推进水电、核电等重大工程和以沙漠、戈壁、荒漠地区为重点的大型风电光伏基地建设，持续优化电网发展格局、着力提高系统调节能力，积极推动抽水蓄能、新型储能和氢能发展，不断提升新能源消纳能力，切实增强转型变革的历史主动。

北京 2022 年冬奥会期间，国家电网公司积极践行"绿色办奥"理念，三大赛区 26 个场馆全部使用绿色电力（简称绿电），这是奥运历史上首次实现全部场馆 100% 绿电供应。如图 2-3 所示，国家电网公司为北京 2022 年冬奥会提供电力保障。

图 2-3　国家电网公司为北京 2022 年冬奥会提供电力保障

8. 产业协同

新型电力系统产业是我国现代化产业体系的重要组成部分，加强上下游产业协同和技术合作攻关，有助于增强产业链韧性，提升产业链水平。建设创新引领、协同发展的新型电力系统产业体系，加强产业链上下游协同开展关键战略性领域科技创新和成果转化，依托产业协同促进电力与各类创新资源要素的互联互通，促进发输配用各领域、源网荷储各环节，以及电力与其他能源系统之间的协调联动。持续优化特大型国有重点骨干企业产业布局，推动传统电力产业和新模式新业态、支撑产业、战略性新兴产业的协同联动、蓬勃发展，促使能源电力保障经济社会发展的平衡性、协调性和可持续性不断增强。

第二节 新型电力系统构建基础

能源电力发展具有路径依赖特征和发展惯性，推动新型电力系统构建需要明晰我国能源电力发展的独特优势，走中国特色能源电力发展道路，才能推动新型电力系统发展行稳致远。总体上看，新型电力系统构建的基础主要体现在制度优势、市场优势、工业体系优势以及产业发展优势等方面（见图2-4）。

图 2-4　新型电力系统构建基础

一、制度优势

我国具备强大的动员能力，通过不断健全发展新型举国体制，以现代化重大创新工程为战略抓手，以创新发展的制度安排为核心实质，坚持全国一盘棋，发挥市场在资源配置中的决定性作用，发挥我国社会主义集中力量办大事的制度优势，既能够从国情出发掌握政策主动进行宏观调控，从而强有力应对市场失灵等各类风险和挑战，又可以通过放管结合充分释放省域竞争发展模式下各地的创新发展活力。能源工作涉及经济社会方方面面、与人民生活息息相关，需要总揽全局、协调各方。我国以强化国家战略科技力量、优化配置创新资源为目标的新型举国体制优势，既为新型电力系统构建提供了良好顶层设计基础，又有助于在全国范围内实现跨领域、跨行业、跨部门、跨地区动员、利用和协调优势资源要素，突破体制机制障碍，实现自上而下的顶层设计与自下而上的基层实践探索的有机结合。

二、市场优势

我国具有超大规模市场发展的基础。从国内看，我国人口规模巨大，当前人均国内生产总值突破 1 万美元，拥有最具潜力和优势的内需市场。从国际看，共建"一带一路"需要建设高质量、高韧性、成本合理、满足绿色用能的电力基础设施。据测算，2030 年我国参与"一带一路"共建国家光伏和风力发电项目潜力 2.4亿~7.1 亿千瓦，由此带动的相关装备制造和项目建设投资需求将远超万亿元人民币。广阔的国内外市场不仅有利于我国电力产业链上下游和区域分工细化，提升能源发展效率，而且依托丰富的应用场景，推动新技术、新产品、新业态、新模式的快速迭代升级，更有利于发挥"买家优势"，在全球能源市场中拓展腾挪空间。

三、工业体系优势

从产业链布局、电力工业技术、新能源产业规模等方面来看，我国电力工业体系具备独特优势。在我国经济社会多重战略目标的要求下，自主技术创新依托我国完备的工业体系，将电力工业体系优势转化为我国核心竞争力，抢抓全球能源低碳转型先机，占据战略制高点。

1. 完备的全产业链布局

当前我国电力产业链覆盖以电能生产消费为核心的发输配用链条和以关键技术和装备为核心的研发制造链条，包括上游电力生产行业、中游输配电行业和下游用电行业，并涵盖勘探设计、设备制造、信息通信等相关支撑产业。放眼全球，我国是为数不多电力整体产业链条和各环节细分链条较为完备的国家。

2. 世界领先的电力工业技术

我国在风电、太阳能发电、特高压、电动汽车、储能等行业技术领先、自主化程度高，尤其是在特高压输电领域具备完整的技术标准体系，是世界上唯一掌握大规模推广建设特高压输电全套关键设备的国家。图2-5所示为世界首台1500兆伏安可现场组装的特高压变压器。

图2-5　世界首台1500兆伏安可现场组装的特高压变压器

3. 规模最大的新能源产业

我国在新能源领域已形成健全高效的光伏、风电产业链，产业规模全球领先。光伏制造产业在全球具有主导地位，光伏产业链中多晶硅、硅片、电池片和组件等在全球产量占比均超过70%。2022年我国新增风电装机容量约占全球新增风电装机容量的47%。龙头企业数量领先，全球前十风电整机制造企业超半数是中国企业。

四、产业发展优势

我国国土空间和资源禀赋具备较强的战略纵深优势，有助于通过推动制造业有序转移来维护产业链的完整性和安全性，促进产业转型升级的接续推进和产业融合的动态演进，拓展形成区域合理分工、联动发展的产业格局。在构建新型电力系统的目标下，我国多元化产业发展优势将为持续推动生产力布局优化提供时间和空间，促使不同地区形成因地制宜的比较优势，从而推动形成差异化的产业转型升级路径，缩小因各类资源要素分布不均衡造成的区域发展差距。我国中西部地区和东北地区将依托在市场潜力、劳动力和资源禀赋等方面的优势，吸引并推动劳动密集型和资源密集型产业的落地、转型与优化，拓展新型电力系统产业链的价值增量空间。东部地区将依托产业集群优势和在技术、产品与商业模式上的先发优势，通过大力发展高端制造业，打造出我国战略性新兴产业的先导力量。

第三节　新型电力系统构建方法

党的二十大报告强调"坚持创新在我国现代化建设全局中的核心地位"。当前，我国已经基本形成了政府、企业、科研院所及高校、技术创新支撑服务体系四角相倚的国家创新体系，既包含具有创新主体、创新活动、创新要素等"硬"条件的创新能力体系，也包括体现促进创新的体制机制、创新文化、创新生态等"软"环境的制度体系。在涉及国家安全和国家战略的重要领域，更需要研判技术发展趋势，健全新型举国体制，打破资源、技术、人才等要素的瓶颈和制约，增强创新体系整体效能，提升体系化能力并全面推动各类主体集中攻关的创新突破。

新型电力系统的构建作为一项重大系统性工程，需要结合外部环境的重大变化，统筹全面建成社会主义现代化强国目标对经济、能源和环境提出的新要求，以创新作为其构建的根本动力，以探索创新组织体系作为关键实现方式，依托国家创新体系，推动形成新型举国体制下具有普适意义的创新组织体系范式。新型电力系统的构建方法论即在对当前形势研判基础上，坚持新型电力系统构建的基本原则，夯实新型电力系统构建基础，形成包含理论创新、形态创新、技术创新、产业创新、组织创新五大维度的创新体系，推动构建新型电力系统。新型电力系统构建方法论示意如图2-6所示。

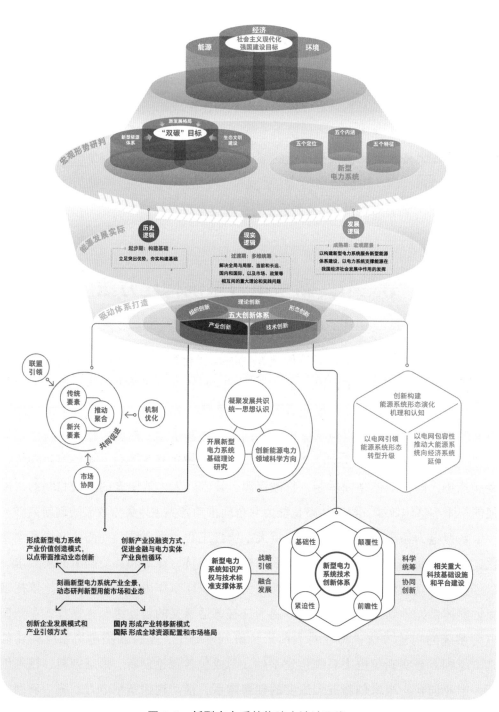

图 2-6　新型电力系统构建方法论示意

一、理论创新

在理论创新维度，以凝聚发展共识为引领，创新能源电力基础理论体系，推动我国基础科学研究组织化、融通化，推动多学科与新型电力系统交叉融合创新。

1. 凝聚发展共识，统一思想认识

新型电力系统构建需要推动全社会层面凝聚共识，形成对新型电力系统构建过程中阶段性主要矛盾和解决途径的基本认识。以确保能源电力安全为基本前提、以满足经济社会发展电力需求为首要目标，坚持电力保供"3334"关键之要：树牢守住大电网安全生命线、民生用电底线、不碰拉闸限电红线的"三防线"思维；坚持"就地平衡、就近平衡为要，跨区平衡互济"的"三平衡"原则；落实"需求响应优先、有序用电保底、节约用电助力"的"三用电"要求；突出"各级政府是主管家、电力企业是主力军、电网企业是排头兵、电力用户是主人翁"的"四主体"定位，坚定不移夯实保供基础、提升保障能力、强化负荷管理、压实各方责任。服务国家能源转型和"双碳"目标，支撑沙漠、戈壁、荒漠地区为重点的大型风电光伏基地开发，推动形成清洁主导、电为中心的能源供给和消费体系，成为支撑全社会绿色低碳转型的关键抓手。

2. 开展新型电力系统基础理论研究

重点开展稳定基础理论、保护基础理论、电能质量理论、协同基础理论、平衡基础理论创新，建立"安全—经济—低碳"三元均衡约束下的电力系统构建与运行理论体系，把握"双高"电力系统多时间尺度交织、控制策略主导、切换性和离散性显著等特征，厘清系统故障扰动后的动态响应过程，明确新型稳定形态，建立完整的分析理论和稳定问题分类方法，推进新型电力系统稳定分析理论研究。研究新型电力系统下，多样化电力电子设备对系统功角稳定性影响机理及判别方法，以及高比例电力电子系统的电压特性形成机理及分析方法，掌握电力电子接入系统的频率交互作用机理及动态轨迹变化特性等。高比例电力电子设备并网示意如图 2-7 所示。

3. 创新能源电力领域科学方向

新型电力系统相关基础科学研究具有典型的跨学科、大交叉、深融合特征，尤其是气象学、运筹学、混沌理论、地质科学、人工智能、大数据等前沿科学应

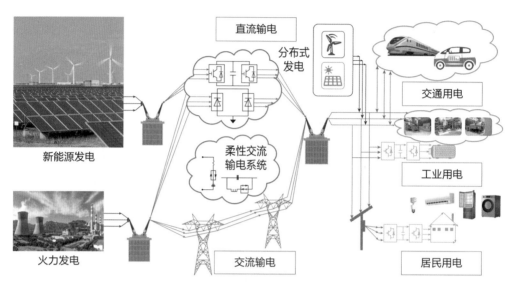

图 2-7 高比例电力电子设备并网示意

在整体科研链条最前端进行有组织的布局融合，形成系统性的知识体系。同时，新型电力系统作为国家现代化重大创新工程，需要硬技术突破，更需要软环境构建和软技术体系支撑，以推动新型电力系统软技术体系在理论和实践的辩证发展中不断完善，按照"专业化、科学化、学科化"的主脉络形成研究范式，并提炼适用于国家现代化重大创新工程的软技术体系框架的普适方法论。

二、形态创新

在形态创新维度，在认识能源系统形态演化特点的基础上，研判源网荷储形态创新趋势，发挥电网作用，以新型电力系统引领现代能源系统转型升级与新型能源体系建设。

1. 创新构建能源系统形态演化机理和认知

未来较长一段时期，能源电力系统形态演化是典型的需求和技术双重驱动系统，其演进过程将长期面临"安全—经济—低碳"统筹难度增加、"保供应、保安全、促消纳"矛盾交织的挑战。需求驱动要求充分利用自然资源禀赋，尊重社会发展规律，实现供需高效对接，将传统能源电力先行的概念内涵持续丰富，有效融入服务先行等内容。技术驱动要求将技术可能性的时间概念与能源类基础设施长周期性紧密联系，使系统形态符合技术发展预期，以基础支撑技术、关键影响技术、颠覆性技术为抓手，有效支撑能源电力系统的平衡保供、安全运行和低碳发展。构建新型电力系统将实现海量要素的多元化方式接入，高开放性特征凸显，可为未来现代能源体系的升级和系统形态重塑提供先行实践经验和理论范式，以通过技术和机制体系设计实现增量新能源定位由"并网消纳"到"主动支撑组网"的转变为契机，形成推动能源系统形态扩展重塑的标准范式。

2. 以电网引领能源系统形态转型升级

新型电力系统下电网将发展成交直流互联大电网与局部直流电网、主动配电网融合发展的总体形态，发挥电网在推动能源系统协同发展中的重要作用。统筹能源安全保障和清洁低碳转型，新能源发展的规模、布局、建设节奏及其与传统化石能源的替代互补关系是关键，其中所涉及多类型基础设施的建设周期、运行特点和技术特性差异较大，需要有效依托电网智能便捷的突出优势。随着能源和经济社会系统的深度融合，以清洁电力多元化利用和多层次配置为抓手，电力将深度参与到工业、交通和建筑的低碳工艺升级甚至重塑中，推动经济社会绿色低碳转型。图2-8展示了源网荷储各要素信息交互关系。

3. 以电网包容性推动能源系统向经济系统延伸

将灵活性资源作为电力系统和能源系统的融合环节，发挥好其他能源品种物理可存储、时空可转移、形态可转换等特点，利用电力快速便捷优势，以电网发展方式带动电力系统转型升级，推动能源系统向更加安全、高效、经济方向迈进。同时，积极支持分布式微电网、纯直流电力系统等多种组网技术，因地因时制宜选择合适的系统发展形态及演化路径，尤其加大对"负荷密集型""区域自治型""电源密集型"配电网的支持力度，以电网形态的高包容性有力支撑各种新技术的示范应用和迭代升级，新元素的合理接入和即插即用，以及营商环境改善，能源互联网多元业态的高质量发展等。

三、技术创新

在技术创新维度，遵循系统观念和技术规律，全面推进新型电力系统技术创新体系建设，提升能源领域技术创新能力。

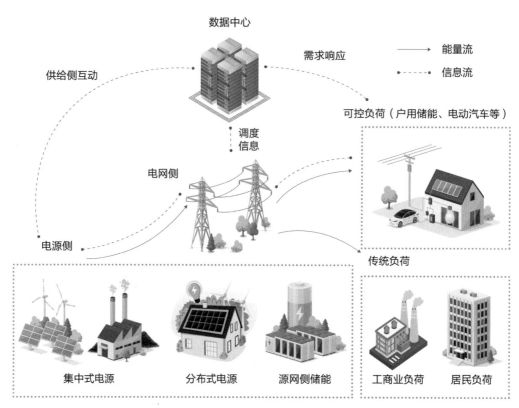

图 2-8　源网荷储各要素信息交互关系

1. 推动构建新型电力系统技术创新体系

根据电力系统技术本身的特征、发展水平、应用需求迫切程度等，构建包含基础性、紧迫性、前瞻性和颠覆性四类重大科技创新技术的新型电力系统技术创新体系，推动技术进步与新型电力系统发展齐头并进。优化科研技术领域体系设置，增加对关键交叉学科领域的支持力度，对于长周期储能、电碳协同等对新型电力系统发展路径有重大影响的交叉学科，做好稳定和长期的资金与项目支持，为未来构建新型电力系统做好技术储备，夯实支撑新型电力系统构建的物质技术基础。

2. 建立新型电力系统知识产权与技术标准支撑体系

充分发挥知识产权和标准的战略引领作用，按照"鼓励创新、先行先试、循序渐进、有机融合"的原则，健全技术创新、专利保护与标准化互动支撑机制，促进新型电力系统核心技术、专利、标准的创新融合发展。在新能源、电化学储能、物理储能、氢能、电动汽车、电力物联网、CCUS 等重点领域，强化标准与专利融合，推动更多先进科技成果形成专利后，适时、科学地融入相关标准，实现科研、专利与标准同步规划、同步实施、同步推进，形成自主创新、科技成果转化、标准创新应用和产业转型升级一体化发展模式，为高质量构建新型电力系统提供有力支撑。图 2-9 展示了氢能综合利用体系。

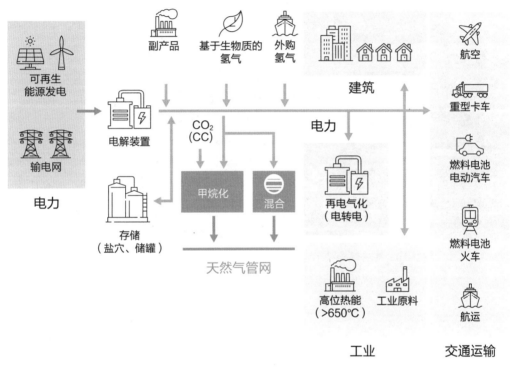

图 2-9 氢能综合利用体系

3. 推动重大科技基础设施和平台建设

构建新型电力系统，涉及领域多、覆盖面广，时间跨度长、不确定性强，科学统筹基础设施、人力资源、资金保障、制度环境等创新要素，夯实电力科技自立自强根基，通过布局一批高水平科技设施和研发平台、打造一批高层次专家人才和创新团队、建立一套高效能研发投入和保障体系，以国家重大攻关任务为纽带，构建资源集聚、优势互补、合作共赢的协同创新机制。图 2-10 所示为先进输电技术全国重点实验室的大功率电力电子试验平台，该实验室成功研制了一系列高端电力装备，有力支撑了国家重、特大输电工程建设，逐步成为我国先进输电技术的研发基地、高端人才培养基地、科技创新试验基地和重大成果输出平台。

图 2-10　先进输电技术全国重点实验室的大功率电力电子试验平台

四、产业创新

在产业创新维度，全景式认识新型电力系统产业发展趋势，识别基础产业、数字产业、新兴产业等不同类别的电力产业在价值形态、协同模式和空间布局上的新特征新趋势，实现新型电力系统产业链高质量发展，创新打造能源产业生态圈。

1. 刻画新型电力系统产业全景，动态研判新型用能市场和业态

关注新型电力系统构建目标下，电力产业链上游由煤、油、气等一次能源资源向关键矿产资源延伸，研发制造领域大幅延伸至高精尖装备研发，电力新业态新模式极大丰富，全产业链融合发展态势增强，电力要素与碳、数字、金融等要素高度贯通等特点，刻画新型电力系统产业全景。跟踪用户侧链条延伸至综合能

源利用、智慧园区、微电网等领域的情况，分析用户侧个性化、差异化需求。以碳相关产业、分散式资源聚合平台产业、产业链金融等重点产业为切入点，依托网络、平台和数据优势，拓入口、聚要素、搭平台、创生态，理顺产业发展的共性规律，优化新型电力系统产业的组织模式、管理模式、商业模式、产业价值增长模式。

2. 形成新型电力系统产业价值创造模式，以点带面推动业态创新

新型电力系统产业通过在各环节上的业态创新实现结构调整、产品升级、服务优化、价值环节攀升的价值创造模式，重点打造电力全领域数字化平台，探索构建联结全社会用户、各环节设备的智慧物联体系，支撑适应大规模高比例可再生能源的新型电力系统运行管理及控制。同时，随着能源系统向能源互联网演进，发挥数字产业与能源电力产业深度耦合优势，激发各类资源要素互联互通，加大数据共享和价值挖掘，建设能源大数据中心和能源工业云网，拓展多能互补的清洁能源基地、源网荷储一体化项目、综合能源服务、智能微电网、虚拟电厂等新业务、新模式、新业态。图 2-11 展示了新型电力系统数字化技术布局。

3. 创新产业投融资方式，促进金融与电力实体产业良性循环

平衡电力产业投资需求和投资能力之间的缺口将成为产业创新的重要目标之一。创新投融资方式，引入多样化社会资本，解决产业链融资难题。通过风险投资、投融资平台等方式创新相关企业融资渠道和手段，为资本市场创造产业价值评估条件，推动更多主体共同参与新型研发制造链的投资建设。探索成立产业基金，联合政府和社会资本合作发行专项债等各种金融工具，充分发挥管理和参与各类基金和专项投资平台的作用，切实降低融资成本。通过建立全国性碳核算体系，明确投资效益预期和碳信用资产的价格预期，为金融机构提供碳足迹的核算标准，助力增强碳排放权交易市场的金融属性，促进形成真实反映碳资产价值的价格发现机制；同时以碳金融衍生品创新，给市场参与者提供必要的风险管理和对冲工具，帮助市场形成对碳信用资产的中长期价格预期。

4. 创新企业发展模式和产业引领方式

通过设立科技产业园区等方式实现产业培育，共同打造技术标准工作生态圈。吸引大量电力产业链上下游企业和支撑性企业，深化企业间的分工和合作，在缩减企业运营成本的同时，充分发挥外部规模经济效应和产业链效应，形成更

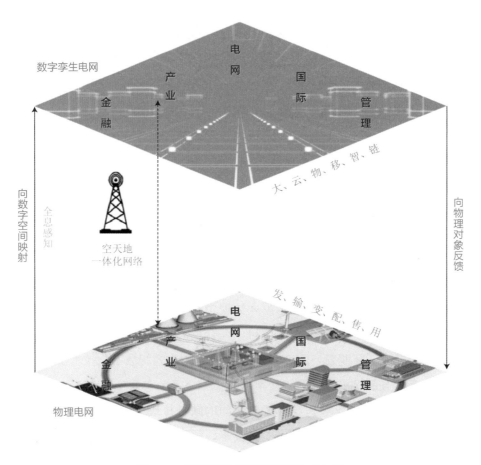

图 2-11　新型电力系统数字化技术布局

加合理的产业结构。未来大量新技术企业、细分产业链专精特新企业 ❶ 与大型跨领域复合型企业共同繁荣的电力产业格局和更充分竞争的市场结构将逐渐显现，发挥关键枢纽企业的产业链"链长"作用，从全局出发制定做强做优做大产业链工作计划，引领制定产业链图、技术路线图、应用领域图、区域分布图等，统筹推进引领产业健康可持续发展。

5. 在国内形成产业转移新模式，在国际上形成全球资源配置和市场格局

相较传统生产要素，技术创新和数字化技术的流动性和可复制性更强，我国资源富集地区提高电力产业链水平和资源附加值的驱动力增强，结合资源和市场

---

❶　专精特新企业，是指具备专业化、精细化、特色化、新颖化特征的企业。

优势，以增量产业布局为重点，在国内探索形成产业转移新模式。与此同时，依托我国制造业优势，形成全球范围内开放的创新联合体新格局，充分吸引和利用全球创新资源，促使关键矿产资源形成全球供应链配置格局，研发设计装备制造等环节形成以我国为主、全球嵌入的布局模式，并基于共建绿色"一带一路"推动国际合作，助力不同国家和地区电力基础设施互联互通。

五、组织创新

在组织创新维度，以畅通和推动传统与新兴生产要素聚合为核心，牵引构建行业大平台组织模式，以市场、机制、平台建设全面提升能源领域资源配置能力和管理效能。

1. 明确传统和新兴要素定位，推动多要素聚合

随着新型电力系统构建的深入推进，新型电力系统各类要素内涵不断丰富、外延不断拓展，重新定位土地、资本、劳动力等传统要素功能，明确创新、管理、数据、人才等新要素的定位、重点建设任务，依靠发展新要素、新平台，开辟发展新领域、新赛道，塑造发展新动能、新优势。

2. 加强新型电力系统的市场协同

推动实现一、二次多品种能源市场对接，利用比较优势发挥比价效应，通过市场手段实现多能互补，为新型电力系统带来增量调节和替代资源，同步实现其对能源系统的整体性优化配置。推动电力市场与碳排放权交易市场同步建设，充分发挥市场机制作用，促使市场政策协同、市场空间匹配、交易机制衔接、价格机制联动等在支撑"双碳"目标和构建新型电力系统中形成合力。推动多种绿色交易市场在政策、交易及关键技术等方面的协同，建立高效协同的节能降碳管理市场机制，推动新型电力系统全环节减污降碳协同增效。

3. 推动新型电力系统的机制优化

加快建设辅助服务市场，通过市场机制对参与系统调节的资源主体给予合理补偿，引导电源侧负荷侧灵活互动，充分挖掘全网消纳空间。科学设计容量保障机制，以市场化手段保障电力供需平衡和调节能力充裕，引导发电合理投资，从而保证能源转型的平稳有序发展。通过市场化手段引导储能等新型资源参与市

场，充分挖掘源网荷储各环节资源潜力，共同参与系统调节。推动全国碳排放权交易市场扩大覆盖行业范围，完善碳排放配额分配和交易机制，以及碳排放核算、监测和核查机制，并依托碳金融降低重点行业企业的减排成本。推动我国自愿减排碳排放权交易市场建设，建立完善国家核证自愿减排量（China Certified Emission Reduction，CCER）机制，支持项目向新能源、新型储能、氢能、智能电网等领域新兴低碳技术倾斜，并建立完善碳普惠机制，激励中小企业和用户节能降碳行动。通过推动能源企业混合所有制改革、促进能源电力产业各环节准入、促进能源领域产权流转等建设不同所有制资本合作共赢的发展格局。

4. 强化新型电力系统技术创新联盟引领

强化新型电力系统技术创新联盟在凝聚各方共识、推动各要素优化组合、努力抢占能源电力科技制高点上的重要作用，为推动能源清洁转型、保障电力可靠供应提供坚强技术支撑。发挥好新型电力系统技术创新联盟的产业引领作用，锻造产业链供应链长板、补齐产业链供应链短板、增强高质量高标准供给能力、加强国际电力产业安全合作。依托新型电力系统技术创新联盟，革新技术创新组织范式，推动不同创新主体立足的各自功能定位，形成创新合力，联合开展多学科、跨领域融通创新，加快实现核心技术突破。国家电网公司发起成立的新型电力系统技术创新联盟，其成员单位如图 2-12 所示。

图 2-12 新型电力系统技术创新联盟成员单位

第三章
新型电力系统
理论创新

第一节　概述

能源电力行业是技术资金密集型行业，已形成的庞大存量资产不可能"推倒重来"，宜采取渐进过渡式的发展方式。近期重点挖掘成熟技术和存量系统的潜力，加快电力系统的数字化转型，支撑新能源快速发展，同步开展颠覆性技术攻关，推进多学科交叉融合；宜在新方法探索、基础理论创新、多学科交叉融合创新和颠覆性技术取得实质性突破后，加速推动传统电力系统向新型电力系统转型。

构建新型电力系统的基础理论体系，必须坚持问题导向、目标导向和科学发展原则，抓住电力系统转型升级过程中的主要矛盾，兼顾当前困难与长远挑战。当前电力系统的物质技术基础处于量变累积阶段，未达到拐点和实现基础理论关键突破，改进型技术存在发展空间，从而为电力系统的转型升级创造条件。未来电力系统的物质技术基础将在其转型升级过程中产生深刻变化，需作出前瞻性预判，从中辨识出基础性关键性问题，形成共性通用且服务长远的认识，以此不断完善新型电力系统基础理论体系。

电力系统物质技术基础的深刻变化体现在电源构成、电网形态、负荷特性、技术基础和运行特性等方面，这些变化必将打破同步机电源在电网中的主导地位，电力系统的运行特性也必将发生本质变化，电力系统也迎来重大发展拐点。一方面，拓展能源电力技术的认知边界，基础理论创新需要取得实质性突破。通过电力系统稳定基础理论创新，可有效应对电力电子换流器多时间尺度响应特性带来的系列挑战；通过保护基础理论和电能质量基础理论创新，采用电力电子换流器控制主导的暂态量理论方法，不再沿用同步机主导的稳态量或准稳态量；通过不断提高对同步机电源主导地位被打破后的复杂受控系统的认知，持续完善协同基础理论和平衡基础理论。另一方面，将带来地质学、气象学、运筹学、博弈论和优化规划基础理论在能源电力领域的交叉融合，拓展出新的理论认知体系和创新范式，进而产生颠覆式技术创新。

因此，在持续完善新型电力系统基础理论体系的同时，迫切需要打破各学科壁垒，推进多学科交叉融合创新，助力新型电力系统的构建，带动新型能源体系的演进发展。首先，随着电力系统复杂度持续增加，转型过程中累积的基础性问题和结构性矛盾愈加凸显，电力系统可能已无法依靠既有理论体系加以解决，亟须在基础前端研究导入跨领域知识体系，创新性运用跨学科理论方法、新技术手段和工具，全面、系统、科学地指导顶层设计，进行超前布局。其次，对于超出系统知识体系和学科范畴，也可能是超越人类现有认知的难题，在无法预判未来破解方法的前提下，迫切需要拓展现有系统的认知边界，实现多学科联合探索和协同攻关，以期突破认知的"天花板"，另辟蹊径加以解决。最后，多学科交叉融合在推进电力系统转型过程中，将丰富和提升新型电力系统的理论基础和创新实践，推动多学科交叉知识体系的构建，最终实现跨领域融合融通发展。

第二节　基础理论创新

随着风电、光伏发电等新能源发电的迅猛发展和源网荷储核心设备的电力电子化，电力系统呈现"双高"发展趋势，这是新型电力系统的重要技术特征。新型电力系统基础理论创新面临诸多挑战，核心是解决新能源波动性带来的时空不确定性与并网方式带来的高比例电力电子化两大关键科学问题。

当源网荷中以电力电子换流器为并网接口的装置大规模取代以同步发电机为代表的电磁变换装置后，在短路故障等大扰动事件下，系统暂态过程受电力电子换流器暂态特性影响的机理不明，同时还要求电力电子换流器至少承担起原有同步发电机对电网的诸多支撑功能，长期形成的关于稳定和保护等方面的基础理论面临失效的风险。供需双侧均面临不确定性，加上扰动的交互作用使得电能质量新问题以暂态行为为主，难以沿用以稳态特征为主的传统电能质量理论。这是新型电力系统基础理论体系构建中迫切需要解决的主要矛盾。协同和平衡是新型电力系统可靠运行的基础，在面临时间、空间和设备种类等多方面的长远挑战时，既守住民生用电底线、不碰拉闸限电红线，又坚持"就地平衡、就近平衡为要，跨区平衡互济"的原则，还应落实"需求响应优先、有序用电保底、节约用电助力"的要求，相关的基础理论确实需要重新构建。新型电力系统的构建是一个长期、复杂而艰巨的系统工程，虽然建设初期不会准确预见到全部理论创新，但还是能通过传统电力系统向新型电力系统转型升级的物质技术基础变化辨识出主要矛盾和主要问题，以此勾勒出新型电力系统基础理论体系（见图 3-1）。

图 3-1　新型电力系统基础理论体系

该基础理论体系侧重于电力系统基础理论方面的创新，通过自下而上的方法构建由稳定、保护、电能质量、协同、平衡五个维度组成的、相对完整的基础理论体系。从发展的视角，人工智能等技术在电力系统的跨学科应用和数字化技术应用等将进一步丰富新型电力系统基础理论体系，但鉴于目前的认知水平，暂将它们纳入多学科的交叉融合创新。

一、稳定基础理论创新

电网在运行过程中会受到负荷投切、线路短路故障等各种扰动。发生不同程度的扰动时，电网能够维持稳定是对运行的最基本要求。在同步机占主导地位的传统电力系统中，同步机承担电网的功角稳定、频率稳定和电压稳定。在新型电力系统中，以电力电子换流器为并网接口的各类电源、负荷和储能取代同步机占主导地位，也应该承担由此带来的电网功角稳定、频率稳定和电压稳定问题。此外，电力电子换流器也带来传统电网不存在的宽频带振荡等新问题，将电力系统稳定分为功角稳定、频率稳定和电压稳定的传统大类分法已不适用，需要分析研究新型电力系统稳定性机理，创建电力电子换流器占主导地位的稳定基础理论，才能对新型电力系统稳定作出科学合理的分类。

1. 稳定问题

相对于同步机，电力电子换流器作为并网接口的电源、负荷和储能的个体特征主要包括：

（1）控制主导。采用多控制环（电流控制环、电压控制环、功率控制环等）驱动的电力电子换流器为接口进行相应的电能或能量变换，依靠控制算法而非物理特性保证装置的稳定运行，其稳态、动态和故障时的响应特性和调控能力与同步机截然不同。

（2）动态响应的宽频带特性。电力电子换流器内部的多级控制、多控制环蕴含多时间尺度耦合动态，如双馈风电主要有交流电流、直流电压、机械转速等多个控制目标，对应不同时间尺度的动态响应。因此，双馈风电可在非常宽阔的频带内响应电网侧扰动，导致多时间尺度控制相互作用，有时会引发不利的稳定问题。

（3）惯量小。光伏发电被认为没有等效转动惯量。尽管风电的叶片具有相对较小的等效转动惯量，采用电力电子换流器接口接入电网后，风电输入功率和电网侧输出电磁功率解耦，不再具有同步机基于旋转动能的惯量响应特性。虽然已有研究提出诸多基于控制的频率支撑 / 虚拟惯量技术，即使有持久的能量支持，也会因过载能力、控制模式、功能规范等原因作用受限，且可能影响设备的工作效率和灵活性。

（4）抗扰性弱、过载能力低，频率和电压耐受能力不足。如风电、光伏发电等新能源发电涉网性能要求偏低，其频率、电压耐受能力与常规火电相比较差，电网故障期间易因电压或频率异常引起大规模脱网，甚至引发连锁故障。该问题会随着新能源发电的大规模集中接入而日益凸显。

（5）强非线性、切换性和离散性特征突出。电力电子器件的高频开通和关断，电力电子换流器因耐受水平低而设置的限幅、饱和等环节，以及不同控制模式（有功/无功功率控制、电压/频率控制）或运行工况（高/低电压穿越）下控制/保护策略的切换，使得可再生能源发电机组和柔性输配电设备呈现出较传统发电机组和输配电设备更复杂的非线性、切换性和离散性。

电力电子换流器的惯量低、耐受能力不足、抗扰性弱等特征降低了电网的抗扰动能力和调节能力，严重时会影响电网的稳定性；强非线性会增加理论创新和技术攻关的难度；控制主导性和动态响应的宽频带特性也给电网的稳定控制带来新的机遇和选择，推动了稳定性分析、控制理论与方法的变革。

传统的功角稳定、频率稳定和电压稳定均需要相应的理论创新，其中功角稳定更为凸显。与同步机不同，非同步机电源通过电力电子换流器并网，其与电网保持同步的能力是通过控制器中的同步环节来实现的，且非同步机电源没有运动的转子，没有传统意义上的功角，原有的"功角稳定性"理论有所局限。因此，在同步机电源与非同步机电源并存的交流电网中，原有的仅表征同步机电源之间的"同步稳定性"概念需拓展，以适应包含由控制环节实现同步的所有电源之间的同频率运行条件。

含高比例电力电子换流器电网在故障发生后能否保持稳定运行，是一个必须关注、不能回避的问题。电力电子换流器发生暂态同步失稳有三种类型，即静态失稳、小扰动失稳和暂态失稳，这与同步机的功角失稳具有相似性，但体现为电力电子换流器与所连交流电网之间失去同步。相比于小扰动稳定性，电力电子换流器的暂态稳定性呈现出更为复杂的形态，线性化的方法已不再适用。但由于电力电子换流器的多时间尺度耦合、非线性动态、控制模式切换等特性，电力电子换流器暂态失稳机理还未深入研究，远没有形成相对完整的理论体系。

2. 宽频带振荡问题

宽频带振荡属于传统三大稳定分类之外的新问题。随着新型电力系统中高比例可再生能源和高比例电力电子设备的发展，控制主导的宽频带振荡问题正在凸显，严重威胁系统稳定、设备安全和电能质量，已成为电力系统发展中重大技术挑战之一。宽频带振荡发生的根源是电力电子换流器及其控制通过复杂电网耦合形成的多时间尺度动态相互作用，精准认识进而有效改善该动态相互作用是应对宽频带振荡的关键科学问题。然而，宽频带振荡的建模、分析与控制极为困难，主要表现在以下方面：一是宽频带下，设备和系统的建模需要兼顾不同时间尺度的动态及其复杂的耦合关系，存在宽频带精准建模难题。二是宽频带振荡中多模式并存且随源网方式变化而此消彼长，兼受扰动强弱影响，导致振荡模式的准确定位和振荡特征的定量分析面临前所未有的挑战。三是实际复杂系统中，动态耦合的复杂多样、振荡模式的变化、运行方式的改变使得控制系统的整体配置和参数设计面临巨大的适应性难题。无疑，最终目标就是构建新的基础理论和研究方法体系，有效应对新型电力系统宽频带振荡这一新挑战。

二、保护基础理论创新

传统保护理论基于所采集的电气量，辨识出相应的稳态量或准稳态量，以此作出准确的故障判断并完成相应的保护动作。与变压器等常规电气设备不同，电力电子换流器存在控制模式切换，对外呈现强非线性，且故障耐受能力较弱，需要采用暂态量实现快速保护，这些本质差异需要保护基础理论创新。

与常规电气设备不同，电力电子换流器随电网扰动的大小而呈现完全不同的特性。当电网发生轻微扰动时，电力电子换流器按预先设定的控制逻辑正常动作，实现预期的功能和性能；当电网发生一般性故障且故障电流达到限幅时，电力电子换流器将在限流条件下继续工作，此时可能发生控制模式的切换；当电网发生严重故障导致电压骤降或骤升时，电力电子换流器进入故障穿越状态，并按预定的策略向电网提供主动支撑。众所周知，电力电子换流器控制模式的快速切换与同步机扰动应对方式存在本质区别。控制器的限幅、控制模式的切换都会增加故障响应的复杂性，也会增加故障建模和分析的难度。

与同步机相似，电力电子换流器的故障响应也可以分解为暂态分量和稳态分量，但电力电子换流器的暂态过程远短于交流同步机，通常仅持续几毫秒到几十毫秒；同时，电力电子换流器耐受故障的持续时间也相对较短。这就要求基于电力电子换流器的快速暂态故障响应，而不是同步机的缓慢暂态故障响应来建立性能更好、可解释性更强的保护方案，这也对保护的速动性、电力电子换流器的暂态过程故障特征分析和暂态故障建模的基础理论创新提出更高要求。

初步研究结果表明，电力电子换流器的故障特征可分为短路电流特征、等值阻抗特征和故障谐波特征等。

一是短路电流特征受电力电子换流器提供短路电流的能力和控制模式影响。当电力电子换流器输出电流没有被限幅时，暂态短路电流特性主要受控制参数影响；当电力电子换流器输出电流被限幅时，处于非线性区，出现饱和现象，控制性能变差，超调量增大，稳定时间变长。

二是等值阻抗特征是电力电子换流器关键故障特性，影响故障线路保护的可靠动作。然而，电力电子换流器的等值系统阻抗会随着控制作用而改变，尤其当电力电子换流器的低电压穿越控制动作后，等效阻抗相角会发生改变。此外，通过适当的控制方法，可使故障期间电力电子换流器等值负序阻抗近似为无穷大。

三是对于故障谐波特征，通常认为电力电子换流器提供的短路电流中谐波成分丰富、比例增加，会影响基于谐波分量的保护动作性能，严重时可能引起误动或拒动。

在传统电力系统中，交流线路的主要保护策略是根据同步机的故障特点设计的，如过电流保护、距离保护和零序 / 负序保护等。在新型电力系统中，故障特征将取决于电力电子换流器的控制，传统的保护方法可能会失去其选择性。电力电子换流器提供的故障电流较小，会削弱电网故障后的电气特征，影响保护的灵敏性，如短路电流太小，将导致交流故障时过电流保护方案不再适用；过电流保护系统依赖于单个继电器的过电流检测算法和多继电器之间的协调配合，也会随之失效。受分布式电源接入电网的影响，阻抗继电器测量的故障线路阻抗大于（或小于）实际值，从而降低距离保护的灵敏性；电力电子换流器的正负序控制也会影响负序保护的正确性。传统的基于电磁原理实现的故障保护大部分基于工频分量，动作时间相对较长，无法满足毫秒级的短路电流控制需求。此外，柔性低频交流输电系统故障特性具有其独特性，需要创新与之相适应的新型故障识别保护原理及其配置方式。

在配电网侧，分布式新能源以分布式、小容量的方式接入，源网荷储深度互动，配电网的单一交流辐射状结构必然会被打破，如形成微电网分散式接入，与配电网平行运行的"配微协同"新形态。新型电力系统的配电网保护不但需要适应潮流的多向流动等运行情况，而且需要有效应对网络结构在线灵活重构带来的影响。

除改进完善现有保护方法提升保护性及适应性之外，还需开展保护方面的基础理论研究，寻求全新的、性能优良的保护算法，构建起新型电力系统的保护系统，为新型电力系统保驾护航。

三、电能质量基础理论创新

在传统配电网中，电能质量问题主要表现为电压偏差、频率偏差、波形畸变、三相不平衡等相互解耦的稳态现象，以及短时间中断、电压暂降等暂态事件。在新型电力系统中，源网荷储均高度电力电子化，控制策略各异，响应特性多时间尺度化，电能质量影响因素交织耦合，且新型源荷的随机性、间歇性、波动性等使得电能质量扰动产生及传播机理更为复杂，难以准确评估电能质量问题的危害程度，并实现经济、高效治理。

传统电能质量现象表征方法及指标定义不再适用。由于源荷波动性及电力电子控制之间的耦合交互作用，基于时频域解耦方法的谐波指标定义已不再适用，需拓展扰动信号时频域分解基础理论，研究新型电力系统下宽频谐波指标定义方法。此外，分布式电源的随机性和波动性导致功率波动，加上大量单相、冲击性和实时变化的非线性负荷，使配电网电能质量扰动呈现随机变化，且指标之间存在强耦合，因而传统的基于确定性理论及指标间解耦的电能质量现象表征方法不再适用，需拓展非正弦波形下三相不平衡系统的指标表征方法理论，创建新的电能质量指标体系。

传统电能质量检测主要围绕电网最小运行方式下干扰源影响最严重的时间断面，而在源荷波动性、不确定性特征凸显的情况下，电网最小运行方式下干扰源影响最严重的时间断面难以直接判定，需建立适用于非平稳电能质量扰动分析的时频分析理论，完善电能质量检测方法体系。当前谐波量测方法依据基于传统傅里叶变换的扰动信号频率分量检测理论，存在对信号局部特征分析能力不足、不能准确提取非平稳电力扰动的动态变化特征、测量结果远低于实际保护触发值等诸多问题，因而须创新扰动信号频率分量检测方法理论，拓展时间和频率联合域分析理论，充分挖掘电力扰动信号的时变特征，以便及时发现系统中存在的扰动隐患。

传统电能质量仿真分析主要基于各频次解耦的稳态频域潮流计算方法，忽略各次谐波间的交互影响，无法对非特征次谐波进行仿真分析，且忽略动态过程，不足以准确分析新型电力系统中电力电子化源荷之间的谐振及宽频带振荡过程。在稳态频域仿真的基础上，需创新谐波频域耦合特性仿真及宽频带振荡的过程性仿真理论体系，结合频域耦合仿真及电磁暂态仿真理论，创新谐波高精度仿真计算及宽频带振荡的过程性仿真分析方法，解决宽频带振荡传播特性及影响域判定的仿真分析难题。

传统电能质量控制手段以单点局部治理为主，治理装置多为单一治理目标或具备多目标独立治理功能。由于新型电力系统中电能质量问题跨层级、跨区域，且交互耦合性强，需要以全局视角，通盘考虑电网中存在的海量可调节资源，如光伏、储能装置、电动汽车充电站等具备调节潜力的可调节资源，创新跨层级电能质量优化控制理论及电能质量综合治理装置相关理论，支撑电能质量控制及治理装置的研制，实现跨电压等级、多指标的电能质量高效治理。

四、协同基础理论创新

风电、光伏发电等新能源发电具有随机性、间歇性、波动性等特征（见图3-2），大规模、高比例接入电网并成为电量供应主体后，对新型电力系统电网灵活性提出更高要求。

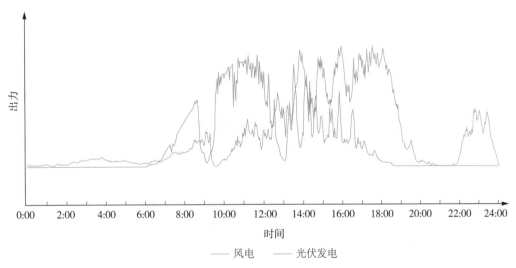

图 3-2　风电与光伏发电日出力波动曲线

交流输电网中统一潮流控制器、静止同步补偿器等柔性交流输电装置需要充分协调，也需要和配电网中柔性变电站、环网控制器等灵活调节设备充分协同，而且常规直流、柔性直流、直流电网、柔性低频输电和交流输电网之间也需要充分协同。作为电量供应主体的风电、光伏发电如果直接接入配电网,原有支撑输电网的同步发电机等大量退出导致输电网"空心化",需要配电网,甚至微电网在实现内部电源、负荷、储能等之间的非电机和电机协同基础上,进一步和输电网进行紧密协同,以提供主动支撑。特高压交直流输电技术的推广应用,使得我国形成电力超大规模远距离输送的特高压交直流混联电网,交直流、送受端之间耦合日趋紧密,故障对电网运行的影响由局部转为全局,这就要求各种灵活资源进行跨地域、跨时间尺度的协同。智能感知和量测技术、5G 等高速率低延时通信技术、大数据技术、物联网技术、先进计算与人工智能技术等为灵活资源的协同提供条件和手段,以期实现全过程、全环节的可观、可测、可控。与传统电力系统相比,新型电力系统协同的条件、手段、对象、跨度等有着本质的差别,而协同研究的难点正是对复杂受控系统中相互作用的认知尚且不足,缺乏完善的系统理论和协同方法。目前研究所采用的线性控制理论、非线性控制理论、智能控制方法等大多基于不同数学方法定义各种类型的交互作用量化指标,属于纯数学的研究,缺乏方法有效性的机理性研究,需要从大系统视角开展电网灵活资源的协同基础理论创新。

研究表明,依靠传统电源侧和电网侧调节手段,难以满足新能源持续大规模并网消纳的需求。新型电力系统亟须研究并激发负荷侧和新型储能技术等潜力,研究数据驱动下系统的自适应、自平衡和自趋优理论,形成源网荷储协同消纳新能源格局,满足大规模高比例可再生能源的持续开发利用需求。

目前的储能装置主要用来支撑不同能源形式之间的灵活转化与协同互济。不同环节、不同时间尺度、不同应用场景对储能的协同需求各不相同,发挥的功能也各有侧重。用户侧以电动汽车作为短时储能,主要用于日内需求响应;电源侧配置以电化学储能为主的短时储能,可开发通过储热且具备调节能力的光热发电,用于平滑新能源出力,参与调频和日内调峰;以压缩空气、"电—氢(甲烷)—电"等作为长期储能,可为系统提供长周期调节能力;电网侧配置以电化学储能、抽水蓄能等为主的短时储能,可提供保障电网安全、应急备用、缓解输变电阻塞的调节能力。新型电力系统储能的种类不同、应用场景不同,与传统电力系统相比较,储能参与协同的需求、功能、目的等有着本质的差别,亟须储能参与协同的基础理论创新。

相比于源网的调度控制，负荷侧的可调用性仍处于起步阶段。广义的需求响应涵盖价格引导、直接负荷控制、可中断负荷、紧急需求响应、辅助服务、市场竞标等具体形式。不同形式的参与主体、影响程度、实现难度、动作模式和执行逻辑等方面均存在显著差异。新型电力系统源荷双侧波动性和电网的复杂性对需求响应的时效、规模、执行效果等均提出更高的精准要求，如何充分利用5G、云边端协同的技术优势，兼顾用户、电网、运营主体等多方面需求，实现需求侧多种响应手段时序综合最优化决策是源网荷储协同的重要基础。同时，需通过深入研究用户行为学习、多主体博弈互动、多目标优化等技术，重点突破广域分散协同优化控制理论，在系统层面提出广域响应驱动的协同控制方法，构建精准、精确的需求响应交互及执行机制，以保障决策结果与执行效果的匹配度，提升贯穿整个大电网、配电网和微电网群的源网荷储协同的有效性。源网荷储协同示意如图3-3所示。

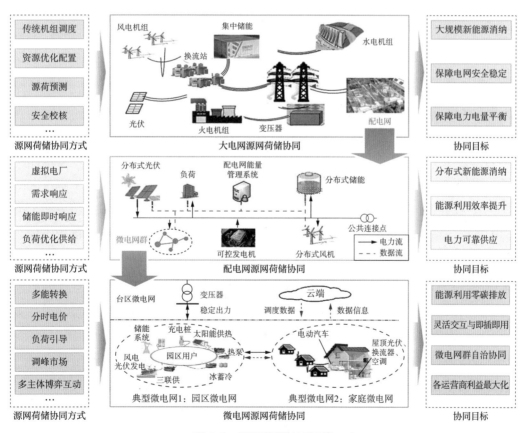

图 3-3　源网荷储协同示意

五、 平衡基础理论创新

电力电量平衡分析是合理规划布局电源、科学安排运行方式的基础，是坚持"就地平衡、就近平衡为要，跨区平衡互济"原则的前置问题与核心问题。从本质上讲，电力电量平衡分析是多场景、多约束、多目标的数学优化问题，涉及海量变量的大范围寻优。考虑到新型电力系统边界条件的多样性，电力电量平衡难以进行统一的精确建模与求解。

在电源方面，风电、光伏发电等新能源发电出力与气象因素强相关，具有随机性、间歇性、波动性等特征，大规模、高比例接入后，气象条件的不确定变化将极大地改变灵活性供需平衡边界，给新型电力系统供需平衡带来一系列挑战。

从功率流向来看，传统大中型电网，只需接入几十、几百个电厂，功率从生产侧单向流向消费侧；现在，随着新能源技术的发展和电网与数字技术的融合，电网将接入数以万计，甚至亿计的各类电源和大量的新型交互式用能设备，电动汽车、分布式储能、需求响应在需求侧不断普及，将使得电力系统源荷界限模糊，形成电力产消者，部分配电网会发生潮流反转，向主网倒送功率。电网供需平衡的复杂性、随机性、不确定性显著增加。

电网是能源转换利用、输送配置和供需对接的枢纽平台，更是构建新型电力系统的关键环节。立足我国国情与资源禀赋，"西电东送、北电南供"的电力流分布持续强化，新能源开发呈现集中式和分布式并举格局，电网结构将呈现"大电源、大电网"与"分布式系统"兼容互补，交直流混联大电网、柔性直流电网、主动配电网、微电网等多种电网形态并存局面。输电网不仅承担电能传输的作用，还将承担电能互济、备用共享等职能。配电网将从交流电网转为柔性交直流混合配电网，还将接入分布式可再生能源、储能、电动汽车、需求响应等各种灵活性资源，实现灵活性需求的就地平衡。电网形态的变化、功能和职能的增加等，为新型电力系统的供需平衡创造必不可少的前提条件。

现阶段，我国电力系统仍以煤电为主导，依托"源随荷动"的平衡模式保障电力供需平衡，可再生能源出力仅作为电力系统的补充，且一直面临灵活调节电源不足的局面。在能源转型不断深化的背景下，新型电力系统电源构成将逐步向以随机性、间歇性、波动性的新能源发电占主导转变。电力电量平衡在不同时间尺度将凸显不同矛盾。长时间尺度凸显电量不平衡，新能源电量分布与负荷需求存在季节性不匹配，亟须加强跨省跨区互联，支撑沙漠、戈壁、荒漠地区为重点的大型风电光伏基地开发，打造大范围资源优化配置平台，转向电、氢、热、气跨能源平衡；短时间尺度凸显电力不平衡，通过火电"退而不拆"，预留足够的可靠电力容量，保障电力供应安全可靠。显然，现有电力系统结构形态与平衡机制难以支撑更高比例的新能源并网消纳。电力系统供需双侧均面临强不确定性，可再生能源、灵活负荷和储能必将承担起电力电量平衡的责任。电力电量平衡机理将向概率化、多区域、多主体的源网荷储协同的非完全实时平衡模式转变。亟须研究并建立新型电力系统供需平衡基础理论，提升新型电力系统的新能源消纳能力；厘清气候变化与可再生能源开发的交互作用机理，揭示不确定性与规划／运行策略的耦合作用机理，形成不确定供需双向匹配的优化决策理论和方法。

第三节　多学科交叉融合创新

运筹学、气象地质学、材料学、人工智能和大数据等学科领域与新型电力系统关联度高，是实施交叉融合创新的"主阵地"，将助力电力系统规划、安全稳定控制、调度运行和装备制造等提质升级。

具体来说，新能源发电负荷预测，需要将电力系统负荷预测与精准气象预报相结合，实现风能、太阳能的精准预测，及时调整新能源发电方式，减少发电量损失；地质灾害频发，造成大量电力基础设施破坏，需要将电力勘测规划与地质灾害预警预报相结合，进行电力设施差异化设计，实现防灾减灾，最大限度确保电力基础设施安全可用；能源电力装备材料使用已达到应用极限，需要将装备制造与能源电力矿产资源开发、新材料工艺配方相结合，提供能源"粮食"和"维生素"，进而实现电力装备提质升级；通过人为控制调度已无法完成电力系统、能源系统和社会系统的耦合互动及海量数据传输处理，需要将其与人工智能和大数据相结合，解决多系统、海量数据互动问题；能源电力市场交易、政策和决策支持，需要将运筹学（博弈论）与社会学和管理学等软科学相结合，研究社会行为和决策管理，实现信息物理社会系统（Cyber-Physical-Social Systems，CPSS）的充分发展和深度融合。新型电力系统多学科交叉融合示意如图 3-4 所示。

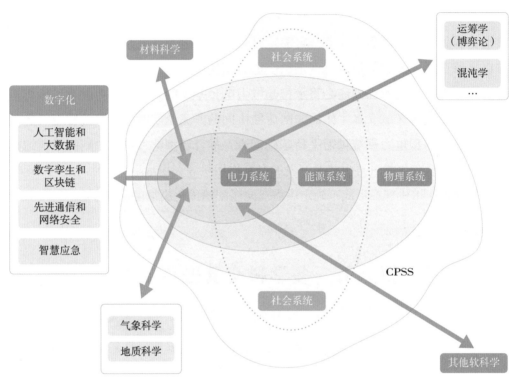

图 3-4　新型电力系统多学科交叉融合示意

一、运筹学交叉融合

现阶段，电力系统正向着与能源系统和社会系统深度耦合、高度互动和广泛互联的新型电力系统加速演化，形成一个高度复杂的动力学系统。对于高度复杂的系统，必须通过一定的科学手段去认识它，才有可能掌握它的规律。

现代运筹学已经发展成为用来研究经济、社会活动中能用数量来表达的策划、管理方面问题的科学，是研究世界、国家、地区、部门和企业等不同层次的能源需求、供应、转换、节约和新技术开发，以及对能源政策进行评价等问题的重要理论基础。通过建立能源模型，可定量研究能源供需预测、能源规划和电力市场等领域的内在协同机制、能源开发和节能降碳问题，有助于研究分析"双碳"目标下，新型电力系统中源网荷储各环节、各类电源、各级电网、多元主体和多型负荷等复合型、多层级的复杂互动关系和演化规律。

运筹学与新型电力系统交叉融合。电力系统在社会系统中的战略性、基础性作用及交互影响更加突出。社会价值取向和政策法规成为决定电力系统演进路径最为关键的因素，不仅决定了电力系统的"双碳"目标及演进路径和节奏，还决定了电力系统的生态、形态、"不可能三角"的平衡态，以及体制机制、技术创新等。反之，电力系统的发展也将直接影响社会系统的发展。例如，安全和社会公平是社会系统赋予电力的属性，也是直接影响社会系统的要素。

运筹学与CPSS的交叉融合。能源系统呈现出社会性，在传统方式之外，必须引入社会学、管理学等软科学进行分析建模。新型电力系统是跨行业协同、多种能源耦合的平台，是新型能源体系的重要组成部分，需要全社会、各行业和各参与方的协同配合、共同构建。反之，新型电力系统的构建又要适合社会系统对平台系统的需求。因此，需要以社会系统的视角，将新型电力系统谋划、规划和建设成一个信息物理社会系统、利益相关方均能和谐健康可持续发展的生态系统、与社会系统高度融合的弹性系统、结构规则清晰风险可控的开放的复杂巨系统。这对政策法规、体制机制、科技创新和数字化都提出了新要求。

二、气象科学交叉融合

气象条件直接影响风能、太阳能等分散性资源的充裕性，气象预报对新能源功率预测重要性凸显。新型电力系统中主体能源特性发生变化，由可存储和可运输的化石能源转向不可存储或运输、与气象环境密切相关的风能和太阳能，新能源发电（能源供应）面临高度不确定性。随着新能源发电占比的不断提高，气象条件的影响愈加显著，成为新能源发电量波动的最大变量。

气象条件时刻影响着发电、输变电设备的外部环境和运行状态，特殊气象条件是造成电网设备故障和电力设施破坏的主要因素，气象灾害系统预警能力亟待提升。随着全球变暖、气候异常加剧，飓风、暴雪冰冻、极热无风等极端天气事件不断增多增强，已超出现有认知。极端天气具有概率小、风险高、危害大等特征，严重威胁"双高"电力系统的安全运行，增加供电保障成本。这些都对气象预报和灾害预警提出了前所未有的挑战。

气象系统是一个复杂的混沌系统，气象预报的精准性、及时性取决于气象系统的"模型＋算力"。现广泛使用的气象预报系统普遍存在分辨率低（1千米×1千米区域）、及时性差（小时预报）、技术手段有限等问题，且气象预报的准确性和及时性不可兼得，准确性越高，时间间隔就越短。精准气象预报需要在跨时空尺度下，考虑大气条件、地形区域和周边环境等气象模型，按网格划分成不同尺度和分辨率，计算迭代生成不同分辨率的气象全景数据。数值天气预报基于高精度气象预报数据，融合电网设施周边小尺度微地形区域信息、周边地面环境信息和云层风速光照条件信息，可有效提升对于局地微地形、微气象条件的预报精度，实现新能源发电功率的精准预测。

综上所述，气象科学对电力系统安全运行至关重要，提升气象预报和灾害预警能力是新型电力系统能源供应和保障的关键环节。由此需要在前端导入气象学的知识体系，研究气象科学和发展实践，创新发展适用于新型电力系统的精准气象预报预警能力，实现气象科学与新型电力系统的深度交叉融合，逐步解决高比例可再生能源电力系统精准发电预测和灾害预警等难题。

一是建设精准气象预报系统，提高气象预报精准度和及时性，将卫星气象观测数据和精准预测信息同步到电力系统数值数据中心，为风电、光伏发电等新能源发电预测提供精准气象数据，提高新能源发电的精准调控能力，实现高比例可再生能源电力系统的安全稳定运行。

二是通过建设气象灾害监测预报预警体系，提升电力基础设施在勘测、设计和建设过程中的防灾御灾能力，提高电力设施区域气象差异化设计能力，不断降低电网基础设施建设成本。加强气象灾害风险评估和决策信息支持系统的信息共享和联动，提高电力基础设施抵御气象灾害的能力。电网灾害预警卫星接收装置如图 3-5 所示。

三、地质科学交叉融合

地质条件直接决定了化石能源资源和矿产资源的地理分布、禀赋和丰度，是

图 3-5　电网灾害预警卫星接收装置

人类社会的物质基础来源。地质学和所指导的矿产资源勘探是经济社会发展的根源，基础性、重要性不言而喻。能源矿产资源随机分布在地壳中，地质勘探开发的煤炭、石油、天然气等化石能源和金属、非金属、建材等矿物资源是能源系统和社会系统的基石，为能源系统和社会系统发展建设提供能源和矿物原材料"粮食"，确保能源电力的安全运行供给；同时为核工业、航天、能源电力等工业产业提供核原料、稀土材料、钙钛矿和可燃冰等战略资源能源。地质勘探能力很大程度上决定了国家能源安全和产业链供应链安全。

　　地质灾害和气象灾害往往相伴而生，且破坏力惊人，是造成电网设备和电力设施破坏的主要原因之一，地质灾害精准预报预警能力亟须取得突破。随着地球地质活动进入新一轮不稳定期，城市工业的大规模扩张，环境污染、温室气体排放导致全球气温升高、气候变化，引发一系列连锁反应，并带来严重后果。"厄尔尼诺"（南涝北旱）、"拉尼娜"（南旱北涝）、暴雨台风和冰灾雪灾等极端天气显著增多，地震、泥石流和山体滑坡等地质灾害频发，对电力基础设施造成严重破坏，直接威胁电网的安全稳定运行，电力保供面临巨大压力，严重影响受灾地区的用电安全。这些都对地质勘探和地质灾害预报提出了前所未有的挑战。国网空

图 3-6　国网空间技术公司工作人员在黑龙江使用
直升机吊装铁塔恢复灾区正常供电

间技术公司工作人员在黑龙江使用直升机吊装铁塔恢复灾区正常供电，如图 3-6 所示。

地质系统是一个复杂的系统，与气象系统相似，地质活动造成灾害本质上是概率问题，地质勘探能力和灾害预测的精准性、及时性取决于地质系统的"模拟＋勘探"。现有的地质测绘分辨率还不够高（米级），地质勘探还很难深入到地层十千米以下，对地质构造和运动规律认识不足，测绘勘探范围小、精度低，且缺乏有效手段，受气象条件等影响，不确定性大。卫星测绘利用不同频段激光扫描地表地质条件，通过反射的光谱分布，可准确判断能源矿产资源分布，从而大大提高勘探效率。卫星遥感可监测分析气象和地质活动情况，及时给出气象地质灾害预警，提前进行灾害防范防护，最大限度减少灾害影响，降低灾害损失。智能钻探在钻头上安装有高精度传感器，通过采集样本实时数据分析，可快速识别矿床位置和大致范围，估算出资源的储量和丰度。

综上，地质科学对电力系统转型发展至关重要，提升地质勘探能力和地质灾害预报预警是新型电力系统能源供应和保障的物质基础。在电力系统转型期、建设期预研论证、架构设计、形态演化研究前端导入地质科学知识体系，显得尤为重要。

一是推进地质学深入研究，为电力系统资源勘探、勘测选址、规划设计、电网建设、灾害预报预警提供资源和数据支撑。

二是探索"互联网+"、大数据、物联网、云计算、人工智能、区块链、卫星遥感和无人机等现代科技手段融入地质和地震灾害防范体系，建立相应规模的灾害监测智能预警系统，提高灾情信息获取、模拟仿真、预报预测、风险评估、隐患排查、应急抢险和通信保障等各方面能力。

四、材料科学交叉融合

随着新型电力系统的加快构建，高比例可再生能源发电、大功率电力电子设备大量接入电力系统，对电网安全稳定运行提出了更大挑战，对电工装备先进材料提出了更高要求。我国电力装备基础材料"卡脖子"现象将长期存在，需要在国产材料器件工程化应用水平的基础上，开展绝缘材料、导体材料、防护防腐材料和磁性材料自主化研发，持续推动重大装备实现自主化、国产化，彻底摆脱依赖进口的局面，缩短与世界先进水平差距。"基础材料和制造工艺决定装备制造水平""一代材料决定一代装备"，电力装备制造对现有材料性能使用已达极限，对材料理论体系、材料制备工艺等提出了全新挑战。

材料科学对新型电力系统装备的重要性愈加凸显。国产材料及器件在低损耗、高可靠性等方面为电工装备升级换代提供新的选择，融合材料基因工程、数字仿真技术将加速新材料、器件的定制化开发和规模化应用，提升高端电工材料自主化率，为新型大容量电力电子设备和新一代综合能源系统设备提供基础材料支撑，保障电力系统的安全稳定和高效可靠运行。

一是电工绝缘材料是新型电力系统中维系电力装备安全稳定运行的关键核心材料，用于高压挤出电缆、干式直流电容器和高频电力电子变压器等电工装备中，可实现高介电强度、高耐热和高耐候性的长期可靠绝缘。

二是电工导体材料是新型电力系统中解决电工装备通流导电能力的关键核心材料，用于新型电力系统中的架空输电导线及开关、断路器等电工装备，可实现电能的高效输送与转换。

三是电工防护材料是新型电力系统中降低电工装备噪声及防火的关键核心材料，用于新型电力系统中的变压器（换流变压器）、电抗器等电工装备，可实现对电工装备低频噪声和烃类火灾事故的有效防护。

四是电工防腐材料是新型电力系统中电工装备的关键腐蚀防护材料，支撑新型电力系统中电工装备向低成本、环保型防腐材料应用及高效性、系统性防腐治理过渡，可提升电工装备服役寿命及运维经济性。

青海盐湖地区输电线路基础防腐技术工程应用如图 3-7 所示。

图 3-7　青海盐湖地区输电线路基础防腐技术工程应用

五是电工磁性材料是新型电力系统中电工装备用关键电磁转换材料，用于新型电力系统高频变压器、高能效变压器、并联 / 磁控电抗器等电工装备，可实现电力高效率传输与转换。

此外，材料基因工程技术是加速新材料开发和应用进程的研发新模式，采用"理性设计—高效实验—大数据技术"相互融合和协同创新的方法，实现新型电工材料设计优化和性能提升，满足电网的快速发展对电工新材料研发的更高需求。

第四章
新型电力系统
形态创新

第一节　概述

与传统电力系统相比，新型电力系统在物理形态上将发生深刻变化。

从供给侧来看，"双碳"目标下，新能源将逐步取代传统化石能源在能源体系中的主导地位。根据我国风能、太阳能资源分布情况，新能源开发将采用集中式与分散式并举的模式，总体接入位置愈加偏远、愈加深入低电压等级。未来，新能源既是电力电量的主要提供者，还将具备主动支撑能力，常规电源功能则逐步转向调节与支撑。预计到 2030 年，我国风电、太阳能发电等新能源发电装机规模将超过煤电，成为第一大电源；2030 年后，随着新能源装机规模不断扩大，新能源发电量占比将超过 50%，电力系统从以确定性的可控电源为主体向以随机性的不可控电源为主体转变，对电力系统供需平衡能力和清洁能源消纳能力等提出了更高的要求。

从电网侧来看，新型电力系统的形态将由以具有转动惯量的常规电源、单向供电为主，向具有高比例电力电子化新能源、双向供电的方向转变。高比例可再生能源电力系统平衡模式将由现有的"源随荷动"向随机性"源荷互动"转变，为提高电力系统保供能力，需要增加电源装机的充裕性。随着沙漠、戈壁、荒漠地区为重点的大型风电光伏基地的开发，跨区送电规模将继续增加，新型电力系统电网结构将优化完善，需加大特高压及各级电网发展力度，提升承载高比例可再生能源外送消纳能力、多直流馈入能力、分布式新能源并网能力，实现输电网、配电网与微电网的灵活互济、协调运行。

从消费侧来看，用户侧单向用电将向电能双向传输转变。电能应用范围将不断扩大，电动汽车充电基础设施和充电网络不断完善。除电动汽车外，其他多元用电负荷、分布式电源、新型储能也将进入快速发展期，负荷特性由传统的刚性用电需求、单向用电向柔性用电需求、用户电能双向传输转变，终端能源侧的电力"产消者"将大量出现。

从二次系统来看,电力系统控制模式发生深刻变化。传统电力系统的控制对象是大容量常规发电机组,具有连续调节和控制能力,适用集中控制模式。但是随着新能源电力和电量占比提升,电力系统不确定性增大、非线性和复杂性增加、动态过程加快、多时间尺度耦合、可控性变差,将从根本上改变电力系统的控制模式,推动传统的大电网一体化控制模式向主配电网协同等控制模式转变。图 4-1 所示为新型电力系统形态框架示意。

电力系统发展也呈现较强的路径惯性,当前以稳定可控、确定性电源为基础设计构建的电力系统,其技术形态、网络形态、平衡形态演变仍将遵循系统安全稳定客观规律。

1. 技术形态

新型电力系统将仍然采用交流输电为主导的输电方式。一方面,当前电力系统的设计运行方式短时间不会发生根本性变化,仍将遵循交流系统安全稳定客观规律;另一方面,从电源侧结构来看,新能源装机容量占比快速提高的同时,以火电、水电、核电等为主的传统同步电源依然发挥重要的保供作用,在装机容量、发电量上依然占据一定比例,为电力系统提供必要的调节与支撑。新型电力系统仍将在传统电力系统的基础上继承发展,短期内以交流输电为主的技术形态不会发生重大改变。

2. 网络形态

新型电力系统将延续西电东送、北电南供的输电格局,以大电网为主导、多种电网形态相融并存。我国能源资源与负荷中心逆向分布特点明显,随着未来沙漠、戈壁、荒漠地区为重点的大型风电光伏基地的规划建设,为保障大规模能源外送需求,跨省跨区大型输电通道将增加,区域电网结构将增强。从源、荷两侧多元化发展来看,传统交流大电网难以适应新能源集中开发和分布式新能源广泛接入,需要因地制宜发展直流电网、微电网等多种类型电网形态。另外,柔性化将成为新型电力系统的重要形态特征。在电源侧表现为各类机组的灵活运行,在电网侧表现为大范围资源优化配置能力、新能源和直流承载能力的显著提升,在用户侧表现为负荷、分布式电源与电网的良好互动,在调节能力方面表现为各类储能规模的快速发展。

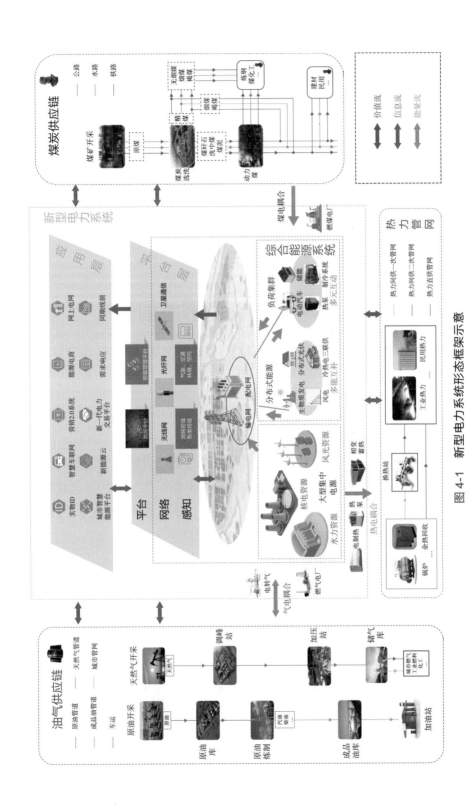

图 4-1 新型电力系统形态框架示意

3. 平衡形态

新型电力系统通过源网荷储协调互动，实现电力供需动态平衡。新能源发电具有间歇性，受气象等自然条件变化影响较大，极热无风、阴天无光都可能导致出力极低，给电力安全保供带来挑战。随着常规电源整体规模占比逐渐下降，新型电力系统中源荷双侧不确定性显著增强，系统平衡由传统的"确定性发电跟踪不确定负荷"转变为"不确定发电与不确定负荷双向匹配"，电力可靠供应和新能源高效利用难度增加。为了实现电力系统功率实时平衡，需要深度挖掘源网荷储各环节调节潜力，通过资源协同互动实现系统功率平衡、电力可靠供应。

第二节　源网荷储形态创新

一、生产环节

（一）风电：向海上风电拓展延伸

风电是清洁能源的重要组成部分，对我国能源清洁低碳转型，实现安全高效发展具有重要意义。近年来，我国风电装机规模不断扩大，利用率持续提升，海上风电有序发展，为推动实现"双碳"目标提供了有力支撑。截至 2022 年年底，我国风电累计装机容量约 3.7 亿千瓦。我国风电以陆上风电为主体，近海、远海风电装机容量相对较小。陆上风电开发和利用技术起步较早，关键核心技术比较成熟，但未来可能面临潜在开发量不足的问题，而海上风电具有单体规模大、年利用小时数高、不占用陆地资源等特点，近年来越来越为各国所重视，在世界各国能源战略中的地位不断提升。我国海上风电资源丰富、临近负荷中心，具有大规模开发的广阔前景。随着海上风电技术的不断成熟，未来海上风电成本将进一步下降，迎来较快发展。图 4-2 所示为山东半岛南 3 号海上风电场升压站。

（二）太阳能发电：集中式与分布式并举

太阳能光伏发电技术是目前技术成熟度最高的可再生能源发电技术之一，与

图 4-2 山东半岛南 3 号海上风电场升压站

其他类型可再生能源发电技术相比，具有资源分布广、易于安装、应用场景广泛等优势，被国际能源署（International Energy Agency，IEA）等能源研究机构认为是未来主要的电力来源。"十四五"以来，我国光伏发展进入了大规模、高比例、市场化发展的新阶段，截至 2022 年年底，我国太阳能发电装机容量约 3.9 亿千瓦。未来，太阳能发电也将呈现集中式与分布式开发并举的模式，以沙漠、戈壁、荒漠地区为重点的大型风电光伏基地建设加速推进，分布式光伏发展持续向好。

光伏的应用将呈现规模集群化、应用场景多元化、应用产品多样化的发展趋势，并与新型储能、大数据、云计算、物联网、人工智能等新技术有机融合。除集中式大基地外，分布式光伏也呈现快速增长势头，例如通过推进工业园区、经济开发区、公共建筑等屋顶光伏开发，既能充分利用土地资源支撑能源清洁转型，又能打造光伏为源、生态共建的新业态经济，有利于带动产业发展，让人民群众享受新能源发展红利，为乡村振兴、共同富裕提供电力示范。

与光伏发电相比，太阳能光热产业目前仍处于初期发展阶段，太阳能光热发电装机规模较小。太阳能光热发电的主要技术优势在于在光照不足时段，光热发电能够利用储热进行发电，且光热发电比光伏发电、风力发电更加有助于电网的稳定。图 4-3 所示为青海海南光热发电园区。

图 4-3　青海海南光热发电园区

（三）水电：主要流域可再生能源一体化开发

水电是我国电力系统的重要组成部分，我国不论是已探明的水能资源蕴藏量，还是可能开发的水能资源，都居世界第一位。作为重要的支撑性、调节性清洁能源，充分发挥水电在保供应、促转型方面的重要作用，推动水电能源可持续发展，是构建新型电力系统的必然要求。图 4-4 所示为甘肃刘家峡水电站。

2022 年，国家能源局综合司发布《关于开展全国主要流域可再生能源一体化规划研究工作有关事项的通知》，提出充分利用水电灵活调节能力和水能资源，兼顾具有调节能力的火电，在合理范围内配套建设一定规模的以风电和光伏为主的

图4-4　甘肃刘家峡水电站

新能源发电项目，建设可再生能源一体化综合开发基地。

主要流域可再生能源一体化主要通过水、风、光可再生能源一体化发展，充分发挥水电调节能力，加强与资源开发利用、生态环境、国土空间、带动地方发展等统筹协调和优化，从而实现整体利益最优。通过一体化推进水、风、光可再生能源建设，结合地理资源分布的具体特点，建设可再生能源一体化的创新型清洁能源基地，通过充分发挥水电调节能力，将间歇性、波动性的风电、光伏发电调整为平滑稳定的优质电源，最大化发挥水风光一体化运行效益，探索构建新型电力系统发展新思路。

（四）煤电：逐步向以电力保障和调节支撑为主转变

我国能源资源禀赋以煤为主，煤电在未来一定时间内仍将承担保障我国能源电力安全的重要作用。在推进构建新型电力系统、促进能源转型过程中，需坚持能源供给体系"先立后破"，煤电继续发挥好电力保障作用，扮演好支撑系统安全稳定的"压舱石"。另外，配置一定规模煤电，有助于实现大型风电光伏基地的安全、可靠外送。

2022年1月，习近平总书记在中共中央政治局第三十六次集体学习中，明确提出加大力度规划建设以大型风光电基地为基础、以其周边清洁高效先进节能的煤电为支撑、以稳定安全可靠的特高压输变电线路为载体的新能源供给消纳体系（见图4-5）。"大型风光电基地""煤电""特高压输变电线路"三要素相辅相成、缺一不可。此外，煤电在继续发挥"压舱石"作用的基础上，需要通过改造升级释放机组调节能力，逐步向基础保障性和系统调节性电源转型。根据全国煤电机组改造升级实施方案，煤电发展将按照用好存量、做优增量的原则，"十四五"期间完成存量煤电灵活性改造2亿千瓦，增加系统调节能力3000万～4000万千瓦。在此基础上，将再建设一批清洁高效煤电，满足我国快速增长的电力需求。

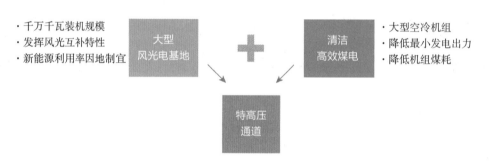

· 千万千瓦装机规模
· 发挥风光互补特性
· 新能源利用率因地制宜

大型风光电基地

＋

清洁高效煤电

· 大型空冷机组
· 降低最小发电出力
· 降低机组煤耗

特高压通道

· 新建输电通道可再生能源比例原则上不低于50%

图4-5 新能源供给消纳体系

（五）风光水火储一体化

风光水火储一体化是指优先利用风电、太阳能发电等清洁能源，充分发挥水电、煤电的调节作用，并合理配置储能设施，从而实现多种资源协调开发和科学配置，其结构示意如图4-6所示。实施风光水火储一体化，有利于充分发挥各类电源优势，实现大规模清洁能源安全送出和可靠消纳，在推进能源清洁转型发展的同时，有助于破解资源与环境约束，对推动新型电力系统和新型能源体系建设意义重大。作为推动新能源发展的重要方式，风光水火储一体化能够纵向强化电力系统各环节衔接，横向加强各类电源互补作用，提升新能源接入和消纳能力。

通过构建安全可靠、高效集约的清洁能源基地跨区输电通道，联合发挥送端流域梯级水电站、调节性能较强水电站、火电机组的调节能力，在此基础上科学合理配置储能，在有条件的区域建设光热发电、压缩空气储能等灵活调节电源，能够合理配置形成具有较高送电可靠性的互补送电单元。通过集中开发、统一调度的形式，可充分发挥多类型电源互补特性，减小电压和频率的波动，并提升对电网的支撑能力，提高供电质量。

图 4-6　风光水火储一体化结构示意

国家发展改革委、国家能源局 2021 年发布《关于推进电力源网荷储一体化和多能互补发展的指导意见》（发改能源规〔2021〕280 号），明确提出"推进多能互补，提升可再生能源消纳水平"；2022 年 3 月印发的《"十四五"现代能源体系规划》（发改能源〔2022〕210 号）提出"积极推进多能互补的清洁能源基地建设，科学优化电源规模配比，优先利用存量常规电源实施'风光水（储）''风光火（储）'等多能互补工程"。推进风光水火储一体化，提高能源输出和利用效率，支撑电力系统安全稳定运行，已逐步成为行业共识。

二、传输环节

（一）输电网

我国能源资源和负荷分布不均，跨区域配置需求突出。输电网是优化资源配置、支撑能源转型、保障供电安全的关键支撑，是实现电力资源跨区、跨省、跨市区配置的物理基础，是满足全国跨区电力流向需求和清洁电力跨区消纳的载体，是推动我国能源转型的关键环节，也是顺利推进新型电力系统构建的坚强后盾。

目前，国家电网公司经营区形成以东北、西北、西南区域为送端，华北、华东、华中区域为受端，以特高压和 500（750）千伏电网为主网架，区域间交直流混联的电网格局。跨区、跨省输电规模逐年提高，实现了全国范围的资源优化配置；220 千伏及以下电网实现分区，网架结构更加清晰合理。国家电网公司成为近 20 年来全球唯一没有发生大面积停电事故的特大型电网，为经济社会发展提供了坚强的动力支撑。图 4-7 所示为白鹤滩—浙江 ±800 千伏特高压直流输电工程。

图 4-7　白鹤滩—浙江 ±800 千伏特高压直流输电工程

当前，经济社会高质量发展、国家重大战略实施、能源电力结构调整和布局优化，给电网发展提出新任务、新要求。为实现"双碳"目标、加快构建新型电力系统，传统大电网形态将面临如下挑战。

电源侧规划布局存在不确定性。在可再生能源大规模开发的背景下，常规电源、新能源开发规模及配比在长期演化过程中会发生显著变化，电源、电网的规划决策面临资源禀赋和运行双重不确定性且具有明显的路径依赖性，给现有大电网结构与传统规划理论带来挑战。

新能源大规模发展增加保供压力。随着新能源发电的快速发展，可控电源占比下降，新能源"大装机、小电量"特性凸显，风能、太阳能出力较小时保障电力供应的难度加大。在碳中和阶段，火电装机占比将进一步下降，新能源装机规模持续提升，而负荷仍将保持一定增长，实时电力供应与中长期电量供应保障困难更加突出。

跨省跨区输电需求日益增加。我国能源资源与需求呈现逆向分布，中东部地区能源资源相对匮乏、用电需求较大，西部地区资源丰富、用电需求较小，决定了西电东送、北电南供的跨省跨区输电格局。未来，随着负荷水平增长，以及

"沙戈荒""藏东南"等清洁能源基地开发，需要加快跨省跨区输电通道建设，提高跨区域电力输送能力和大型清洁能源基地外送能力。图 4-8 所示为准东—皖南±1100 千伏特高压直流输电工程。

图 4-8　准东—皖南 ±1100 千伏特高压直流输电工程

大电网安全稳定特性发生变化。新能源大规模接入、直流大量应用，带来电力系统高度电力电子化，随着电力系统由"同步发电机为主导的机械电磁系统"向由"电力电子设备和同步机共同主导的混合系统"转变，系统的稳定特性也由"机电主导"逐步向"机电—电力电子装置协同主导"转变。高比例电力电子设备接入情况下，系统将呈现低惯量、低阻尼、弱电压支撑等特征，交直流、送受端、高低压电网的紧密耦合使得系统面临连锁故障风险。

为了更好地支撑电力保供，服务能源转型，加快构建新型电力系统，需要持续完善特高压和超高压骨干网架，优化电网格局，充分发挥电网平台的调节支撑和电力输送作用，实现能源资源优化配置，为经济社会发展和人民美好生活提供优质电力保障，不断提升人民群众的满意度和获得感。

防控大电网安全风险。坚持安全发展，树立底线思维，严格贯彻 GB 38755—2019《电力系统安全稳定导则》，深化大电网特性研究，优化电网结构，完善"三道防线"，解决短路电流超标、潮流穿越、设备重载等问题。强化网络信息安全防控，确保不发生重大网络安全事件。

科学规划新建跨区输电通道。坚持统筹发展，以市场为导向，合理安排新的跨区输电通道。配套电源与输电通道同步规划、同步建设、同步投产，送受端政府和相关企业签订长期合作协议，明确送电方式及电力、电量、电价原则，统筹各方利益，确保工程充分发挥作用。

持续优化主网架结构。在送端优化新能源基地的汇集组网模式，支撑沙漠、戈壁、荒漠地区为重点的大型风电光伏基地电力稳定送出。在受端建设完善特高压交流网架，支撑直流大规模馈入和微电网、分布式电源友好接入，持续提升新能源消纳能力，打造适应高比例可再生能源汇集接入、多直流馈入的坚强电网平台，充分发挥电网平台的调节支撑和电力输送作用，实现能源资源优化配置，确保电力安全可靠供应。图 4-9 所示为雅中—江西 ±800 千伏特高压直流输电工程鄱阳湖换流站阀厅。

图 4-9　雅中—江西 ±800 千伏特高压直流输电工程鄱阳湖换流站阀厅

用好负荷侧需求响应能力。坚持高效发展，统筹安全质量和效率效益，用好存量、做优增量，提升电力系统的整体效率。应充分考虑需求响应、备用共享、省间互济等措施，优化安排电力平衡，更加注重电量平衡。新能源并网消纳的系统成本组成如图 4-10 所示。

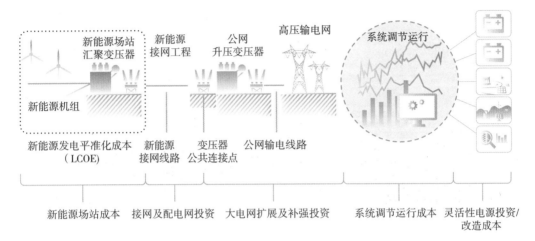

图 4-10　新能源并网消纳的系统成本组成

增强系统调节能力。坚持创新发展，推动源网荷储统一规划。加强调峰能力建设，推广调峰辅助服务补偿机制，在推动火电灵活性改造基础上，对新建煤电机组提出调峰能力要求，加快抽水蓄能电站建设。充分调动用户侧资源参与系统调节，推动储能技术发展，鼓励发电侧和用户侧储能建设。

从各区域来看，应聚焦国家战略需求，统筹安全与发展，充分发挥电网基础性、先导性作用，持续优化电网网架结构，为实施区域重大战略、区域协调发展战略、乡村振兴战略等提供坚强电力支撑，为经济社会高质量发展注入源源不断的动能。

华北地区。京津冀一体化发展战略纵深推进，北京非首都功能疏解，雄安新区建设，能源电力需求将持续增长。受环保政策影响，京津冀地区煤电发展受限，蒙西、山西区内能源资源配置需求持续增大。华北是全国政治中心所在地，电网供电保障要求高，需要发挥特高压网架作用，优化和完善电网结构，增强京津冀外受电能力，保障北京、雄安电网供电安全。图 4-11 为锡盟—山东 1000 千伏特高压交流输变电工程。

图 4-11　锡盟—山东 1000 千伏特高压交流输变电工程

华东地区。长江三角洲区域一体化发展战略实施，对华东能源电力高质量发展提出更高要求。华东能源资源匮乏，但用电需求大，是我国最大的受端电网。电网发展需要以网架规划一体化、资源配置一体化、协商机制一体化为导向，加快构建区域电力互济平台，支撑能源资源多元化发展和大范围配置，服务沿江产业布局调整与能源资源开发，推动长江流域能源转型和绿色发展。

华中地区。"两新一重"投资加大、中部崛起战略持续推进、长江经济带发展及黄河流域生态保护和高质量发展提速，推动长江中游城市群及中原城市群快速发展，华中区域能源电力需求持续增长。华中区域"缺煤、少油、乏气"，水电基本开发完毕，能源对外依存度高。电网发展应结合直流通道建设，加强和优化电网结构，提升跨区受电以及省间资源优化配置能力，满足区域经济社会发展需要。

东北地区。随着东北全面振兴的深入推进，东北地区工业稳步复苏，产业结构调整加快，能源电力发展形势将随着地区经济形势逐渐回暖。东北作为国家重要的能源基地，一次常规能源开发潜力有限，新能源发展潜力巨大。电网发展应坚持东北"一张网、一盘棋"思路，提升跨区外送通道运行效率，提高电网安全稳定水平，为东北振兴注入新的活力。

西北地区。随着新时代西部大开发、黄河流域生态保护和高质量发展，西北地区发展迎来新的机遇。西北地区能源资源丰富，是"十四五"及今后我国主要的能源送端，需要培育一批以输送清洁能源为主的风光火储综合能源基地，加大西电东送规模，保障中东部地区电力供应。

西南地区。成渝地区双城经济圈建设加速推动、基础设施网络完善、西部大开发战略持续推进，西南地区将成为高质量发展的重要增长极，未来电力需求还将快速增长。西南是我国重要的水电基地，主网架建设主要聚焦本地电力供应和水电外送需求，支撑水电开发重点集中在"三江"干流，由中下游向上游延伸。图4-12 所示为四川 500 千伏水百线将水电等清洁能源送到雅砻江换流站。

图 4-12　四川 500 千伏水百线将水电等清洁能源送到雅砻江换流站

（二）配电网

配电网是构建新型电力系统的重要基础，在能源传输环节发挥着枢纽作用，是保障电力"配得下、用得上"的关键环节。在新型电力系统中，配电网主要从提升供电保障能力、综合承载能力和能源普惠能力等方面发力，推动传统配电网络向能源配置平台转变。图 4-13 所示为国网安徽电力工作人员对农村配电网设备开展巡视检查。

图4-13 国网安徽电力工作人员对农村配电网设备开展巡视检查

1. 供电保障能力强

经济高质量发展和人民日益增长的美好生活需要，对供电品质提出新的更高要求。配电网的网络形态、功能作用正在逐步转变，源荷模糊化、潮流概率化，对配电网安全可靠运行提出了更大挑战。因此，亟须加强电网基础设施建设，推进各级电网协调发展，以保安全、保民生、保效益为重点，优化网架结构、提升装备水平、强化新技术应用，提高供电能力，服务区域协调发展和乡村振兴战略。

（1）网架结构优化。

1）强化城市配电网网架结构，满足新型电力系统发展需求。围绕城市发展定位和高可靠用电需求，统筹配置空间资源，加强与城市规划的协同力度。及时将城网核心区配电网规划成果纳入城市规划和土地利用规划，保障变电站站址和电力廊道落地，加快高压配电网对侧电源变电站的规划落实，尽快形成双侧电源的链式结构，提高电网安全运行水平，加强中压线路站间联络，提高站间负荷转移能力，提高供电质量和智能化水平。图4-14所示为国网北京电力工作人员开展配电网带电综合检修作业。

2）完善农村配电网网架结构，推动脱贫攻坚与乡村振兴战略有机衔接。以支撑乡村振兴战略、增强社会和人民群众获得感和幸福感为根本任务，稳步提高供

图 4-14　国网北京电力工作人员开展配电网带电综合检修作业

电能力，全面优化完善网架结构，逐步改善供电可靠性和综合电压合格率，持续降低线损率，为美丽乡村建设提供充足电力保障。

（2）装备水平提升。

1）推进城市配电网标准配置，提高设备可靠性。全面应用通用设备，新建改造工程标准物料应用率达到100%，优化设备序列，精简设备类型，提升设备通用互换性，所选设备应通过入网检测。按照设备全寿命周期管理要求，逐步更换老旧设备，消除安全隐患，提高配电网安全性和经济性。选用技术先进、节能环保、环境友好型的设备设施，提升设备本体智能化水平，推广功能一体化设备，加强对入网设备质量审查把关，提高设备可靠性。

2）适当提高农网设备配置标准，提升供电保障能力。注重节能降耗、兼顾环境协调，优化设备序列，简化设备类型，提高设备通用性、互换性。更换现有老旧设备，逐步实现配电网的智能化管理，提高配电网的运行效率与质量，增强配电网的自愈能力。推广高过载能力配电变压器、调容变压器，提升春节等重大节假日期间的供电保障能力。

（3）新技术应用。

1）利用面向新型电力系统配电网优化规划技术，保障配电网稳定运行。积极研究配电网运行灵活性资源量化评价方法及配电网综合优化规划方法，构建面向新型电力系统的配电系统架构，探索融合电、气、热等多类型综合能源的互联架构与组网模式。

2）运用灵活安全的智能配电技术，支撑配电网安全可靠。探索多电力电子装置并网条件下的配电网故障特性、分布—集中故障诊断与保护配置方法，分析能源互联配电系统风险隐患演变规律，研究配电故障柔性恢复、风险隐患柔性自愈方法，开发配电系统柔性自愈系统及配套装置，研究能源互联配电系统实时仿真与在线决策技术。

2. 综合承载能力高

配电网的综合承载能力能有效表征配电网应对分布式电源、电动汽车等柔性负荷接入引起的不确定性和波动性，依靠协调调度配电网各种资源来快速响应负荷功率变化并保持安全、高效、稳定运行。

随着能源生产和消费革命持续推进，生产侧清洁化、消费侧电气化、用能侧高效化成为当前我国能源体系重要的趋势和特点，应全面落实高质量发展要求，深入推进能源生产和消费革命。不断强化配电网的资源配置作用，利用柔性配电、虚拟电厂、自动化、新型储能等技术与装备，实现高渗透率分布式电源、电动汽车等柔性负荷接入下的配电网协调运行控制，促进多元化源荷的即插即用与分布式清洁能源的就地消纳，支撑传统电力系统向新型电力系统转型。

（1）资源配置作用充分发挥。以现代化配电网为基础平台，通过信息通信技术与配电系统的规划、运行、控制、管理等环节的深度融合，充分发挥配电网资源配置作用，促进清洁能源高效转换，推动分布式清洁能源的"即插即用"和全额消纳。加强对分布式电源和电动汽车等柔性负荷的统筹协调，结合区域资源禀赋和电网发展引导分布式电源因地制宜有序开发利用，紧密跟踪充电桩规划及建设计划，开展配套电网工程同步建设。

（2）柔性配电、虚拟电厂、电化学储能等新技术推广利用。利用柔性配电技术提高配电网功率和电压的调节能力，克服分布式光伏、分散式风电功率输出间歇性和电动汽车负荷随机性的影响，对潮流进行调节与控制，优化配电网潮流分布，使配电网能最大限度地接纳分布式电源和电动汽车负荷。加快虚拟电厂技术推广应用，把分散的分布式能源、分布式储能装置、分布式负荷进行集合形成虚拟发电个体，通过自主控制实现支撑电力系统运行，提高分布式电源的消纳水平，降低电动汽车无序充电带来的负荷尖峰。利用储能技术，有效平滑功率波动、消除峰谷差，平衡分布式电源及电动汽车接入配电网的影响，提高电网运行稳定性和可靠性。图 4-15 为虚拟电厂与传统电厂的比较示意。

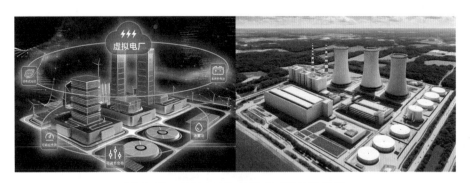

图 4-15　虚拟电厂与传统电厂的比较示意

（3）完善、推广电网承载能力分析方法。深入开展配电网分布式电源承载能力分析，完善模型方法和工具，为规划决策提供量化支撑。结合配电网的现状运行水平与规划情况，开展配电网可开放容量计算方法研究，计算配电网对分布式电源的可接纳水平和消纳能力，推广建立预警体系。

3. 供电服务能力好

提升配电网的供电服务能力，通过电气化水平的提升和电力普遍服务系统功能的增强，使电力成本存在下降空间，进而推动居民负担减轻和工业生产成本降低，促进人民生活水平提高和区域经济协调发展。同时，两者又会反哺电力需求增加，不断提升区域电网精准规划能力，从而提高电气化水平。图 4-16 所示为配电网供电服务能力提升良性发展框架。

（1）解决发展不平衡、不充分问题，城乡能源服务均等化。我国社会主要矛盾已经转化为人民日益增长的美好生活需要和不平衡不充分的发展之间的矛盾，需要深入推进新型城镇化建设，服务城市老旧小区改造等基础设施建设，大力推动城乡融合发展，加强城乡统筹和区域统筹，加大对乡村能源电力基础设施建设的投资力度，逐步缩小城乡供用电水平的差距，推进城乡能源服务均等化。

（2）乡村振兴战略持续推进，农村电网巩固提升。随着乡村振兴战略实施，农

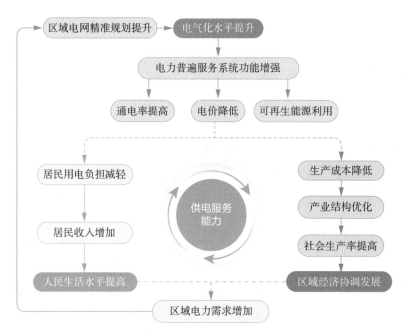

图 4-16　配电网供电服务能力提升良性发展框架

业农村现代化加快发展，农民生活水平将逐步提高，对农村电网高质量发展提出更高标准。需要持续加强农村配电网发展，不断增强贫困地区供电保障和服务能力，大力提升乡村电气化水平，服务现代农业发展，满足人民美好生活的用能需求。

（3）建设农村现代能源体系，加强农村能源基础设施建设。聚焦新型用能需求和服务热点，发展太阳能、浅层地热能、生物质能、风能等农村可再生能源，提升电网消纳分布式新能源的能力，加快构建农村现代能源体系，为助力农村能源供给结构调整、形成多种能源互补的农村现代能源体系提供坚强电网支撑。

三、消费环节

能源消费是构建新型电力系统顺利推进的重要末梢。电力消费环节由居民生活、商业办公等传统负荷，电动汽车、用户侧电储能等新型负荷，风电、光伏发电等分布式电源，分布式三联供、热泵等多能耦合设施，以及具备需求响应、多能联合运行等功能的智慧能源管控系统组成。未来，一是促进多能融合互补，构建综合能源系统，提升综合能源利用效率。二是促进多元聚合互动，构建虚拟电厂，提升能源系统利用效率。通过终端电气化水平的提升，有力推动能源消费革命。图 4-17 所示为能源消费环节组成示意。

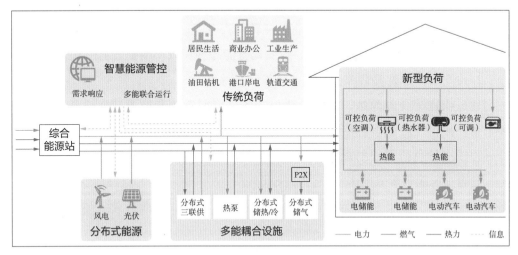

图 4-17　能源消费环节组成示意

（一）多能融合互补

为解决当前能源系统能效偏低等问题，通过以电能为核心，电、气、热、冷的多能融合互补手段，在消费侧就地实现多种能源的相互转换、联合控制、互补应用，提升综合能源利用效率，以及能源供给的灵活性、可靠性与经济性。

1. 实现以电为中心的多能互补互济

（1）实现电能—天然气的互补互济。基于微型燃气轮机、电驱动压缩机、冷热电三联供、电制甲烷等技术装备，充分利用天然气系统可大规模存储特性，以及不同品位的差异化利用特性，构建电能—天然气联合供能系统。通过将低谷时段剩余风电转化为易于大规模存储的天然气，并在高峰时段通过燃气轮机发电重新利用，实现能量的长时间、大范围时空平移，在促进可再生能源消纳的同时，提升系统综合能源利用效率，减少二氧化碳排放。

（2）实现电能—热能的互补互济。基于温控负荷、热泵、浸入式加热器等技术装备，充分发挥电能的易传输特性和热能的梯级利用特性，构建电能—热能联合供能系统，充分利用热能的延时效应，利用需求响应、能效电厂等先进技术，通过参与电网辅助服务，提升能源系统的综合能源利用效率、运行可靠性与灵活性。

（3）实现电能—氢能的融合互补互济。基于电解水制氢、燃料电池等技术装备，充分发挥氢能清洁、便于储存与传输特点，构建电能—氢能联合供能系统。针对储电成本较高造成的储电难问题，将可再生能源难以消纳的多余电力转化为氢气并进行存储，并在负荷高峰时期，将氢能转化为电能反馈给供用电系统，为可再生能源的规模化综合开发利用、存储，以及综合能源利用效率的提升提供有效途径。

2.构建以综合能源站为主要载体的综合能源系统

通过构建综合能源站，利用可获得的各类能源资源和能源转换设备，集中为多个用户提供一种或多种能量产品，满足一定区域范围内终端用户电、气、热、冷一种或多种负荷需求的能源转换、存储与配送，实现电能—天然气、电能—热能、电能—氢能等形式的多能融合互补。

（二）多元聚合互动

考虑电动汽车、可控负荷、分布式储能等多元主体数量多、容量小、覆盖广的特性，利用电动汽车有序充电、电动汽车与电网互动、需求响应等技术，聚合电动汽车、用能终端、储能等设备，发挥可控负荷的集群规模效应，参与电网调峰与优化运行，改善能源系统的整体特性。

1.依托电动汽车实现多元互动

（1）加大专用充电站建设保障力度。保障公交如期实现全面电动化，巩固和扩大蓝天保卫战在推动公交电动化领域的成果；促进非公交客运领域加快电动化转型，推动通勤班车、校车、旅游大巴、机场大巴和中短途客运线路电动化；推动物流领域实现大规模电动化，创新物流专用充电站规划建设与服务模式；开展环卫电动化专项行动，优化环卫场站配套专用充电站建设模式；加大中重型货运和专用车领域突破力度，推动城建渣土车、码头、矿山、中短途道路货运等中重型车辆的电动化转型。

（2）优化公共充电站布局和服务体系。提高城市公共充电站布局的精准性，建立区域投资监测预警机制；提高城际高速公共充电站布局的有效性，优化城际高速公共充电站投资布局策略；提升公共充电站服务水平和用户体验，通过引入新技术与新模式，为用户提供更好服务和体验。图4-18所示为江苏同里绿色充换电站监控系统。

图 4-18　江苏同里绿色充换电站监控系统

（3）创新居民区和单位充电设施发展模式。完善车网互动系统架构，完善面向居民区和单位的车网互动系统架构；稳步提升有序充电占比，开展规模化示范应用，积极争取政府支持和车企支持，开展智能有序充电小区和单位建设，制定差异化支持政策和电价政策，引导用户选择有序充电模式。

（4）开展乡村交通电动化综合示范。开展乡村交通电动化充电设施综合示范与推广，围绕乡村旅游、乡村物流、乡村客运等重点领域，配套建设一批乡村交通电动化综合示范项目；开展电动汽车与农村电网互动综合示范与推广，探索充电桩与农村分布式光伏、风电等的高效互动解决方案。

2. 依托需求响应实现多元互动

构建可中断、可调节多元负荷资源，完善相关政策和价格机制，通过能源价格、补贴奖励等激励手段，引导各类电力市场主体挖掘调峰资源，主动参与需求响应。统筹协调需求侧与供给侧资源，主动改变用户用能模式与用能行为，实现能源系统的削峰填谷，提升终端用能综合能源利用效率，提高用户用能的灵活性、能源系统的可靠性，降低用户用能成本，实现用户与运营主体双赢等目标。构建多元聚合互动的虚拟电厂，促进各种分布式能源、可控负荷、储能设施等多元化主体的广泛接入，为用户提供高品质的智慧服务，改善能源系统的整体特性和利用效率，支撑相关技术水平由国际先进提升至国际领先。图 4-19 为国网经研院建设运营的电网形态与源网荷储协同规划实验室。

3. 依托分布式储能实现多元互动

围绕电化学储能、电磁储能、物理储能、热储能等的发展基础、技术经济性

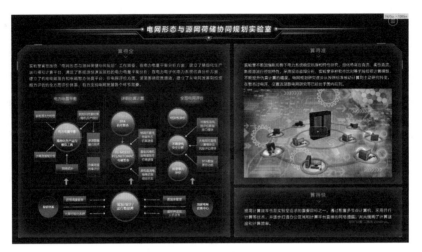

图 4-19　国网经研院建设运营的电网形态与源网荷储协同规划实验室

前景和典型特点等，在能源电力系统、工业园区、工商业企业和民用设施等多元化场景中，实现技术应用和迭代升级的良性循环，以科学合理的节奏和布局开展分布式储能规划建设，充分发挥其在促进清洁能源消纳、系统备用、提升供电质量和可靠性等方面的关键作用，促进多元互动、激发创新发展的巨大潜力。

四、存储环节

储能正在深刻地改变能源生产与消费方式，具有新能源配套、调峰、调频、需求响应等多种用途，能够提升电力系统的灵活性、经济性和安全性，发展储能技术是推进能源结构转型的必要条件。

国家陆续发布抽水蓄能发展规划、新型储能发展规划。抽水蓄能方面，要求加快电站的合理布局，提升电力系统的调节能力和总体效率，保证电网安全高效运行。新型储能方面，加强电源侧与用户侧电化学储能的推广应用，加强电源侧储能本体安全和并网运行管理，深化电源侧储能的多重价值实践，探索电源侧储能激励政策与商业模式。

（一）抽水蓄能

抽水蓄能电站是目前技术成熟度最高、经济性最优的储能技术，适合大规模开发建设。随着大规模间歇性新能源发电机组的并网，以及西电东送规模的持续增长，电力系统对抽水蓄能电站的建设和发展提出了新的需求。需要加快推进抽水蓄能建设，积极探索常规水电改抽水蓄能和混合式抽水蓄能电站技术应用，充分发挥好抽水蓄能作为电力系统"调节器"和"稳定器"的作用，有效应对新能源功率大幅波动。图 4-20 所示为河北丰宁抽水蓄能电站。

图 4-20　河北丰宁抽水蓄能电站

国家能源局发布《抽水蓄能中长期发展规划（2021—2035 年）》，要求加快抽水蓄能电站核准建设，统筹电力系统需求、新能源发展等，按照能核尽核、能开尽开的原则，在规划重点实施项目库内核准建设抽水蓄能电站。到 2025 年，抽水蓄能投产总规模达到 6200 万千瓦以上。到 2030 年，抽水蓄能投产总规模达到 1.2 亿千瓦左右。到 2035 年，形成满足新能源高比例大规模发展需求的技术先进、管理优质、国际竞争力强的抽水蓄能现代化产业，培育形成一批抽水蓄能大型骨干企业。

（二）新型储能

与抽水蓄能相比，以电化学储能为代表的新型储能受站址资源约束较小，站址布局相对灵活、建设周期较短。在过去几年中，电化学储能成本快速下降，经济性逐渐显现，逐步具备广阔市场应用的条件。在水火风光配套电源的基础上合理配置新型储能，能够有效发挥储能"削峰填谷"作用，将新能源大发、电力富余时段吸收的功率，转移至新能源小发、系统所需时段释放，促进新能源消纳利用。从建设形式来看，新型储能主要包括"新能源＋储能"电站等电源侧储能、电网侧储能、用户侧储能等，需要加快在源网荷各侧的建设应用，充分利用其快速功率调节支撑能力，有效支撑新型电力系统电力电量平衡与安全稳定运行。图4-21 所示为国家风光储输示范工程。

图 4-21　国家风光储输示范工程

国家发展改革委、国家能源局发布了《关于加快推动新型储能发展的指导意见》（发改能源规〔2021〕1051号），提出大力推进电源侧储能项目建设、积极推动电网侧储能合理化布局、积极支持用户侧储能多元化发展，到2025年，实现新型储能从商业化初期向规模化发展转变，新型储能技术创新能力显著提高，装机规模达3000万千瓦以上，在推动能源领域碳达峰碳中和的过程中发挥显著作用。到2030年，实现新型储能全面市场化发展，技术创新和产业水平稳居全球前列，成为能源领域碳达峰碳中和的关键支撑之一。

第三节　能源互联网形态升级

　　未来，各类先进技术和适配政策向新型电力系统源网荷储各环节不断汇聚，新型电力系统将在形态上向能源互联网持续升级，促进能源供给和消费体系清洁低碳转型、推动能源广域安全优化配置，促进物质流、能量流、信息流高效融合、提升能源行业价值创造能力，为人民美好生活提供全方位供电服务。

一、能源供给和消费体系

　　立足资源禀赋，坚持先立后破，我国以清洁能源主导的能源供给和消费体系正在逐步形成。构建新型电力系统，需要推动电网向能源互联网升级，实现生产生活方式的绿色转型。电源侧积极促进多能互补，支撑服务"沙戈荒"大型新能源基地、海上风电及各类分布式可再生能源资源快速发展。电网侧提升可再生能源大规模跨省跨区配置水平，提高配电网分布式能源消纳能力，推动适应可再生能源规模化接入的多元化电网形态发展。负荷侧提升终端能源消费电气化水平，促进源网荷储一体化，协同提高电力系统调节能力。

　　实现可再生能源与电网协同发展。持续完善特高压骨干网架和各级电网，更好服务"沙戈荒"大型新能源基地建设。统筹电网与可再生能源规划，加强常规电源及网架结构配套建设的协调，优化可再生能源开发布局、规模及时序。结合可再生能源资源禀赋、电网安全运行、装备技术水平等因素，科学规划集中式、分布式能源发展，支撑集中式和分布式能源的广泛灵活接入。优化抽水蓄能、电化学储能等灵活调节电源规划配置，增强电网可再生能源消纳能力。持续提升跨省跨区输电能力，实现可再生能源资源在更大范围的配置，提升消纳利用水平。提升分布式电源的并网管理水平，提升交易管理质效，对并网服务流程和并网运行技术要求实行差异化管理，引导分布式可再生能源优化布局。以国网威海供电公司提出的"精致电网"为例，其中一项重要示范内容是建设蜂巢立体弹性新型能源互联网，即以探索构建地市级新型电力系统为导向，把城市配电网的"手拉手"结构转变为"蜂巢型"电网结构，利用柔性开关，接入分布式电源、储能充电桩等电气设备，以环网结构形态运行，实现内部源网荷储的协调互动，可以保证大规模电动汽车有序充电、大批量分布式电源可靠接入。图4-22所示的山东威海"蜂巢型"电网结构全景导航器能监测各项电网数据，构建智能辅助决策分析模型。

图4-22　山东威海"蜂巢型"电网结构全景导航器

1. 提升可再生能源运行控制水平

持续提升可再生能源发电功率预测和调度的协调水平，提高可再生能源发电调度运行控制能力。加强源网荷储协调，多措并举支撑可再生能源发电安全运行和有效消纳。加快现代智慧配电网建设，推动冷、热、电、氢气等多种能源协同互补综合利用，满足各类电力设施便捷接入、即插即用。加强性能检测和在线评估，带动可再生能源发电技术发展和装备升级。持续提升可再生能源发电并网适应性和主动支撑能力，保持可再生能源发电并网技术处于国际领先水平。支撑清洁能源产业发展，助力形成具有国际竞争力的清洁能源和储能产业高地。

2. 促进分布式可再生能源就近、就地利用

加速新型配电网终端设备研制，提升分布式光伏的可观可测可控能力。积极发展群调、群控的调控运行方式，提升电网对分布式可再生能源的运行管理能

力，促进分布式光伏灵活并网、高效利用。提升电网对分布式光伏的服务水平，以数字化、智能化的手段，提升电网的服务能力和服务效率。推动港口岸电改造加快步伐，助推电动汽车充电设施发展建设，在高铁站、机场等交通枢纽，促进终端用能环节的综合能源开发利用，提升用能效率。

3. 健全服务绿色电力环境价值体系

积极推进绿色电力证书（简称绿证）交易，提升全社会绿色电力消费需求，提高绿证市场活跃度，充分体现新能源的绿色环境价值和碳减排权益，发挥绿证在新能源参与电力市场的场外保障作用。完善推动可再生能源发展的考核体系，优化可再生能源消纳权重分配方式，稳步提高可再生能源消纳权重指标。形成市场主体广泛参与的激励机制，推进源网荷储一体化和水风光蓄一体化基地的协同规划、建设、运行和参与市场，鼓励新能源企业与抽水蓄能、煤电企业联投、联建、联运，制定促进分布式新能源开发的激励政策，引导和激励金融体系以市场化方式支持绿色投融资。抽水蓄能与新能源联合运行原理示意如图 4-23 所示。

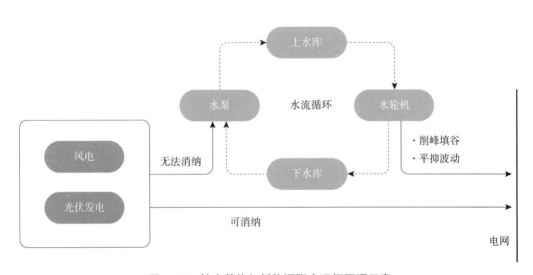

图 4-23　抽水蓄能与新能源联合运行原理示意

4. 引领践行全面节约战略，保持全社会用能成本在合理水平

电力系统是新能源生产、传输和消纳的主要载体，依托建设跨区跨省输电通道、完善区域电网结构、加强多元协调调度控制等方式，能源资源的优化配置和消纳能力将显著提升。电能替代、智能电气设备应用等手段也会有力促进全社会

用能结构转变。通过源网荷储协同、多能融合互补、多元聚合互动，全社会能源综合利用效率将全面提升。总体来看，随着能源供给多元化、清洁化、低碳化，能源消费高效化、减量化、电气化，社会整体用能成本能够合理控制，实体经济发展得到有力支持。

二、能源资源安全保障体系

新型电力系统面临着广泛的能源系统形态变革，电力系统"双高""双峰"特征日益凸显，叠加极端天气等因素影响，保供应、保安全的形势愈加严峻，电力供应紧张和安全运行风险将长期存在。落实"四个革命、一个合作"能源安全新战略，加快构建各区域坚强骨干电网，提升配电网可靠供电能力，加强重点领域防范，着力构建坚强局部电网，提升消费侧能源供应灵活性，推动电网向能源互联网升级，实现更高水平的电力安全保障。电源侧，建立多品种、多层次的能源资源供给体系，扎实保证一次能源供给充足、保证灵活性资源供给充足。电网侧，构建更加安全的网络防御屏障，为新型电力系统的数字化、智能化发展提供坚实的网络安全基础。负荷侧，进一步增进网荷的协同互动，通过加强双向互动的灵活性，多措并举提升供电可靠性和用电安全性。

1. 优化多元化的初级能源资源产品供给体系

坚持"先立后破"的基本原则，统筹各能源资源的协同发展水平，推进煤电与新能源优化组合，不断提升系统平衡调节能力，推动形成多元化供应体系，完善初级能源资源产品保障的长效机制，加大电煤、燃气保障力度。在煤电发展上需坚持"控制增量、用好存量、优化布局"原则，推动存量煤电灵活性改造，提升调节速率与深度调峰能力，将退役机组延寿改造转成应急备用电源，有效满足极端情况下电力应急保障需要。

2. 探索建立全球能源安全治理新平台

积极引领国际能源治理，开展能源安全能力建设、能源安全应急协调等方面合作，切实建立国际合作及应急反应机制，保证跨国跨洲能源输送通道的安全运转。探索建立国际能源价格预警机制、国际能源供应出现严重波动情况下的政策协调与危机救助机制，确保重大事件冲击情况下的能源安全。加强市场之间的互联互通，鼓励国内交易平台加强与国外成熟能源交易平台的合作，不断丰富交易品种，建立各种互通机制，联手扩大对周边区域能源交易的影响力，形成对周边区域有示范效应的基准价格。强化现有国际组织框架下的沟通合作，持续推进现有多边框架下的能源战略、规划、政策和实践经验的分享和交流。

3. 提升需求侧灵活性资源开发利用水平

需求侧灵活性资源可在用电高峰时段有效削减负荷，缓解电力供应紧张局势，在电力保供中发挥重要作用。坚持"需求响应优先、有序用电保底、节约用电助力"，用好各类可调节负荷资源，全力维护供用电秩序稳定。加快推进新型负荷管理系统建设，实现有序用电下的负荷控制功能和常态化的需求侧管理功能，保障民生和重点用电需求，保障电力供应安全。

4. 提高新能源与调节支撑资源的协同运行水平

提升新能源在转动惯量、频率、电压支撑方面的履责能力。完善新能源配套储能激励机制，提高新能源配套储能的标准和约束力，提升电力电子设备高占比的电力系统稳定机理认知水平，明确电力电子设备对电网运行特性的影响，掌握新能源极限承载能力及直流极限送出规模提升关键技术。

5. 构建支撑能源大范围配置的物理平台

统筹送端电源、受端市场和沿途走廊的一体协同规划建设，持续优化交直流多层级协调发展的电网结构，全面加强电力系统支撑与调节能力建设。针对高比例可再生能源、电力电子设备接入需求，加强基础理论和运行控制技术研究，建立规划、设计、建设、运行互通的全流程技术保障体系，加强多能转换技术研发应用，推动电力、油气、热力等多种能源的互通互济。

6. 提升配电网的网荷互动水平与供电可靠性

面向城市工业园区、工商业居民区、以农业为主的乡村、实现工业化的乡村、发展旅游等特色产业的乡村差异化发展需求，推动配电网差异化的规划、建设，统筹配电网一、二次系统与信息系统的建设发展需求，加强配电自动化系统建设和物联网技术应用，提升物联感知、平衡调节、安全防御、应急保障能力，推动重点城市配电网供电可靠性达到世界一流水平，推动农村电网数智化能力、电气化水平、供电可靠性、电能质量提升。推动规模化分布式能源自适应并网，推动配电网源网荷储智等要素一体化发展，推动柔性负荷互动水平持续提升，探索配电网与新能源汽车等设施的能量和信息双向友好互动，增强配电网的功能和服务能力，适应分布式能源"即插即用"，实现新型电力系统与用户之间的广泛互动衔接。持续完善电力网络安全标准体系，针对核心城市生命线工程，完善统一电力网络安全防护标准体系，提高网络系统准入门槛，增强网络抵御能力。以国网浙江电力推动建设的多元融合高弹性电网为例，旨在以电网弹性提升主动应对大规模新能源和高比例外来电的不稳定性，其主要特征之一是高自愈，即能够抗击外来干扰并且迅速恢复原有稳定状态能力，规划适应各类灾害冲击扰动及故障隔离的拓扑结构，提升配电网极端事件感知预警水平，提高配电网的灵活控制与主动支撑能力，实现极端情况下配电网智能自愈和快速恢复。图4-24所示为国网浙江电力多元融合高弹性电网智慧调度平台。

图4-24　国网浙江电力多元融合高弹性电网智慧调度平台

7. 建设全网态势感知和一体化防御体系

构建适应能源互联网发展形态的网络安全态势感知技术架构，实现全天候、全场景、全链路的网络安全监测预警和联动响应。立足全网，面向行业，构建网络安全实时态势感知平台，整合打通各类安全资产管理数据接口，对安全事件进行智能关联分析，完善检测响应、数据分析、封禁阻断、可视交互等功能。扩大态势感知范围，增强对云平台、数据中台、物联终端、工业互联网、新型网络边界的安全监测分析能力，结合多元化应用场景补充和优化监测告警策略模型。建立统一指挥、多级调度、协同处置的网络安全监测与响应机制，形成面向实战、上下贯通、全域联动、多源情报、快速响应的全天候网络安全态势感知能力，打造"红蓝一体"协同作战队伍和全天候监控分析队伍，形成全网一体化防御局面。

8.健全多方协同的应急管理体系

加强政府、企业、社会等的电网应急处置协同，提升多主体应急协作能力，主动嵌入国家和能源电力行业整体应急框架，强化政府—行业—社会共同参与电网应急处置。针对极端突发事件，强化底线思维的落实，结合自然地理条件、电网结构和用户特点，通过极端情景专项应急预案及强化培训演练，增强应急预案兜底能力的同时，提升应急人员极端情境下的应急意识和应急能力。构建强有力的应急指挥架构，有效整合多方资源，提升应急高效协作水平。强化应急监测预警能力，有助于灾害链综合监测和风险早期识别预警，实现早响应、早主导，最小化影响破坏。按照区域灾害严重程度分级分区优化电网建设标准，推动坚强局部电网建设。

三、数智化能量及信息交互体系

主动适应能源革命和数字革命融合发展趋势，加快电网数智化转型，实现传统电网基础设施和新型数字化基础设施融合，全面提升信息采集、传输、处理、应用等能力，实现电网全景感知、高速传输、高效处理、智能应用，成为能源互联网中物质流、能量流、信息流的流动枢纽。伴随源网荷储各环节的数字化与智能化转型，新型电力系统将转向以智能电网为核心、可再生能源为基础、互联网为纽带，通过能源与信息高度融合，加快推动电网向能源互联网升级，促进发输配用各领域、源网荷储各环节、电力与其他能源系统协调联动。

1.加快互联网技术与能源电力融合

加快"大云物移智链"等技术在能源电力领域的融合创新和应用研究，积极推进示范应用，推动能源系统、信息系统和社会系统的深度融合。采用先进的信息技术、智能终端和平台，使得能量和信息双向流动，支撑源网荷储的高效互动。推动平台化建设，应用先进输电技术，将传统电网升级为具有强大能源资源优化配置功能的智能化平台。加强电力芯片、传感与量测等核心器件和设备的研发，提高自主保障能力。加强能源电力与互联网技术融合的标准研究与制定工作。

2.提升电网生产运行数字化水平

深化基于多规合一的项目动态规划设计，提升电网投资决策能力。强化电网建设全过程数字化管控。充分利用移动应用、智能监控系统、数据智能采集等设备和手段，构建敏捷、易用、智慧的数字化现场施工动态监管体系。构建覆盖输变配各环节智能运检体系。打造以设备状态全景化、业务流程信息化、数据分析智能化、生产指挥集约化、运检管理精益化为特征的输变配电智能运检体系，实现信息全采集、状态全感知、业务全穿透。依托新一代电力调度自动化系统，构建信息系统与物理系统相融合的智慧调控支撑体系。推动电网调度运行各环节及参与者实现在线互联、实时交互，推进能源与生产、生活智能化协同，实现电源、电网与用户之间的资源优化配置，提升源网荷储安全稳定协调运行能力。积极建设配电自动化系统，提升电网"自愈"能力，实现快速精准的故障定位、隔离、网络重构及恢复供电。以国网江苏电力省级配电网数字化管控平台为例，其构建了省、市、县级分层管理和风险分级管控模式，可对配电网设备状态进行实时感知和预警，并依托数据中台实现跨专业的数据融合与关联，贯通"线—变—户"的全链路信息，自动感知配电网异常问题，辅助诊断异常原因并给出治理策略，从而提升配电网的精益化与数字化管控能力。

3.构建智慧能源综合服务体系

新型用能形式将不断涌现，用户需求向个性化、定制化、多元化转变，电网作为能源互联网的重要组成部分，需要提高数字化能力，推动电网从数字化、智能化向智慧化发展。以客户需求为导向，推动综合能源全业务融通，提升综合能源系统规划设计、优化运行、建设运营能力，加快建设绿色、高效、智能的综合能源系统。加强用能优化服务，提升客户综合能效水平。加强电热气冷氢等多种能源灵活转换与集成优化技术攻关，因地制宜开展多能互补综合能源示范。深化柔性负荷应用，提升需求响应能力，开展个性化、互动化智能用电服务。优化充电设施布局，加强充电保障能力和车联网平台服务能力。图4-25所示为河北雄安新区城市智慧能源融合站。

确立新型能源基础设施驱动的新服务新模式。发挥新型能源基础设施功能价值，推动算力与电力融合发展。积极参与新型基础设施的建设。将数字化基础设施与能源电力基础设施建设统筹考虑，积极参与到以能源数字技术、能源数字产

图 4-25　河北雄安新区城市智慧能源融合站

业、能源数据要素、能源数字市场等为代表的能源数字经济发展新赛道。运用数字化手段建立深层次的协同互动关系，实现能源行业协同运营。运用数字化手段建立"一体化集中管控、智能化高效协同、可视化高度融合"的协同调度智能化指挥平台和"全流程贯通、全产业链衔接、全场景监控"的工业互联网平台，以数字电网承载新型电力系统与能源新型基础设施，以数据流引领和优化能量流、业务流，实现"产运销储用"一体化运营。

四、市场价值创造体系

持续推动能源电力行业转型升级，需要紧紧抓住能源系统开放、融合式发展这一重大转折点的发展机遇期，以市场为导向、客户为中心，广泛开展商业模式创新，通过基于能源领域新业务、新业态、新模式，创造更高水平的能源服务价值。能源产业业态创新最终体现为一系列新的产品和服务、多种新型产业组织模式与管理模式、各具特色的商业模式和盈利模式等，推动电网向能源互联网升级，以"能源互联网+"加快推动战略性新兴产业发展，深化能源配置、社会民生、产业发展等传统价值，拓展能源转型服务、能源数字产品、能源平台生态等新兴价值，创新服务引领型、技术驱动型、平台生态型等商业模式，实现传统价值向新兴价值的拓展升级，构建共建共治共享的能源互联网生态圈。

1. 汇聚各方力量共建能源互联网生态圈

围绕资源增值复用、业务创新赋能、数据共享应用、平台建设运营等方面，积极培育、布局与开拓新业务、新业态、新模式，打造新的增长极。在综合能源服务、分布式光伏服务、新能源汽车服务、能源电子商务、产融协同等领域开展技术创新、产品研发和市场开拓，带动产业链上下游共同发展。以信息、资本等要素与能源相融合为动力，推动形成一系列新业态，如以互联网为代表的信息技术与能源领域跨界融合形成了"互联网＋能源"型新业态、金融产业与能源领域跨界融合产生了"绿色金融"新业态。汇聚社会力量，推动政府、行业、企业等各类主体的合作，加强跨界融合，建设各类主体深度参与、高效协同、共建共治共享的能源互联网生态圈。改善电力营商环境，加强电网等基础设施建设，进一步满足城乡居民生产、生活安全可靠清洁用能需求，强化供电服务保障，为全面乡村振兴、共同富裕提供充足电力保障，促进区域经济协调发展。为提升用户体验，依托电力无线专网，业扩可开放容量信息实现了远程查看，如图4-26所示。

图4-26　远程查看业扩可开放容量信息

2. 打造高端化和智能化电网技术创新平台

打造科技创新资源共享平台，汇聚构建新型电力系统有关需求、技术、产品、服务等要素信息，完善以市场为导向、装备制造企业为依托、产学研用相结合的技术创新体系。提升科技成果孵化转化服务能力，建立矩阵式的研发能力布局和跨产业协同平台，统筹协调各参与主体，促进新型电力系统产业链上下游以及与相关行业之间的有效融合，构建新型电力系统技术创新和产业发展体系。应用智能传感、设备物联、边缘计算、5G 通信等互联网技术，提升电网装备状态实时感知、柔性交互和自主研判能力，实现电网装备的智能化升级，带动相关装备研发、制造产业发展。

3. 发挥能源数字经济的赋能增值作用

新型电力系统各环节依托数字化技术与数据连接实现深层次的交互与交叉赋能，电力与算力的相互融合将有力促进能源数字经济的发展，使电力市场交易更加安全、高效、稳定。充分发挥能源数字经济中人才、资金、创新等要素价值，利用市场化手段辅助破解安全、经济、绿色协同发展中的资源配置难题，从全社会范围调配最优资源，以精细化资源匹配与规模化资源汇聚催化能源电力产业创新发展，并将建设成效和发展红利最大程度反馈至全社会。

4. 发挥电力市场化改革的重要保障作用

调整并丰富辅助服务市场产品种类，实现调峰产品与现货市场衔接、细分传统辅助服务产品、扩展新品种等，推动成本分担机制优化、细化。推进容量市场建设，吸收容量补偿机制经验，以省内试点起步，然后在受端大区建立区域容量市场，最后建成全国统一的容量市场。优化需求响应价格和分时电价机制，充分挖掘用户侧灵活性资源。完善尖峰电价机制，筹集需求响应资金。充分运用分时电价增强调节效果。

5. 加强跨行业、跨领域的协同发展

统筹电网规划与城市规划，建立电力、城市多维度大数据库共享平台，为配电网规划提供坚强数据支撑。深度融合电力大数据和经济社会发展、城市规划等多维度城市大数据，加强数据融合与价值挖掘，支撑负荷和电量精准定量分析和配电设施有效落地。因地制宜调整配电网网架结构，推动配电网与交通基础设施融合发展。

6. 加快产业链延伸和生态圈建设

通过多能转换、供需互动等技术加快推广应用，赋能传统业务、催生新型业态、构建行业生态，实现各类能源网络价值共创共享，促进能源、信息、社会系统深度融合。通过推动政府、行业、企业等各类主体合作，实现信息深度共享、资源充分汇聚、供需高效对接，建成共建共治共享的生态圈。以新型电力系统创新工程示范带动新型电力装备、数字化装备的应用、完善，推动智能制造产业的高端化发展。聚焦新型电力系统发展需要，抓重大、抓尖端、抓基本，推动突破一批核心基础元器件、一批关键基础材料、一批重大装备的研制。

7. 带动能源领域战略性新兴产业发展

新型电力系统广泛连接各参与主体，为新兴产业的发展提供坚实的合作平台，有助于形成互利共赢的新兴产业生态，可以推动形成巨大新兴市场，为新兴产业提供快速壮大、成熟的发展机遇，占据新兴产业发展先机。新型电力系统技术创新联盟搭建了业务、技术、客户、数据等资源共享平台，可以提供数据要素、技术要素的支持，推进各专业、各板块、各层级资源融通共享，并发挥"双创"平台孵化作用，促进成果产业转化。引导促进主业资本协调互补，通过业务重组、混改、收并购、股权合作、引入战略投资等方式，加强与外部优势资源的战略合作和资本运作，强化新兴产业资本支持，提供及时的、低成本的资金支持，推动新兴产业快速发展。

8. 推动打造具有世界先进水平的现代能源产业集群

电力行业是关系国家能源安全和国民经济命脉的重要行业，新型电力系统是创新链产业链深度融合的典型代表。一方面，新型电力系统创新从企业实际需求出发，引导创新资源向产业链上下游集聚，对新能源、常规电源、输配电网、需求侧资源、多元化储能等统筹科研项目布局，瞄准工程应用这个靶心发力，推动创新链高效服务产业链。另一方面，通过产学研联合，贯通从技术研发、标准互认、成果应用到装备制造的创新链条，推动科研单位、高校科技创新成果向实际生产力转化，带动我国电工装备持续升级。此外，在能源革命和数字革命整体带动下，能源系统数字化、综合智慧能源系统集成、绿色电工装备研制等一大批能源新兴产业快速成长壮大，为我国加速打造链条完备、自主可控、具有世界先进水平的能源现代产业集群注入强大动力。

第五章
新型电力系统
技术创新

第一节　概述

随着电力系统在电源构成、电网形态、负荷特性、技术基础、运行特性等方面出现新的转变，新型电力系统源网荷储各环节的技术需求在自身特征、发展水平和紧迫程度等方面将产生系统性的深刻变化，现有技术体系无法满足新型电力系统构建的需求，亟须构建适应新型电力系统的技术创新体系，有力支撑能源电力系统转型发展。

从技术发展趋势看，新型电力系统的主要运行基础仍将是交流同步机制，但未来系统形态将从以大电网为主向大电网、微电网和局部直流电网并存的形态转变；新型电力系统的平衡模式将从传统源荷实时平衡模式向源网荷储协同互动的非完全源荷间实时平衡模式转变；系统末端将由单一的被动刚性负荷形态过渡到具有响应能力的柔性负荷，并最终向具有自平衡能力的"微电网＋微能网"形态转变。电力系统技术创新将由源网技术为主向源网荷储全链条技术延伸，由电磁输变电技术为主向电力电子技术、数字化技术延伸，由单一的能源电力技术向跨行业、跨领域技术协同转变。

构建新型电力系统对技术创新提出了全新的要求，未来技术创新将在新型电力系统的发展和路径选择中发挥越来越关键的作用。新型电力系统技术创新是以"政（政府）—产（企业）—学（高校）—研（科研院所）—用（用户）"为主体（见图 5-1），以服务国家能源战略需求为导向，推动新型电力系统与新型能源体系高质量发展的关键支撑。总体来看，要以技术创新体系为关键基础，以知识产权与技术标准为重要支撑，通过实现技术、专利与标准的一体化协同，持续支撑新型

政（政府）＋产（企业）＋学（高校）＋研（科研院所）＋用（用户）

图 5-1　新型电力系统技术创新主体

电力系统与新型能源体系的技术创新。

具体措施为：一是构建覆盖新型电力系统基础支撑技术、新型电力系统路径影响技术及新型电力系统重大颠覆性技术的三层技术创新体系，持续保障新型电力系统技术创新原动力；二是加快技术标准体系建设，坚持标准化与技术创新、工程示范一体化推进，以高标准支撑引领系统高质量发展，大力推进标准国际化，抢占电力新兴领域国际标准制高点；三是夯实知识产权支撑体系，推动标准和专利深度融合、良性互动。

第二节　构建技术创新体系

一、新型电力系统技术创新架构

构建新型电力系统的重大范式变革对技术创新提出了全新的要求。初步研判，2030 年碳达峰前将是传统技术创新和技术应用的最后红利期。2030 年碳达峰后，尤其是电力系统加速减碳阶段，传统电网规模驱动的模式将无法对冲新能源大规模扩张带来的诸多问题，亟须创新技术甚至颠覆性技术支撑。未来电力系统演变将面临技术不确定性高、发展路径复杂等一系列挑战。因此，技术创新将在构建新型电力系统过程中发挥越来越关键的作用，并直接影响新型电力系统中长期实施路径。

准确把握新型电力系统的"变"与"不变"，遵循系统观念和技术规律，是构建新型电力系统技术创新体系的基础和前提。电力行业技术资金密集、存量系统庞大，其转型对路径高度依赖，应坚持循序渐进的原则，促进技术创新进步与新型电力系统发展齐头并进，持续优化科技创新资源配置，积极推动重大科技基础设施和平台建设，实现技术、专利和标准的一体化协同推进。新能源快速发展需求迫在眉睫，亟须成熟、经济、有效的技术方案应对当前面临的问题和挑战。当前，构建新型电力系统的物质技术基础相对薄弱，未来发展路径存在较大的不确定性，必须在前瞻性、颠覆性技术上取得突破。

综合研判，新型电力系统技术创新体系总体可分为三个层面。图 5-2 所示为新

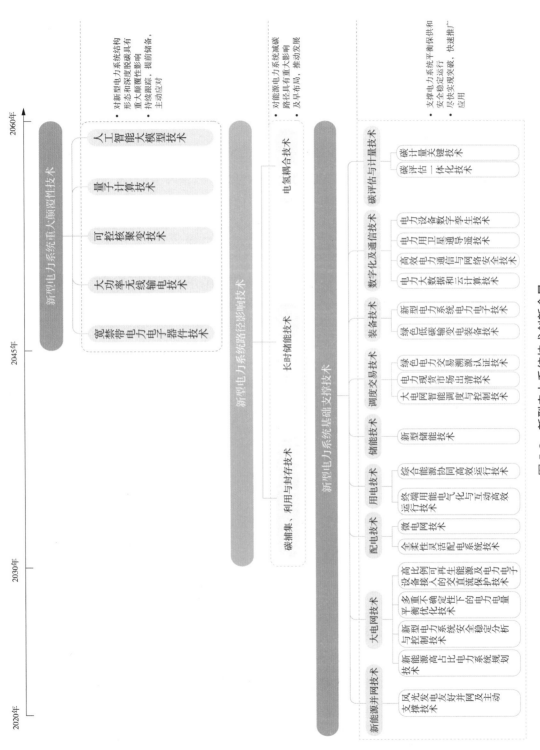

图 5-2 新型电力系统技术创新全景

型电力系统技术创新全景。

（1）直接影响新型电力系统源网荷储和调度交易等各环节建设运行的基础支撑技术。基础支撑技术与电力系统紧密相关，需在2030年前的碳达峰阶段就尽快实现突破并持续推广应用，同时结合系统发展需求不断丰富、完善和优化，有力支撑新型电力系统的供需平衡和安全稳定运行。

（2）深度影响能源电力系统碳中和路径的跨行业路径影响技术，包括直接降碳、替代降碳、结构降碳三种方式，分别为从电源侧直接降碳的CCUS技术、有助于新能源大规模替代非化石能源的大规模长时储能技术、在更大能源体系范围内优化能源结构和用能方式的电氢耦合技术。路径影响技术也需要及早布局跟进，推动发展成熟，以期在2030年碳达峰后的减碳阶段发挥重要的路径选择作用。

（3）较大程度决定新型电力系统结构形态演化和实现深度脱碳的跨领域颠覆性技术，如可控核聚变技术、大功率无线输电技术等。颠覆性技术一旦取得突破，将产生难以估量的、颠覆性的影响，可能导致目前可预见的系统形态/难题都不复存在。比如，可控核聚变技术一旦取得突破并得到推广应用，将实现能源自由，如其进一步取得小型化发展，还将实现能源泛在。但颠覆性技术由于突破难度大、技术链条长，预计主要影响2045年以后电力系统的演化发展，需要持续跟踪关注，提前做好相关技术储备。

二、新型电力系统基础支撑技术

（一）新能源并网技术

当前，我国风电和光伏发电已成为仅次于火电的第二大电源，并将在2030年前后成为装机主体，在2050年前后成为电量主体。随着新型电力系统构建不断推进，"双高"电力系统特性愈发显著，随之而来的风电、光伏发电并网稳定问题愈发突出，新能源发展需要从立足于保证自身稳定运行，向承担支撑电力系统稳定运行的主体责任转变。风光发电友好并网、主动支撑控制的需求愈加迫切，成为影响高比例可再生能源电力系统安全运行的重要因素之一。

风光发电友好并网及主动支撑技术，通过优化机组布局及控制策略，一方面，提升风光发电对电网频率、电压波动的适应性，提高抗扰动能力；另一方面，通过内部算法实现风光发电机端电压和频率调节，可以"主动"地为电网提供必要的频率和电压支持，甚至提供构网支撑能力。

风光发电友好并网及主动支撑技术能够辅助电网故障恢复，为电网提供惯量、阻尼及电压支撑，在提高电力电子化电力系统稳定性、保障新能源高效消纳、提升系统弹性等方面发挥重要作用。目前，"跟网型"和"构网型"主动支撑技术主要从换流器控制的角度实现，但由于风电机组是机—电耦合系统，机械系统在故障穿越、惯量与一次调频控制中的载荷冲击和应力约束对风电机组安全运行的影响不容忽视，而光伏发电前端无旋转惯性部件。同时，场群层面的主动支撑协同控制、"构网型"机组配置、海上风电送出技术，以及网源协调层面中对于随机波动性风光发电的状态感知、宽频谐振风险预警等方面的技术有待成熟。

此外，网源协调运行机制的不健全制约了风光发电友好并网及主动支撑技术的大范围应用。需进一步研究"沙戈荒"地区、海上风电、"双高"电力系统、高比例分布式发电等典型电力系统下的风光发电主动支撑技术需求，加快技术研发和运行机理研究，从方法研究、关键设备研制、协调控制、网源协同等多方面开展研究，以电源侧技术创新助力新型电力系统的稳定运行。

（二）大电网技术

1. 新能源电量高占比电力系统规划技术

电力系统规划技术指研究未来一段时间内电力系统源网荷储各环节发展和建设方案的技术，包括规划仿真计算技术和规划分析技术等。

规划仿真计算技术已有成熟的、基于持续负荷曲线的、适应常规电源为主的电力系统随机生产模拟方法。基于时序负荷曲线的、适应日调节平衡模式的电力系统时序生产模拟方法，可以近似评估新能源电量低占比情况下的电力电量平衡情况。但是，随机生产模拟方法无法反映时段之间的耦合情况，无法评估储能在电力电量平衡中的作用，同时难以处理网络传输容量等复杂约束；日调节平衡模式的时序生产模拟方法不能适应新能源电量高占比情况下，新能源与负荷月度、季节不平衡导致的跨月、跨季节等长周期调节平衡模式的电力电量平衡问题，同时对新能源出力、负荷预测、发输变电设备故障等不确定因素考虑较少。随着"双碳"目标的推进和新型电力系统的构建，新能源占比逐步提升，需要研究考虑多源异构储能、新能源出力高度不确定性和需求响应的电力系统源网荷储一体化随机时序生产模拟方法，并开发相应的计算工具，保障新型电力系统电力电量平衡分析的准确性。

规划分析技术已有成熟的规划方案经济性分析方法、适应新能源电量低占比的电网规划安全性量化评估方法。但是，随着新能源和常规直流电源占比逐步提升，柔性直流、储能等新技术大规模应用，电力系统安全稳定特性和机理发生变化，原有的安全性量化评估方法已不完全适用新型电力系统的发展。针对新型电力系统面临的安全稳定问题，提出适应高比例可再生能源接入的频率/电压支撑和调节能力的评估指标和技术要求，构建柔性直流、构网型储能与交流电网的协调控制策略，完善考虑新能源、储能、柔性直流等电力电子设备贡献的短路电流计算方法，为电网规划安全性评估提供技术支撑，提升新型电力系统的安全稳定水平。图 5-3 所示为电网运行风险防御技术与装备全国重点实验室。

图 5-3　电网运行风险防御技术与装备全国重点实验室

2. 新型电力系统安全稳定分析与控制技术

在传统电力系统向新型电力系统转型升级的过程中，电网格局与电源结构发生重大改变，电网特性发生深刻变化，给电力系统安全稳定运行带来全新挑战（见图 5-4）。一方面，电网格局发生重大改变，特高压交直流电网逐步形成，系统容量和远距离输送规模持续扩大，交直流耦合特性复杂，大直流 / 直流群与弱交流之间的矛盾更加凸显；另一方面，电源结构发生重大改变，新能源装机不断增加，常规电源比重和系统调节能力下降，新能源出力波动大、耐受能力差、调节能力弱等问题对电网运行的影响更加显著。

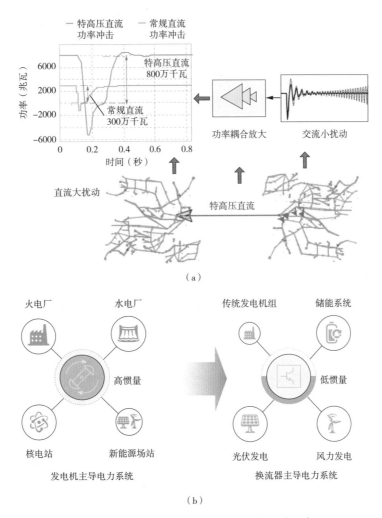

（a）

（b）

图 5-4　电力系统安全稳定运行面临风险示意

（a）电网格局发生重大改变；（b）电源结构发生重大改变

为有效应对新型电力系统高复杂性、高波动性和高风险性带来的挑战，需要构建适应新型电力系统的响应驱动安全稳定分析与控制体系，完善电力系统安全防御体系框架。此外，高比例可再生能源接入导致系统惯量持续减小，系统调频能力逐渐减弱，高比例可再生能源电力系统频率稳定量化分析技术能够实现系统扰动冲击后频率稳定裕度精准量化评估，为电网频率稳定量化分析提供坚强支撑。对于多电力电子设备并网系统，短路比／短路电流作为表征新型电力系统电压支撑能力的重要指标，在提升调度运行人员对新型电力系统稳定特性变化的掌握，指导各新能源场站运行在合理功率水平，降低系统因新能源故障穿越、脱网引起失稳风险，以及统筹提高新能源总体利用率等方面发挥重要作用。未来需要掌握新能源多场站短路比／短路电流实时计算技术，实现新能源并网可接纳极限的多维度评估，全面提升新能源安全消纳水平及对运行风险的掌控水平；需要推进新能源安全消纳极限评估技术，实现电网安全因素约束下系统新能源消纳能力的精准测算。

在呈现"双高"特性的新型电力系统中，作为"压舱石"的传统电源在电力系统调节和支撑方面的基础性作用逐渐弱化。随着新能源装机占比不断提高，以同步机为主导的网源协调特性逐渐向电力电子化特性方向演变。常规电源灵活调节技术方面，需要大力推动常规火电、水电机组灵活调节改造技术应用，提升火电、水电机组调频、调压、调峰性能，充分发挥清洁高效先进节能常规电源的支撑作用。新能源并网主动支撑技术方面，亟须准确把握新能源并网波动性、随机性强，支撑调节能力弱等特点，大力开展风电、光伏场站主动调频、调压基础理论研究，在新能源汇集地区选取试点应用和推广，切实提升风电场、光伏发电站等新能源场站的调频、调压性能。基于实时信息的发电侧主动支撑能力评估与控制技术方面，应依托通信、信息技术，以广域协调控制为手段，开展新型电力系统电压、频率、阻尼支撑能力在线评估、预警与控制技术研究。

此外，面对日趋复杂的"双高"电网安全运行问题，在线安全稳定评估与防御愈发重要，应基于电网仿真或测量信息，研究信息驱动的电网在线安全稳定态势量化评估体系与自适应优化防控技术，提高电网在线安全防御实用化水平。

3. 多重不确定性下的电力电量平衡优化技术

随着新能源电量占比的逐步提升，平衡能力供给与调节需求此消彼长，系统正逐步进入供给与需求持平的分水岭状态，给电网调度运行带来了巨大挑战。

（1）新能源发电受限于风光一次能源供给，具有"极热无风""晚峰无光"等特征，伴随常规电源装机占比及发电能力下降，在新能源出力较小期间，系统面临保障电力可靠供应难题。

（2）新能源发电具有短期大幅波动特征，为了跟随新能源波动，维持系统动态平衡，需要配置大量的调峰、备用资源。受制于我国灵活性调节资源不足的现状，在新能源大发期，系统又面临新能源充分消纳难题。

（3）新能源发电具有强随机性和不可控性，叠加煤、天然气等一次能源供给、负荷波动、发输变电设备故障等随机性，多重随机因素造成平衡点难以确定，系统长期面临保持安全、经济、低碳运行难题。

因此，维持电力电量平衡必须构建新型平衡体系，拓展平衡决策对象，将当前局部电网确定性的平衡决策方法调整为支撑全局一体化的随机—确定性平衡决策方法。

平衡机制方面，围绕"经济、低碳、节能"平衡目标的多样性、"时间、空间"平衡范围的广泛性、"发电、负荷"双向波动的不确定性，构建多目标协调、多时序滚动、多层级电网一体、源网荷储多要素协同的动态综合平衡体系。

平衡预警方面，量化分析风、光、煤、气等一次能源供给对发电能力的影响，建立一、二次能源联动分析模型。将调节对象从单一的电源侧拓展至源荷储等多元对象，提出海量分布式负荷侧调节资源聚合方法，深度挖掘负荷侧资源调节潜力。建立多时间尺度电力电量概率化平衡定量分析模型及平衡预警指标体系，实现多时间尺度下电力电量平衡分级预警。

平衡优化决策方面，提出发电检修安全管控多业务协调、源网荷储多元能源互动、"国—网—省—地"多层级电网一体的大规模复杂约束优化模型构建技术；突破计及多重随机因素的优化调度模型构建及求解技术，提出模型数据交互驱动的电网前瞻优化调度方法，将数据驱动方法推演结果嵌入前瞻调度模型，提升系统应对不确定性的能力。

新型电力系统中，随着新型平衡模式的建立，源—荷双侧调节能力得到发挥，大范围、多时空尺度、多控制对象的随机—确定性平衡决策方法得到突破，平衡业务由传统的电力电量分层分区平衡向全局优化的一、二次能源综合平衡转变，决策方式由人工经验确定向统筹优化决策转变，支撑实现新型电力系统调度组织全局化、多能协调智能化、电力生产低碳化和电能供应高可靠化。

4.高比例可再生能源及电力电子设备接入的交直流保护技术

我国电力系统在转型过程中，新能源机组占比不断提升，同步电源占比不断下降，电力系统设备高度电力电子化，原有的同步电源故障特性被削弱，更复杂的故障动态特性被引入，相对确定的故障特性、控制框架被破坏。继电保护作为系统安全稳定的第一道防线至关重要，随着大规模新能源及电力电子设备接入电网，电网结构与故障特性的显著改变直接影响了现有交直流系统中继电保护的动作性能。

高比例可再生能源及电力电子设备接入电网的故障识别及保护新原理、柔性直流输电系统保护技术，以新型电力系统故障特征分析与提取为基础，考虑系统中的控制限流、故障穿越等因素，围绕相互补充、相互独立的思想，重点提升继电保护"四性"，实现故障的精准切除，解决现有交直流系统中继电保护装置动作性能下降的问题，将在提升故障特性认知水平、保障系统稳定运行能力等方面发挥重要作用。

与此同时，为满足新型电力系统发展需求，新型场景下的保护控制协同技术成为新的技术发展方向，可支撑新型电力系统的快速发展，完善继电保护技术领域体系。特别是针对远海新能源送出系统、沙漠光伏送出系统、新能源经柔性直流送出系统等新场景，利用电力电子设备的高度可控特性，通过继电保护和控制策略的协同，实现故障快速隔离及恢复，有效减少系统停电范围与时间，促进新能源消纳，提高系统运行效率。图5-5所示为世界首个五端柔性直流输电示范工程——浙江舟山 ±200 千伏柔性直流输电科技示范工程海缆敷设场景。

新型电力系统故障模拟及测试技术是继电保护装置性能提升的必要手段。基于新型电力系统典型场景，通过数字与物理相结合的方式，可实现对故障特性的准确模拟及对新型保护的全面测试，是保护装置能够顺利运行的基石。

新型源荷接入的电网保护整定计算技术是全面构建新型电力系统继电保护技术体系的重要组成部分。以新型电力系统中的保护配置与整定原则为前提，建立适用于整定计算的新能源故障计算模型，能够有效提升短路电流计算与定值整定的准确性，确保继电保护装置动作性能得到充分发挥。

图 5-5　浙江舟山 ±200 千伏柔性直流输电科技示范工程海缆敷设场景

（三）配电技术

1. 全柔性灵活配电系统技术

由于分布式新能源和电力电子设备高比例接入，传统配电网的放射状、弱连接网架，以及主要配电装备的刚性及被动控制方式，无法解决配电网分布式电源消纳不足、不确定源荷控制难度大、电能质量劣化、设备数字化程度低等问题。为顺应配电网形态演化趋势，打破传统配电网的局限性，亟须构建新型交直流无缝混合、源荷对等、闭环运行的全柔性灵活配电系统，充分利用数字化微电网及信息物理深度融合的新型电力电子变换装备的灵活可控优势，实现有源化全柔性灵活配电网的灵活、可靠运行。图 5-6 所示为张北柔性变电站及交直流配电网科技示范工程。

在设备层面，基于系列能量路由器等灵活配电装备，可提升高比例分布式电源、冷热电气氢等多类型能源、柔性负荷、储能等的协同运行与管控水平，实现配电网多种能量流、业务流和信息流的深度融合。

在运行控制层面，基于分区分层的数字化台区微电网体系与配电网—微电网

图 5-6　张北柔性变电站及交直流配电网科技示范工程

协调运行技术，可解决现有台区数据采集不足、中低压设备智能化程度低且互操作能力弱、设备通信覆盖范围有限等问题，实现区域配电网—微电网群的高效调控和稳定运行。

在配电网运维层面，基于数字孪生的配电网可靠性提升和精益化运维关键技术，可实现数字孪生技术在配电网状态监测、故障评估、灾害预警等方面的应用，提升配电网安全可靠运行水平。

基于分层分区数字化微电网与信息物理融合灵活配电装备的全柔性配电系统，具有数字化微电网分区分层管控、电力电子变换装备灵活可控、数字孪生可靠性高等优势，可以打破传统配电网放射状、弱连接网架的局限，实现新型交直流无缝混合、源荷对等、闭环运行的全柔性配电系统的构建，在构建新型电力系统及分布式新能源消纳方面发挥重要作用。当前，微电网多在台区低压用户侧构建且建设规模较小，经济性和可维护性较差，系列能量路由器等灵活配电装备的成本偏高，交直流混合配电网和数字孪生技术在配电网的应用还处于起步阶段，全柔性灵活配电系统尚未得到大规模推广应用。须出台国家层面和电网企业内部的规划指引，加快全柔性灵活配电系统组网构建与设备布局，鼓励数字化微电网、灵活配电装备、交直流混合配电网运行控制、数字孪生应用的试点示范，健全技术标准规范与市场交易机制，推动全柔性灵活配电系统的规模化构建。

2. 微电网技术

微电网技术是当前国内外广泛关注并取得规模化应用的分布式电源组网控制技术。从国内外对微电网的共识上看，可以将微电网视为由分布式电源、用电负荷、配电设施、监控和保护装置等组成，具有自我控制和管理功能的小型发配用电系统（见图5-7）。其基本原理为：以分布式发电技术为基础，融合储能、控制和保护装置，靠近用户终端负荷，通过源荷储协调控制和能量管理，可平滑接入主网或独立自治运行，提高供电可靠性。

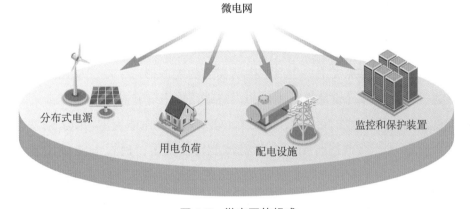

图 5-7　微电网的组成

根据运行模式的不同，微电网技术可分为并网型微电网技术、独立型微电网技术和微电网群技术。

并网型微电网技术在规划、运行、控制、仿真等技术层面已经达到了整体上与发达国家技术并跑、局部领先的水平。并网型微电网规划、运行和控制技术基本成熟，但分布式电源、储能和控制系统成本高，市场化条件不成熟，制约着并网型微电网技术的商业推广。

独立型微电网与外部电网不相联，应保证独立型微电网内发用电的平衡稳定，但是其电能质量、稳定可靠性的指标很难与传统的大电网相提并论。独立型微电网主要应用于偏远地区和海岛地区，可以有效降低电网投入。采用储能纯 V/F 或虚拟同步机（Virtual Synchronous Generator，VSG）技术的独立型微电网架构简单、效率高、便于扩容，易于实现无人值守，是未来大中型独立型微电网的主要发展方向。

微电网群技术目前在国内外还处于起步阶段，我国陆续开展典型特征、运行控制、能量管理等一系列关键问题研究。通过微电网集群协调控制，可增强微电网群系统的稳定性和安全性，实现效益最大化。随着分布式电源在配电网中不断发展，微电网群将成为未来智能电网的重要组成部分。

随着直流配用电技术的不断发展、能源互联网建设的不断深化，交直流混合微电网、微能网等微电网技术将成为新的发展方向。近年来，行业对更加完善的电力市场机制需求日益迫切，微电网的商业化建设和运营模式成为研究热点。

（四）用电技术

1.终端用能电气化与互动高效运行技术

多能高效转换技术利用高效电热转换设备、电气转换设备、电能机械能转换设备等，将电能转换成用户生产、生活需要的能源形态，广泛应用于工业、建筑、交通等国民经济行业及居民生活中。终端用能电气化技术在多能高效转换技术基础上，通过各类电能替代技术和方式，逐步形成以电能为主的能源消费格局。

在工业领域，以电热转换和电能机械能转换为主，通过电能替代柴油、煤炭、天然气等，为工业生产过程提供动力来源与热力来源，通过电转氢，为工业生产提供工业原料。

在建筑领域，在建筑施工阶段以电能机械能转换为主，通过电能替代柴油、汽油，为建筑施工提供动力；在运营阶段以电能热能转换为主，通过电能替代煤炭、天然气产生热能，提高能源转化效率，促进建筑用能低碳化。

在交通领域，在电转动力技术及电池技术不断优化的基础上，通过以电代油，发展电动汽车、电动飞机、电动轮船、电动火车等各类电动交通工具。

电能作为清洁、高效、便捷的二次能源，多能高效转换与终端用能电气化技术可以在一定程度上解决终端用能领域的碳减排问题，促进用户侧分布式清洁能源发电的利用，直接减少碳排放；将部分碳排放从终端用能转移到电力能源，并由发电侧统一解决碳减排问题，从而支撑终端用能的低碳化、高效化、智能化发展，有效改善终端能源消费结构，已成为能源消费革命的重要支撑技术。但由于多能高效转换设备主要以各行业用能需求为主，以各行业工艺流程为核心，涉及各行业的核心生产技术和电气、热工、材料、化学、机械、农学等多个学科，需要各行业开展跨专业联合攻关，合作创新多能高效转换技术，通过工艺流程再造和生产生活方式变革推动终端能源结构优化。

新型电力系统中，在负荷侧随着电能利用范围延伸到许多以前不用电的领域，用电负荷特性发生了巨大变化。终端能源消费高度电气化技术需考虑电能的清洁化、电力供需平衡、电能的精细化利用及替代经济性等问题，优先发展降碳效果显著的技术，使用可再生能源电力满足终端电气化需求，增强电能转化设备的智能化水平和互动调控能力，并充分激发市场主体活力，创新商业模式，提高电能利用的效率和效益，实现多方共赢。为支撑终端电气化发展，需在材料技术、设备技术、集成技术及系统技术等不同层面开展创新，应加强用户侧光伏、光热、多元储能、多种电能转换设备的融合应用，开展电网—气网耦合、电网—热网耦合等技术研发和示范应用，保障终端电气化的可靠、经济、清洁、安全、智能发展。

2. 综合能源协同高效运行技术

综合能源系统是在先进电能替代、虚拟电厂、互联网技术的基础上，综合利用远方、本地清洁能源，通过综合能源网络将光伏、光热、地/水/空气源热泵、燃气三联供、燃气锅炉、电锅炉、电制冷机组、蓄冷（热、电）等能源供给侧资源，以及办公、商业、酒店、住宅、工业等负荷侧资源，在逻辑上强耦合形成涵盖综合能源生产、消费于一体的智能、灵活能源网络系统。综合能源系统可通过高性价比的储冷、储热、储氢及热力系统的高惯性特征，平抑清洁能源出力波动，进而实现分布式清洁能源的大规模消纳，助力能源绿色转型，同时还可通过电冷热气氢等能源的集成供应实现多种能源互补互济、多个系统协调优化，从而提高用能效率，降低能源消耗。目前常见的综合能源系统典型模式包括冷热电三联供、"清洁能源＋热泵"分布式供能和"风光储氢一体化"等。

综合能源系统具有高效、低碳、灵活等特点，可以在一定程度上解决传统能源系统由于耦合不紧密而导致的总体能源利用效率低下的问题，节约社会能源系统总投资和运行管理费用，降低用户用能成本，保障电网供需平衡，提高电网经济运行水平，同时开拓电网企业新型营销业务，创新能源服务模式。但由于综合能源系统涉及电气、热工、暖通等多个专业，其运行优化涉及多能流、多物质流在不同时间尺度相互耦合影响。目前综合能源系统运行调控以人工经验为主，其运行优化主要面临多能设备机理精细化建模困难、设备级运行数据采集能力不足、各主体利益诉求多元且决策过程非完全理性等问题，亟须基于电力物联网细粒度数据，利用深度强化学习、博弈智能等人工智能技术，实现设备级安全自治控制、园区级博弈协同优化，全面提升系统整体能效。同时需要各行业开展跨专业联合攻关，构建电冷热气氢等不同类型能源的协同调控机制，打通行业信息壁垒，开展自动化/半自动化/智能化运行优化控制。

综合能源系统通过源网荷储协同运行以及内部多种能源的自治协同，可在促进分布式清洁能源就地高效消纳的同时，在需求侧为电网提供可观的调控能力，支撑电网安全稳定运行和清洁能源消纳。目前在综合能源协同高效运行方面已开展了大量研究，但多是以设备级优化为主、系统级优化为辅，且从能量层面的优化转到设备层面的控制缺乏相关机理、技术及工具支撑，难以实现运行优化策略的落地，更缺乏针对大规模综合能源系统运行优化的实践。为充分发挥综合能源系统中不同能源、不同设备、不同负荷的协调优化调节能力，应加强具有自适应性的综合能源系统自动化优化运行调控技术研发和应用，保障综合能源系统的安全、高效、低碳、灵活运行。图5-8所示为天津滨海综合能源分布自治与协同优化系统运行监控界面。

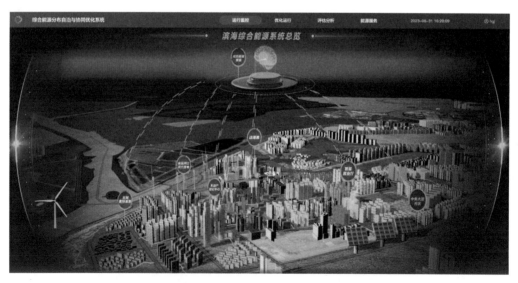

图 5-8　天津滨海综合能源分布自治与协同优化系统运行监控界面

（五）新型储能技术

新型储能技术是指除抽水蓄能之外，以存储能量和输出电能为主的储能技术。按照能量的存储方式，新型储能主要包括电化学储能（如锂离子电池储能、液流电池储能）、电磁储能（如超导电磁储能、超级电容储能）、物理储能（如压缩空气储能、飞轮储能）、热储能（如熔盐储热储能）等，如图5-9所示。新型储能可为电力系统提供多时间尺度、全过程的平衡能力、支撑能力和调控能力，可与抽水蓄能相协调，共同支撑新型电力系统构建。

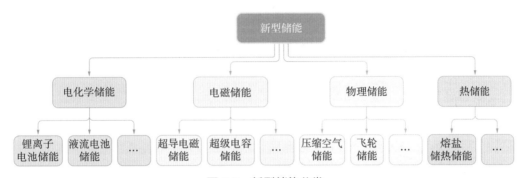

图 5-9　新型储能分类

在电源侧，规模化储能可提升新能源场站对于频率及惯量的主动支撑能力，有效提高新能源电力消纳水平，替代部分调峰火电机组，减少碳排放。在电网侧，规模化储能用于满足尖峰负荷供电需求，可减少电网投资，提高电网设备的利用率；为系统提供惯量支撑和一次调频能力，可有效降低大功率缺额下电网频率失稳的风险；此外，将规模化储能纳入安全稳定控制系统，可提供紧急功率支援，替代切负荷措施，提高交直流混联大区电网的稳定性，一定程度上起到等效释放输电能力的作用，具有显著的经济效益。在负荷侧，分布式储能资源可通过削峰填谷及需求响应缓解电力供需矛盾，还可提高分布式电源消纳能力。

目前全球技术成熟度最高、装机规模最大的新型储能是锂离子电池储能，同时液流电池、压缩空气、钠离子电池等储能技术快速进步，有望实现在电力系统的规模化应用。锂离子电池储能具有响应速度快、布局灵活等优势，能够适应电力系统从秒级到小时级不同时间尺度的应用需求，且随着固态电池、高安全集成等技术的突破，其应用安全性也将得到显著改善。液流电池储能具有循环寿命长、容量扩展便捷等优势，但仍需突破能量密度低、充放电倍率小等问题。压缩空气储能技术特征与抽水蓄能相似，具有容量大、持续充放电时间长等优势，适用于调峰、新能源消纳等场景，但仍需突破能量效率提升等问题。钠离子电池具有资源丰富、温度适应范围广等优势，其技术原理与锂离子电池相似，如其能量密度、循环寿命等技术性能得到有效提升，将在电力系统多场景中得到广泛应用。

多元化新型储能可满足电力系统多场景应用的差异化需求。国家已出台《发展改革委 能源局关于加快推动新型储能发展的指导意见》（发改能源规〔2021〕1051号）、《"十四五"新型储能发展实施方案》（发改能源〔2022〕209号）、《新型储能项目管理规范（暂行）》（国能发科技规〔2021〕47号）等一系列政策，基本形成了支持新型储能发展的政策架构，明确了在发展规划、项目管理、市场机制、电价政策等方面的政策导向。

需通过规范化、标准化推动多元化新型储能技术迭代升级实现高质量发展。目前已成立全国电力储能标准化技术委员会（SAC/TC 550），秘书处挂靠在中国电科院，牵头编制18项电力储能核心国家标准，已发布和在编储能标准累计近200项，初步建立了各环节相互支撑、协同发展的电力储能标准体系，有力支撑了新型储能的规模化发展和应用，结合多元新型储能技术创新和应用场景拓展，加强与现行能源电力系统相关标准的有效衔接。

储能系统装备安全性能、并网性能试验技术需从电力储能应用实际需求出发，结合新型储能特性评价和检测技术研究积累，构建涵盖型式试验、等级评价、到货抽检、并网检测和运行考核的全流程检测评价整体解决方案。国家电网公司的电池储能技术实验室，已建成覆盖储能领域全链条全体系的综合性研究、试验检测评价及储能涉网建模仿真实验平台，具备储能电池、电池管理系统、储能换流器、能量管理系统等储能核心部件及储能系统/储能电站并网的储能全链条全体系获得中国计量认证（China Metrology Accreditation，CMA）和中国合格评定国家认可委员会（China National Accreditation Service for Conformity Assessment，CNAS）试验检测资质，满足国家能源局储能专业检测检验资质要求。该实验室的移动式储能并网试验装置如图5-10所示。储能专业化并网试验平台容量最高达9兆瓦，覆盖35、10（6）千伏等电压等级。面向储能系统装备的高安全、高可靠、

图 5-10 电池储能技术实验室的移动式储能并网试验装置

高压化、大容量化是新型储能在新型电力系统规模化应用发展的趋势，仍需面向储能专用的材料体系优化、结构设计、工艺调整等环节关键技术布局专业化的研发及中试平台，为新型储能高质量发展提供有效支撑。

为支撑构建新型电力系统，需进一步提升新型储能规模化应用程度。在电源侧，加快推动系统友好型新能源场站建设，以新型储能支撑高比例可再生能源基地外送，促进沙漠、戈壁、荒漠地区为重点的大型风电光伏基地和大规模海上风电开发消纳，通过合理配置储能提升煤电等常规电源调节能力。在电网侧，因地制宜发展新型储能，在关键节点配置储能提高大电网安全稳定运行水平，在站址走廊资源紧张等地区延缓和替代输变电设施投资，在电网薄弱区域增强供电保障能力，围绕重要电力用户提升系统应急保障能力。在负荷侧，灵活多样地配置新型储能支撑分布式供能系统建设，为用户提供定制化用能服务，提升用户灵活调节能力。同时，推动储能多元化创新应用，推进源网荷储一体化、跨领域融合发展，拓展多种储能形式应用。

（六）调度交易技术

1. 大电网智能调度与控制技术

新型电力系统的典型特征是以确定性、可控连续电源为主体的系统演进为强不确定性、随机波动电源和多元负荷为主体的系统，突出表现为电力电子化趋势凸显，系统动态特性由机电暂态主导逐步转向机电—电磁暂态相互作用主导，出现宽频带振荡等新形态稳定问题。现有以大机组为主的调控对象将向海量负荷侧资源拓展，各层级调控对象数量、监控信息呈指数级增长，电网运行不确定性显著增强。同时新型电力系统对电网数字化提出了新需求，需要进一步扩大信息感知的范围，提升从电网一次设备到二次设备、从高压主网到低压电网、灵活可控负荷、外部环境、气象数据等汇集存储、融合关联分析能力。因此传统的感知、分析和调度控制手段已不能适应新型电力系统的需求，亟须引入人工智能技术，构建高度自动化和智能化的调度控制体系。

在广域感知方面，基于高采样密度、统一时标的相量测量装置（Phasor Measurement Unit，PMU）与宽频装置采集的动态数据，实现对电网全景动态过程的实时监视、稳定态势评估、宽频段感知和跨区振荡抑制决策。

在智能调度控制方面，充分发挥调控数据资源优势，形成"模型＋数据"双轮驱动模式，研制电网调控操作智能机器人。基于新一代调度自动化系统和调控云平台，研发智能调度系列功能，构建数据统一、算力统筹、智能共享、安全可控的人工智能生态环境，支撑电网智能感知、交互、分析和决策。图 5-11 所示为电网调控云总体架构示意。

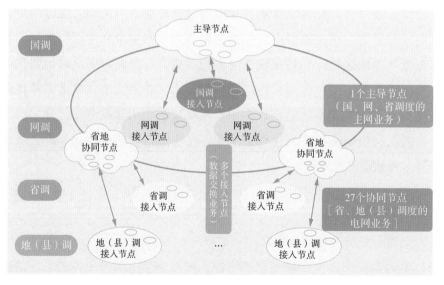

图 5-11　电网调控云总体架构示意

在调度数据资产价值挖掘方面，构建满足调控业务需求的调控数据资产分类方法和数据资产目录，覆盖数据全生命周期的数据资产管理技术，贯通数据资产规划、数据汇集、数据清洗、数据加工、数据质量管理、数据资产目录、数据服务管理各环节，实现调控专业管理模式的数字化重构，盘活数据以充分释放调控数据价值。

随着构建新型电力系统加速推进，大电网智能调度与控制将通过应用端—边—云高效协同的电网调控人工智能支撑技术、基于人机混合增强智能的柔性电网调度决策控制技术、面向多利益主体/海量异构群体的源网荷储自主智能与群体智能调度理论与方法，实现将当前"机器辅助调度"模式提升到"混合增强智能调度"模式。

2.电力现货市场出清技术

电力现货市场能够以市场手段实现能源统筹、机组运行方式优化、跨省区余缺互济，在保障电网安全的前提下，优化电力资源配置，促进清洁能源消纳。我国电力现货市场目前采用"两级市场、三级调度"的框架。省间现货市场针对省内富余电力，组织送端各类发电企业和受端省级电网企业、大用户、售电公司，通过集中竞价方式开展日前、日内省间现货交易，利用市场化手段实现省间电力余缺互济，促进清洁能源更大范围消纳。省级现货市场根据省内负荷需求及市场成员申报量价信息，结合电网模型、送受电曲线、预测类信息等，考虑机组运行、电网安全等约束，开展日前、日内现货市场集中竞价出清，通过电力交易的充分竞争，发现电力商品价格，实现电力资源的高效优化配置，保障电力电量供需平衡和安全供电秩序。电力现货市场是构建新型电力系统的重要支撑。

省间现货市场以省（或省内分区）为主要节点，考虑输电通道、分区及省内网损和输电费用，融合级联通道的电力流和交易流，结合输电通道动态可用容量，构建多主体、多通道竞价出清模型。通过买卖方聚合、交易路径搜索、寻优空间降维等技术，实现大规模电网省间现货的快速出清。省级现货市场基于市场成员申报信息以及电网运行边界条件，采用安全约束机组组合、安全约束经济调度算法进行优化出清。省级现货市场针对各省源网结构特点和市场规则，在兼顾差异化的基础上实现通用化的建模和高效出清。针对发用两侧参与市场的不同要求，支持单边及双边竞价的市场模式，实现水火风光、联合循环、储能等多种电源类型的统筹出清；

针对常规火电省份，支持多日机组组合优化；针对高占比梯级水电省份，实现考虑梯级水—电耦合约束的水—电—价三维联动市场出清；针对联合循环机组，实现燃气机组和蒸汽机组耦合关系的建模求解；针对电网安全要求，实现动态可用输电容量与现货交易潮流耦合等的复杂约束建模；针对电能量市场与辅助服务市场的不同组织要求，实现电能量市场与辅助服务市场联合优化出清。

在新型电力系统中，随着大规模新能源接入、储能参与，以及源荷双侧结构的变化，需要开展适应新型电力系统演化的多周期电力电量平衡分析，构建有利于保障电力供应的市场模式，进一步建立健全促进新能源消纳的市场机制，在保障新能源充分消纳的同时，平衡多元市场主体利益。

3. 绿色电力交易溯源认证技术

为鼓励绿色电力消费，进一步扩大新能源交易规模，需要创新新能源市场化交易机制，推动新能源消纳由保障性收购向市场化交易转变。绿色电力交易是指以绿色电力产品为标的物的电力中长期交易，用以满足发电企业、售电公司、电力用户等市场主体出售、购买绿色电力产品的需求，并为购买绿色电力产品的电力用户提供绿色电力证书。绿色电力交易需要体现绿色电力的环境价值，同时满足绿色电力交易的可溯源性，全面记录绿电生产、交易、传输、消费、结算等各个环节信息，实现绿电交易全流程可信溯源，提高绿电消费认证的权威性，因此探索突破高效可信的绿色电力交易溯源认证技术，为用户提供可信权威的绿电消费认证，是应对能源清洁低碳转型的重要举措。

针对绿色电力交易可溯源的交易特点，探索区块链技术在绿色电力交易的落地利用，重点突破大规模绿色电力交易数据的存储、查询等技术，从而降低数据并发性，提高数据的处理能力。突破绿色电力交易溯源技术，记录溯源绿色电力交易发、用电结算信息，通过电子签名技术核发绿电消纳凭证，保障绿色电力凭证信息不可伪造。研究市场主体多元化身份认证技术，实现参与绿色电力交易的市场主体私有数据、商业秘密数据等敏感数据的加密保护和授信共享。应用区块链技术研发北京 2022 年冬奥会绿电溯源平台（见图 5-12），实现北京 2022 年冬奥会绿电全链条信息可信记录与流转，并为冬奥场馆出具基于区块链技术的绿电消费凭证。绿电溯源平台共计支撑 10 批次、7.8 亿千瓦时的绿电可信溯源，节约用煤 25 万吨、减排二氧化碳 62 万吨，为我国百分百绿色办奥作出了积极贡献。

图 5-12 北京 2022 年冬奥会绿电溯源平台

新型电力系统中，随着新能源占比逐步提升，绿色电力消费意识逐渐增强，需要在高并发交易、可用输电能力（Available Transfer Capacity，ATC）优化出清、可信溯源认证、多元化身份认证、高性能结算等方面深入研究，开展绿色电力交易核心技术攻关，探索基于输电路径计及 ATC 的省间绿色电力交易优化出清技术，突破基于区块链的绿电全生命周期溯源技术，进一步提升绿电交易的权威性，推动绿色电力交易规模继续扩大，落实能源绿色低碳清洁转型的发展要求。

（七）装备技术

1. 绿色低碳输变电装备技术

变压器、开关是电网中最重要的电力设备，电力电缆、复合绝缘子是输配电线路的重要组成部分，应全力加快推进其低碳绿色发展进程。开关等设备普遍采用的 SF_6 绝缘气体的全球增温潜势（Global Warming Potential，GWP）是二氧化碳的 24300 倍，在国际上已被禁排和限用；在运电力变压器普遍难以达到最新标准要求的能效等级，低碳节能转型刻不容缓。同时，变压器用矿物绝缘油、电力电缆用交联聚乙烯材料、线路复合绝缘子用硅橡胶材料均不同程度存在难回收、难降解、难重复利用等问题，绿色环保替代需求迫切。

环保气体及环保开关装备方面，近年来国内外热点关注 SF_6 替代气体的研发应用。2017 年以前环保气体及环保设备技术、产业主要由欧美发达国家主导，产业积累时间相对较长，技术更加成熟，我国对环保气体的研究起步较晚，在国家重点研发计划的支持下，中国电科院牵头的团队采用 C_4F_7N 环保气体（简称 C4）替代 SF_6 的技术路线，攻克了 C4 气体自主国产化批量制备技术，并掌握了 C4 及其混合气体应用于设备的关键特性，成功研制了世界首台 1100 千伏环保型输电管道样机（见图 5-13）；研发了国家电网公司首台 $C4/CO_2$ 环保气体 10 千伏环网柜样机（见图 5-14），并在国网安徽电力有关地市公司实现了挂网运行，截至 2022 年年底已规模化应用 1000 台，构建了国内首个环保设备应用示范区。研制了采用 C4 环保混合气体绝缘的 126 千伏开关设备（GIS，除断路器外），通过了全套型式试验，在国网冀北、河南电力等公司示范应用。同时，采用 SF_6 和 N_2 混合气体以降低 SF_6 使用量等技术路线在我国亦有示范应用。目前我国已完全具备了高纯 C4 气体批量制备能力，多家设备厂家具备研发环保气体开关装备的能力。总体来看，我国环保气体及装备技术已成功打破国外垄断，多家企业具备批量化生产能力，我国已形成自主可控的完整创新链，并打造了相应的产业链雏形。

图 5-13　世界首台 1100 千伏环保型输电管道样机

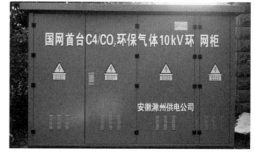

图 5-14　国家电网公司首台 $C4/CO_2$ 环保气体 10 千伏环网柜样机

　　环保型植物绝缘油变压器方面，欧美国家使用植物油变压器已达到 200 万台，变压器设备生产商、电网运营企业对其认可度较高并积累了丰富的运行管理经验，相关标准规范已较为健全。中国电科院组织团队联合攻关，突破了天然酯绝缘油性能提升、性能多维评价及国产化制备技术，成功研制了 110 千伏和 220 千伏国产化天然酯变压器样机，并开展其应用及运维诊断技术研究，建立了较为完整的植物绝缘油变压器标准体系。我国多家厂家已获得了植物绝缘油小批量生产能力并设计制作了植物绝缘油配电变压器，具有良好的防火安全特性及高过负载能力。目前我国的植物油变压器使用规模在几千台，主要集中在 110 千伏及以下电压等级，在 220

千伏也有试用。总体来看，我国环保变压器材料、技术及装备虽在应用规模方面上升空间仍较大，但不存在受制于人的情况，多家企业初步具备植物绝缘油等关键原材料的规模化生产能力，我国已形成较为完整成熟的产业链。

环保型固体绝缘材料及线缆装备方面，聚丙烯绝缘材料因其机械性能、电性能、耐磨性、耐化学试剂等方面的优越性能，大量应用于高温、腐蚀环境中的电器装备电缆，国外厂家在聚丙烯材料及电缆的生产制造、运行维护方面积累时间长，拥有众多核心技术，在制造设备、标准制定等方面也处于主导地位。目前，全球尚未发展和建立成熟的环保型绝缘材料复合绝缘子产业链，环保新产品国内外均仍处于研究阶段，高端原材料、分析测试设备的供应基本由国外厂家垄断。我国已成功研制与传统交联聚乙烯电缆料性能相当的聚丙烯电缆料，突破了聚丙烯电缆生产工艺，完成 110 千伏国产聚丙烯电缆的生产并投入了工程试运行，在无溶剂型硅橡胶环保涂料、可降解聚烯烃伞裙替代硅橡胶，以及硅橡胶材料的物理回收再利用和化学解聚回收等方面开展了探索性研究工作。

2. 新型电力系统电力电子技术

先进的大电网电力电子设备技术和微电网电力电子设备技术，可以适应新型电力系统对控制稳定性和灵活性的需求，发挥电力电子设备有功功率和无功功率快速可控能力，提高电网对于多种系统和设备安全风险的抵御能力，是新型电力系统高效灵活和安全稳定运行控制的重要支撑技术。在集中式新能源发电系统中，基于具备主动支撑能力的电力电子设备，可改善风、光随机性以及变流设备低惯量、弱阻尼特性带来的并网稳定问题；在分布式新能源发电及新型负荷系统中，基于交流/直流微电网相关电力电子设备，可实现新能源电力的高效生产和就地消纳；在含大容量新能源、远距离输电通道及新型负荷的规模化电网中，基于先进输电技术及具备快速调压、调频及振荡抑制等功能的电力电子设备，可提高电网稳定性，改善电能质量。如图 5-15 所示，国网智研院研发的世界首个 ±320 千伏柔性直流换流阀成功应用于厦门柔性直流工程，该工程不仅可以补充厦门岛内电力缺额，还具备动态无功补偿功能，能快速调节岛内电网的无功功率，稳定电网电压。

新型电力电子设备技术具有快速可控、主动支撑等优点，可突破传统电力设备在运行特性和控制功能方面的局限，实现电力系统的优化控制，尤其是主动支撑控制可实现有功功率和无功功率四象限调节，既能接受电网稳控指令快速调节，也可

图 5-15　世界首个 ±320 千伏柔性直流换流阀

响应电气量偏差慢速调节。目前，高功率密度的电力电子设备仍然面临着制造难度大、成本偏高的问题，用于微电网构建、新能源主动支撑的电力电子控制技术不够成熟，主动支撑型设备易出现电流过载进而制约主动支撑能力的发挥，上述因素制约着电力电子设备在电力系统中的规模化高效应用。需要开展技术攻关，降低设备制造成本，提升控制技术水平，以适应高功率密度、高可靠性、电网友好性等工程需求。

在新型电力系统中，集中式新能源发电侧需要研发具备惯量、频率、电压等主动支撑能力的电力电子设备及控制技术，配合大容量新能源和储能装备实现功率平稳送出；分布式新能源系统中，研发交流电力电子变压器、直流变压器、直流断路器等装备及控制技术，支撑交 / 直流微电网的构建和运行，实现分布式光伏—储能系统的协同优化控制；面向海上风电及沙漠光伏送出等场景，研发高电压、大容量及具备主动支撑能力的柔性交直流输电装备及控制技术。研究装备拓扑结构及控制保护设计方法，提高装备并网运行的可靠性，包括在系统扰动下的穿越能力，以及对电气应力的耐受能力；结合新型电力系统不同的典型场景，及其存在的过电压、暂态稳定、弱阻尼振荡、电压稳定、频率稳定等安全稳定运行问题，同时考虑变流器一次能量约束研究主动支撑策略，综合考虑经济成本和技术性能需求，研发具备高耐流能力的换流器新型拓扑结构；研究装备的并网优化控制技术，以提升系统暂态、动态稳定性，降低振荡、过电压和过电流风险，改善电能质量。

（八）数字化及通信技术

1. 电力大数据和云计算技术

先进的电力大数据技术和云计算技术，将在用电与能效、电力信息与通信、政府决策支持等电力需求侧领域发挥重要支撑作用，可显著提升电力系统的效能。电力系统数据主要来源状态监测系统、数据采集与监视控制系统（Supervisory Control and Data Acquisition，SCADA）、营销系统、用电采集系统、企业资源计划系统（Enterprise Resource Planning，ERP）等。在多源系统数据的基础上，基于电力大数据技术，可通过数据预处理、数据存储、数据计算和数据分析等关键技术进行电力业务大数据分析，能够有效解决电力数据源分布广泛、采集频率高、数据分析量大且处理时延和传输质量要求高的问题。云计算的独特之处在于它可以提供无限的廉价存储和计算能力，为用户提供庞大的数据"云端"，通过海量信息的存储作为云计算的必要前提。"云"的本质在于系统本身的非实体化，能够为用户量身定制一台虚拟计算机，通过虚拟化技术作为云计算实现的关键技术。数据管理能够利用计算机硬件和软件技术对数据进行有效的收集、存储、处理和应用，能够充分发挥数据的作用，可借助云计算中储存云、计算云、管理云等相关技术在基础设施、数据存储、提供计算能力、提供社交网络、协同办公等方面发挥云计算的基础支撑服务。

2. 高效电力通信与网络安全技术

新型电力系统将拥有庞大的规模和多类型接入主体，电网会成为能源综合利用的枢纽、资源优化配置的平台，将广泛应用"大云物移智链"等信息通信新技术，显著提升电网运营全环节智能感知能力、实时监测能力和智能决策水平。为全面服务新型电力系统构建，通过在六大核心技术领域突破创新，将电力通信网向着通信覆盖更广泛、传输运行更高效、运维调度更智能的方向持续推进。

在新型电力系统中，面向分布式光伏调控和负荷控制业务的通信需求，研究新能源业务通信网组网方案，突破支撑电网一体化调度技术方法，建立源网荷储友好互动和多类能源优化运行的新一代调度控制系统，开展分布式负荷响应关键技术和网荷互动状态边缘全息感知技术研究，通过区域自治通信网络、电网频率自主感知、边缘主动孤岛等方式实现分布式资源的主动负荷响应；同时，面向智慧终端扩展应用需求，研究调度自动化平台服务关键技术，构建具备语音、图像、会议等富媒体业务能力的增值平台。

卫星通信技术结合北斗短报文加密、高精度定位技术，适用于输电线路巡检、应急通信、远距离跨区域通信等电力场景，同时利用 5G 电力专网的低时延、高带宽、大连接优势，解决末端通信变电站和负荷资源业务通信难问题。要研究高低轨宽带卫星与电力通信融合组网技术、电力卫星通信性能监测与多时空尺度推演技术、北斗短报文加密和高精度定位技术、电力 5G 切片构建及切片策略和管理技术，形成覆盖输电线路走廊监测场景下电力 5G/ 卫星 / 北斗短报文通信融合组网方案。

开展光缆状态感知及超长距光通信网智慧运维与管理技术研究，建立电力骨干光缆网静态实体数字化模型和状态仿真模型，构建基于精确感知的数字映射和孪生体运行机理模型；研究基于运行机理的故障模拟仿真技术和诊断分析技术，实现基于 AI 和大数据的电网业务智能监测、网络拓扑动态分析、运行风险预警、告警识别、故障诊断和网络资源智慧管理、实时调度。

开展电力智能传感器及传感网络技术、智能芯片技术、电力物联网通信基础环境的全局管控关键技术研究，建立传感器本地高效组网与感知体系，形成工业互联网与 5G 等数字基础设施的互联技术体系；面向海量电力终端接入需求，结合传感技术和本地灵活组网方式，建立基于自主管理的通信基础环境架构，实现接入层设备终端的自主智能化；建立基于主动探测的轻量级设备故障及安全巡检机制，实现分布式探针感知网络运行状态的巡检智能化。

面向电力业务需求的 5G 网络安全关切，研究电力高安全场景下 5G 应用安全防护技术，建立 5G 切片安全防护机制，形成 5G 公、专网混合组网方式下的安全监控管理策略；研究光纤通信系统内生防御体系及关键技术，建立光纤物理层内生防御体系。

近年来，我国在无线接入技术、本地通信组网等领域取得了一定的技术突破，这为远程设备状态测量感知、信息回传和本地通信技术应用奠定了理论基础，初步实现了技术的可用性，但在安全可控、智能高效、泛在融合等方面仍留有较大空白待研究。同时，通信网智慧运行技术成熟度也还不足以满足电网实际的应用需求。

随着"双碳"目标下构建新型电力系统逐步开展，电力系统的物质基础、运行机理和平衡特性发生深刻变化，分布式电源调控、负荷控制、配电网区域保护等业务互联互通需求快速增长，业务接入需求向电网末梢快速延伸。为充分发挥电力通信网作为电网控制信息传递的枢纽作用，要求通信专业超前研判新技术适配性，有线无线结合，专网公网结合，构建多技术融合、兼容互补、覆盖广泛的"空天地"一体化通信网。同时，各类新型大带宽、低时延业务需求不断涌现，对通信网络带宽需求和资源灵活编排要求持续增加。图 5-16 所示为福建 1000 千伏特高压榕城变电站开展多维立体智能巡检。

图 5-16　福建 1000 千伏特高压榕城变电站开展多维立体智能巡检

通信调度、运维等是通信专业的核心工作，通过强化网络状态感知，推进通信数字建设，引入智慧辅助决策，提升通信运行过程中的智能化程度，辅助提高通信运行质量、资源调度效率及故障响应速度。推进全环节通信模型设计、智能算法研究和系统平台搭建，扩大通信辅助设施及资源虚拟化和远程状态感知范围，提高网络资源弹性配置和智能调度能力，提升通信全程全网监测能力和业务保障服务水平，支撑全云化新业务承载和敏捷性网络运营，实现电力通信网高效实时管控，赋能新型电力系统智慧能源网络建设。

3.电力用卫星通导遥技术

电力用卫星通导遥（通信、导航、遥感）技术重点聚焦卫星通信、导航和遥感（含气象）技术与电力系统构建、运行的深度融合和交叉创新，在电力系统的源网荷储各环节发挥重要支撑作用，为我国乃至"一带一路"共建国家的清洁能源选站选址、可再生能源大规模接入、电网调度与控制、电力工程建设进度安全管控、电力设备差异化运维、电网防灾减灾与韧性提升等电网规划、设计、调度、建设、运维各环节提供重要技术与数据保障，可实现地面通信网络缺乏或破坏情况下电网及时通信，复杂环境下基建现场人机料精细化管理，以及电网设备设施局地气象、环境状态监测预警。结合现有无人机、地面传感等技术，形成电力系统"空天地"立体感知体系，提升电力系统构建与运行的科学性、安全性和经济性。

电力用卫星通导遥技术兼具通信、定位和感知能力，具有远程全面、精准客观、智能直观、受环境限制少等特点，可以弥补传统地面人员、无人机和公网通信在环境、政策上的限制，将人员层层上报和感知装备海量部署的电力状态监测现状转化为大范围、精细化、少人化兼顾的新型电力系统监测预警新模式，为一线人员减负增效，在提高电力安全保障能力等方面发挥重要作用。目前，电力用卫星通导遥技术应用深度尚显不足，核心技术工程化应用成熟度有待提升，数据安全和投资管理机制还不健全，制约了更大范围的规模化应用。需出台电力行业层面卫星通导遥技术应用指导政策，健全数据价格和安全评价机制，完善技术标准规范，加快电源侧、电网侧、负荷侧、储能侧主要应用场景下电力用卫星通导遥技术研发和业务系统升级，推动电力生产经营业务与卫星通导遥技术深度融合，提高新型电力系统安全稳定运行水平。

新型电力系统中，集中式清洁能源基地主要分布于偏远山区、沙漠、戈壁、海洋等复杂环境，分布式清洁能源则分散于各个地区。随着气象环境变化、结构性缺员突出以及国际形势日趋复杂，复杂环境、自然灾害和极端事件下新型电力系统及其环境状态的大范围、精细化、少人化监测预警具有重要意义和广阔前景，应加快电力调度、基建和运检场景下物联网、高通量卫星通信与现有感知装置适配协议，电网基建、运检场景下小型化、低功耗、低成本北斗授时定位一体模组，星地融合的电网微地形、微气象监测预警，基于卫星遥感的电网设备设施智能识别、结构状态判定和典型隐患定量监测预警等关键技术研发，充分发挥交叉创新能力，推动规模化应用，支撑构建新型电力系统与安全稳定运行。

4.电力设备数字孪生技术

数字孪生的一般概念是指以数字化的方式创建物理实体的多维度、多时空尺度、多学科、多物理量的动态虚拟模型，通过多源数据模拟物理实体在真实环境中的属性、行为、规则等，利用虚实交互联动、智能决策优化、跟踪回溯管理等手段，为物理实体升级或扩展新的功能需求。数字孪生的理念与技术最初形成于制造业，随着新一代信息技术、人工智能技术的兴起，世界各国均在大力推动制造业智能化转型、促进数字经济发展。目前，数字孪生已在城市、工业、电力、医疗、建筑等十余个领域、五十多个方向快速推广落地，这一理念技术已迅速成为工业界和学术界的研究前瞻与应用热点。国家电网公司对标世界一流管理提升行动强调，强化创新驱动，聚焦数智赋能，而数字孪生技术作为解决智能制造信息物理融合难题和践行智能制造理念与目标的关键使能技术，已成为推动新型电力系统数智转型的重要抓手。图 5-17 所示为浙江杭州泛亚运区域数字孪生电网——亚运村电缆管廊。

图 5-17　浙江杭州泛亚运区域数字孪生电网

虽然数字孪生的理念与共性技术相同，但不同领域对数字孪生的应用场景与攻克难题并不相同。面向新型电力系统电力设备的数字孪生可定义为一种由物理实体、数字实体、孪生数据、软件服务和连通交互构成的五维模型；电力设备数字孪生通过融合新一代信息技术，打破电力设备全生命周期包括设计—验证、制造—测试、交付—培训、运维—管控和报废—回收等环节之间呈现的开环壁垒，促进电力设备完成具有自感知、自认知、自学习、自决策、自执行、自优化等特征的数智化转型；通过数字孪生模型、孪生数据和软件服务等，基于人、机、物、环境一致性联动交互的机制，实现电力设备一体化多要素协同优化设计、智能制造、数字化交付、智能运检等目标，以扩展电力设备的功能，增强电力设备的性能和提升电力设备的价值。

（九）碳评估与计量技术

1. 碳评估一体化技术

电力行业是我国"双碳"目标的主战场，当前，对于新型电力系统的碳排放研究领域存在模型方法不健全、核心技术未突破、体系框架待完善等问题。为实现"双碳"目标，必须建立科学合理的新型电力系统碳评估体系。针对行业特点，新型电力系统碳评估应当与电网规划、建设、运行相结合，贯穿发、输、变、配、用全环节，实现未来态"算碳"、现在态"测碳"、多场景"降碳"的一体化协同。未来需要从新型电力系统碳排放预评估与碳减排演化模拟技术、新型电力系统碳排放量测与追踪技术、多场景降碳技术研究及效益量化评估技术等方面建立新型电力系统碳评估一体化技术体系。

新型电力系统碳排放预评估与碳减排演化模拟技术方面，研究基于经济—环境—能源均衡理论的电力系统碳预算优化方法，建立基于多场景碳预算的新型电力系统碳减排演化理论，研究考虑新能源随机性与火电调峰运行煤耗特性的碳排放场景时序建模技术，攻克面向中长期规划的新型电力系统碳排放预评估等技术，开展新型电力系统碳排放预评估及路径规划，提升电力系统碳排放的可预测性。

新型电力系统碳排放量测与追踪技术方面，研究建立基于多元数据融合的新型电力系统碳排放监测理论，建立基于能量流与信息流融合的电力碳排放轨迹分析理论，研究基于潮流分布与绿电交易的多时空尺度电网供电排放因子测算方法与模型，研究基于全生命周期的电工装备产品碳足迹评价等技术，实现多时空尺度高分辨率的碳排放监测与追踪，提升电力系统碳排放的可监督性。

多场景降碳技术研究及效益量化评估技术方面，研究建立计及经济性的低碳电力碳效益评价理论，研究电网重点工程降碳效益评估技术，提出多层级新型电力系统示范区"低碳—安全—经济"综合评价方法，攻克考虑源网荷储协同、多能耦合的新型电力系统低碳运行等技术，实现多场景碳减排的量化评估与降碳引导，提升电力系统碳排放的可控性。

2. 碳计量关键技术

计量是保证碳核算结果准确可靠的重要技术基础，对维护碳排放权交易（简称碳交易）市场公平、把握碳达峰碳中和节奏等具有基础支撑作用。目前，电力系统通过碳核算确定碳排放量，缺乏计量支撑，存在核算数据可靠性低、电力用户每千瓦时电附着碳量无法获得等问题。电能是典型的二次能源，电源侧产生实际碳排放，负荷侧用电同时产生间接碳排放。电力行业需要协同考虑源网荷储各环节碳排放计量相关问题。在电源侧，开展连续准确的计量发电厂碳排放量技术研究，及时、可靠获取发电端碳排放量值；在电网侧，开展不同时间和空间尺度的输电环节碳流分布计量技术研究，清晰掌握电网中碳的流向、分布；在负荷侧，开展大量接入可再生能源设备、能量转换设备、电能存储设备等复杂情况下的碳计量技术研究，科学评价用电侧碳排放。

电力系统碳计量涉及电厂、电网、用户等诸多主体，数据传递环节多，各环节技术侧重互不相同，需要协同配合将发电侧碳排放数据信息层层传递分摊至电网侧和用电侧。目前，尚未有能够承载各环节碳计量方法、传递碳计量信息的相关设备，且缺乏完整的网络通信架构、信息交互体系及数据可信流转方案。同时，碳计量面向电力市场交易、碳排放权交易等支撑业务，面临数据交互频率差别大、数据实时性要求强、传递安全风险高等问题。因此，应加快各环节碳计量器具、碳计量采集平台的研究和应用，实现电力系统全环节碳排放的准确计量。

三、新型电力系统路径影响技术

（一）碳捕集、利用与封存技术

2018 年 10 月 8 日，联合国政府间气候变化专门委员会（Intergovernmental Panel

on Climate Change，IPCC）发布《全球升温 1.5℃特别报告》，报告指出 CCUS 技术可有效改善全球气候的变化，将是限制全球变暖的关键，对于实现碳中和意义重大。2019 年，二十国集团能源与环境部长级会议首次将 CCUS 技术纳入议题。CCUS 技术是未来碳中和目标下保持电力系统灵活性，实现大规模化石能源零碳排放的主要技术手段，可实现燃煤电厂真正意义上的近零排放。

世界主要发达国家很早就开展了 CCUS 技术的相关研究，期望发挥其在能源转型、脱碳减排等方面的重要作用。我国高度重视 CCUS 技术发展，碳捕集技术已取得显著进展，目前具备百万吨级捕集能力。

CCUS 技术按流程分为捕集、输送、利用与封存等环节。二氧化碳捕集是指将二氧化碳从工业生产、能源利用或大气中分离出来的过程；二氧化碳输送是指将捕集的二氧化碳运送到可利用或封存场地的过程；二氧化碳利用是指通过工程技术手段将捕集的二氧化碳实现资源化利用的过程；二氧化碳封存是指通过工程技术手段将捕集的二氧化碳注入深部地质储层，实现二氧化碳与大气长期隔绝的过程。

CCUS 未来的关键技术难点和突破方向主要包括：高效低能耗的二氧化碳吸收剂和捕集材料开发，新型捕集工艺技术，高效低能耗的二氧化碳捕集设备研制和系统集成，以及规模化的二氧化碳转化与利用技术。

目前我国应对气候变化行动将从弱减排逐步向强减排过渡，CCUS 技术的总体定位是"利用带动封存，政策驱动商业；技术研发做储备，运输网络是基础"。根据 2019 年发布的《中国碳捕集利用与封存技术发展路线图》，我国未来主要分三阶段推动 CCUS 技术发展，包括示范项目及试点应用、商业应用、广泛部署，最终建成多个 CCUS 产业群。

（二）长时储能技术

大规模可再生能源接入电网，其固有的间歇性、波动性和不稳定性使得电力供需存在落差，且供需平衡时长与峰值随着可再生能源渗透率的提高而增大，当可再生能源发电量达到电力系统的 60%~70% 时，长时储能将会成为调节电力系统灵活性重要的解决方案。长时储能技术主要包括抽水蓄能、压缩空气储能、熔岩储热、液流电池和氢储能五种技术，如图 5-18 所示。

图 5-18　长时储能技术

1. 抽水蓄能技术

抽水蓄能技术是当前经济性最优、技术最成熟、度电成本最低、应用最广泛的长时储能技术，具有规模大、寿命长、运行费用低等优点；缺点主要是建设周期较长（一般建设周期约为 7 年），且需要适宜的地理资源条件。从技术、设备和材料等方面来看，我国抽水蓄能技术已经相当成熟。抽水蓄能机组将向高水头、高转速、大容量方向逐步推广应用，研发将主要集中在机组容量、效率和性能提升，以及海水抽水蓄能等新型技术。浙江天荒坪抽水蓄能电站如图 5-19 所示。

图 5-19　浙江天荒坪抽水蓄能电站

未来，重点研究变速恒频、蒸发冷却及智能控制等技术，提高系统效率；研究振动、空蚀、变形、止水及磁特性，提高机组的可靠性和稳定性；在水头变幅较大和供电质量要求较高的情况下研究使用连续调速机组，实现自动频率控制。

2. 压缩空气储能技术

压缩空气储能技术是极具发展前景的长时储能技术。现有压缩空气储能规模已达到百兆瓦级，理论效率可达到70%，通过地上大型储气室进行储气可以摆脱地理条件的限制，且建设周期短。常规使用化石燃料和地下洞穴的压缩空气储能技术比较成熟，但必须在地形条件和供气保障的情况下才可能得到大规模应用，未来发展趋势主要是探索适宜建设压缩空气储能电站的地理资源。对于摆脱对地理资源条件依赖的新型压缩空气储能技术，包括液化压缩空气储能和超临界压缩空气储能等技术，主要通过充分回收、利用整个循环过程产生的热能来提高效率。国内首家压缩空气储能商业电站——山东泰安10兆瓦压缩空气储能电站于2021年8月实现并网，如图5-20所示。

图 5-20　山东泰安 10 兆瓦压缩空气储能电站

未来，重点研究多级压缩机与透平膨胀机关键技术，提高气体压缩和膨胀效率；研究设备级联应用、功热转换过程强化传热、余热利用技术，提高系统整机效率；研发高性能储热材料与保温材料，提高余热回收再利用价值；研究液化空气储能关键技术，提高系统集约化水平。

3.熔盐储热技术

熔盐储热技术是大规模中高温储热的主流技术方向。其现有规模可达到百兆瓦级，储热密度高、寿命长，但能量转换方式决定了熔盐储热只有在热发电的场景下才具备经济优势，可用于解决热能供给与需求间的不匹配问题，适用于电源侧光热发电、火电灵活性改造及负荷侧热电联供等场景。总体来看，熔盐储热在技术方面还存在热量存储和输送关键设备材料及工质选择等难题，仍处于示范应用阶段。开发熔点低、工作温度范围宽、成本低、储热密度高、导热系数大、稳定性好的多元熔盐是熔盐储热技术的发展趋势。

未来，重点研究熔盐工质技术，开发宽温区、低成本、大热容、无腐蚀、性能稳定且环境友好的多元复合相变材料；研究热能供给与发电需求匹配技术，逐步渗透光热发电、火电改造与热电联供等应用场景；研究热量存储和输送设备的标准化技术，加快技术实用化进程。

4.液流电池技术

液流电池技术是功率与容量解耦的电化学储能技术。液流电池安全性好、循环寿命长，功率和容量设计相互独立，可通过增大电堆功率和增加电堆数量来提高功率，通过增加电解液体积来提高存储能量，但电解液成本高，阻碍了其大规模商业化应用。其主要技术攻关方向包括制备具有良好稳定性、化学活性及高能量密度的电解液，制备可靠性高、效率高的电堆，以及提升循环系统的可靠性。

未来，需研发高选择性、低渗透性离子交换膜和高导电率电极材料；优化电堆结构设计及电池系统的集成方法，设计有效的焊接结构和组装工艺，提高电堆运行的可靠性和生产效率。

5.氢储能技术

氢储能技术是唯一具备物质和能量双重属性的储能技术，在能量、时间、空间三个维度上具有突出优势，是仅有的储能容量能达到太瓦级、可跨季节储存的能量储备方式，但由于存在两次能源转换导致效率较低，且当前阶段度电成本较高。氢储能是促进可再生能源大规模消纳的重要途径之一，利用可再生能源电力制氢消纳，可以平抑可再生能源并网发电的波动性，提高电能的利用率，可再生能源生成的绿氢既可作为工业原料又可作为二次清洁能源利用。

未来，应改善碱性电堆电极与隔膜材料，提高灵活调节能力，调节速度达到秒级；优化质子交换膜电解槽的设计和制造工艺，降低贵金属使用量；研发低成本、高可靠的新型高压储氢罐；研发低热导率、高强度、良好低温性能的罐体材料及液化氢泵；研究安全可靠的氢与天然气混合输送关键技术与纯氢管网输送技术；研究探索利用电制氢合成燃料的技术路径及经济性。

长时储能技术为电力系统大规模可再生能源消纳提供了解决思路，从时间、空间及能源角度给予了高比例可再生能源电力系统更大的优化空间，将成为新型电力系统不可或缺的一部分。

（三）电氢耦合技术

氢能作为能源具有清洁、零碳、热值高的特性，将成为一种与电能互补的二次能源，助力新型电力系统实现高比例可再生能源消纳和清洁低碳转型。利用我国丰富的可再生能源优势，在电源侧、电网侧、负荷侧实现电氢耦合互动，有利于提升新型电力系统的灵活性，促进电网高效稳定运行，支撑我国可再生能源更大规模发展。

在电源侧，通过新能源绿色制氢可以提高新能源消纳能力和电能的利用率，利用新疆、甘肃等西北地区新能源富余电力并网电制氢消纳，既可以将氢能作为工业原料又可以作为二次清洁能源利用，从而进一步丰富可再生能源多元转化应用；在电网侧，实现可再生能源电制氢，利用氢能具有跨季节、长时间的储能特性，发挥氢储能作用，可积极参与电网调峰辅助服务，增加电力系统的灵活性，实现多异质能源跨地域和跨季节的能源优化配置，支撑高弹性、高灵活性多能源互补的能源互联网构建；在负荷侧，通过分布式电制氢和氢燃料电池热电联供参与区域电网调峰调频及建筑深度脱碳减排的应用，可扩展氢能在终端用能领域的应用范围和综合能源新业务发展。

电氢耦合技术能够有机结合电能与氢能的优势特性，优化终端能源消费结构，缓解电力系统保供压力，推动多能源互联互济与源网荷储深度协同，是"双碳"目标下新型电力系统构建的重要载体。

1. 电解水制氢技术

电解水制氢技术是较为成熟的绿色制氢技术，电解生成氢气和氧气，制氢过程中无含碳化合物排出，符合绿色可持续发展的理念。制得的氢气转换为电能并入电网或直接供给负荷，提高了能源系统的综合利用效率，有助于解决新能源消纳问题，保障电力系统的安全稳定运行。根据电解质种类不同，典型的电解水制氢技术分为碱性电解（Alkaline Electrolysis，AEL）水制氢技术、质子交换膜（Proton Exchange Membrane，PEM）电解水制氢技术、阴离子交换膜（Anion Exchange Membrane，AEM）电解水制氢技术、固体氧化物电解（Solid Oxide Electrolysis Cell，SOEC）水制氢技术等，如图 5-21 所示。

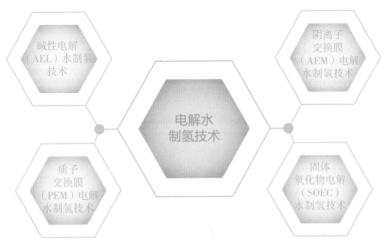

图 5-21　典型电解水制氢技术

（1）碱性电解水制氢技术。目前，碱性电解水制氢技术发展最为成熟，制氢成本也相对较低，已基本实现工业大规模应用，但存在电解效率相对较低、碱液具有一定腐蚀性等缺点。在碱性电解领域，工业上广泛采用在工作温度（70~80℃）下具有高传导率的高浓度氢氧化钾溶液（25%~30% 水溶液）作为电解质。使用铁、镍和镍合金等在电极反应中过电压小的耐碱性材料作为电极。在标准状态下，水的理论分解电压为 1.23 伏，相应电耗为 2.95 千瓦时 / 米 ^{3}。但碱性电解中实际电耗达 4.5~5.5 千瓦时 / 米 ^{3}，电解效率为 53.6%~62%，总制氢系统效率最高仅达 30%。

碱性电解水制氢技术虽然对设备投资的要求不高，但是 80% 的运行成本都集中于用电上。目前，针对碱性电解水制氢技术的研究主要集中在碱性电解池设备的开发和性能提高方面。根据国家发展改革委预测，2035 年和 2050 年光伏发电成本预计分别下降约 50% 和 70%，达到 0.2 元 / 千瓦时和 0.13 元 / 千瓦时。电力成本每下降 0.1 元 / 千瓦时，氢气成本平均下降 0.5 元 / 米³。如果对光伏上网电价的预测准确，则到 2035 年和 2050 年，电费占比将分别为 60% 和 49%，制氢成本将分别为 1.67 元 / 米³ 和 1.32 元 / 米³，与目前 1 元 / 米³ 左右的煤制氢成本相近。如果考虑政策补贴，电解水制氢的成本将有可能等于甚至低于化石能源制氢的成本。

碱性电解水制氢能源转化效率低，电解槽响应性差，与可再生能源适配性低，阻碍其在新能源领域的发展。未来各碱性电解水制氢企业将从降低碱性电解水制氢能耗、提高其与可再生能源适配性方面进一步降低成本等方面进行优化设计。

（2）质子交换膜电解水制氢技术。质子交换膜电解槽采用高分子聚合物质子交换膜替代了碱性电解槽中的隔膜和液态电解质，有离子传导和隔离气体的双重作用。质子交换膜电解槽结构与燃料电池类似，由膜电极、双极板等部件组成。膜电极提供反应场所，由质子交换膜和阴阳极催化剂组成。质子交换膜电解槽的缺点是需在高酸性、高电势和不利的氧化环境中工作，因此需要高稳定性的材料。

相比于碱性电解槽，质子交换膜电解槽由于设备成本过高，制氢成本相对较高；但随着氢气需求增加及技术的进步，质子交换膜电解槽成本的下降，叠加可再生能源电力成本的下降和产氢数量的增加，最终质子交换膜电解槽制氢成本会低于碱性电解槽。

（3）阴离子交换膜电解水制氢技术。作为最新的电解水制氢技术，阴离子交换膜电解槽的潜力在于将碱性电解槽的低成本与质子交换膜电解槽的简单、高效相结合。阴离子交换膜中的固体高分子膜承担固体电解质的作用，被用于隔离电极并将质子从阳极运送到阴极，因此在阴离子交换膜电解水制氢中只需供给纯水即可。对于实际阴离子交换膜电解水制氢系统，工作温度约为 80℃，电解电压为 1.5 ~ 1.6 伏，相应的电耗为 3.6 ~ 3.8 千瓦时，电解效率为 77.6% ~ 82%，总制氢系统效率约为 35%。在质子交换膜中，OH⁻ 离子的传导速度要比 H⁺ 质子慢三倍，因此阴离子交换膜将面临更大的挑战，需要研制更薄或具有更高电荷密度的膜，同时对辅助系统也提出了较高的要求。阴离子交换膜的单位电堆成本要比质子交换膜低许多，通过降低小室电压来提升阴离子交换膜的电能效率将成为研发重点之一。

（4）固体氧化物电解水制氢技术。固体氧化物电解水制氢技术采用氧化钇掺杂的氧化锆陶瓷作为固体电解质，高温水蒸气通过阴极板时被离解成氢气和氧离子，氧离子穿过阴极板、电解质后到达阳极，在阳极上失去电子生成氧气。固体氧化物电解水制氢技术在 $800 \sim 950℃$ 下工作，能够极大增加反应动力并降低电能消耗，总制氢系统效率可达 $52\% \sim 59\%$。此法具有优良的性能，但由于在高温（$1000℃$）下工作时材料损耗大，且需要持续供给高质量的水蒸气，在目前技术条件下难以规模化。目前固体氧化物电解水制氢技术在国内外均处于实验室研发阶段，提升固体氧化物的性能、耐久性和降低操作温度是目前研发的重点。

综合上述分析，碱性电解水制氢技术和质子交换膜电解水制氢技术的成本降幅有限，后期的研究重点将在于成本、效率和灵活性之间的平衡。阴离子交换膜电解水制氢技术较适于电能来源丰富、价格低廉，尤其是水力、风力、太阳能等可再生能源丰富的场合。固体氧化物电解水制氢技术是能耗最低、能量转换效率最高的电解水制氢技术，随着技术的突破有望实现大规模、低成本的氢气供应。

2. 储氢技术

不同的储氢技术对氢气的运输方式和使用成本都有重要影响。氢在常温常压下为气态，密度仅为空气的 1/14。氢的储存是实现大规模利用氢能必须解决的关键技术问题之一。一般储氢方式可以分为高压气态储氢、液化储氢和固态储氢，如图 5-22 所示。

图 5-22　一般储氢方式

（1）高压气态储氢技术。高压气态储氢是目前应用最为广泛的储氢方式，高压容器内氢以气态储存，储存量与压力成正比。高压气态储氢具有充装释放氢气速度快、技术成熟等优点，能够满足氢燃料电池汽车要求，是目前较为成熟的车载储氢技术。但高压气态储氢存在体积储氢密度不高和压缩过程能耗较大等问题，且存在较大的安全隐患，导致安全成本很高。高压气态储氢容器主要分为纯钢制金属瓶（Ⅰ型）、钢制内胆纤维环向缠绕瓶（Ⅱ型）、铝内胆纤维全缠绕瓶（Ⅲ型）及塑料内胆纤维缠绕瓶（Ⅳ型）四个类型，其中Ⅲ型瓶和Ⅳ型瓶具有重容比小、单位质量储氢密度高等优点，已广泛应用于氢燃料电池汽车。目前储氢瓶成本较高，碳纤维成本占比较大。随着储氢瓶的量产及碳纤维国产化，储氢瓶制造成本将逐步下降。

（2）液化储氢技术。液化储氢常用于宇航行业中，是将纯氢冷却至 $-253℃$，使之液化储存。常温常压下液态氢的密度是气态氢的 845 倍，因此低温液化储氢具有体积密度高、储存容器体积小等优势，其储氢密度约为 70 克/升，大幅高于高压气态储氢密度（70 兆帕约为 39 克/升）。但氢气液化需要消耗相当于氢气燃烧热 1/3 的能量，每千克氢需要 120 兆焦。而且储存温度和室温相差达 200℃，氢气的蒸发潜热低，液氢会汽化散逸，损失率可达每天 1%～2%。为了避免液态氢蒸发损失，对液态氢储存容器绝热性能要求苛刻，需要具有良好绝热性能的绝热材料。液氢储存适用于大规模高密度的氢储存，如可再生能源氢储能系统，在绝热装置隔热性能较好的情况下，储存罐容量越大，气体蒸发比例越小。

有机物储氢是利用环烷类、多环烷类、咔唑类，以及 N-杂环类等有机物作介质，在不破坏碳环主体结构的前提下，通过加氢和脱氢的可逆化学过程来实现氢气储运的技术。因其储氢介质在常温常压下可长周期保持稳定的液态，能像柴油一样安全储存和运输，因此可利用已有的成熟石油工业基础设施和储运配送设备设施，实现氢气的跨洋运输、大宗运输、长周期储存和便捷配送，是目前最具发展前景的新型储氢技术之一。

（3）固态储氢技术。固态储氢是利用固体对氢气的物理吸附或化学反应等作用，将氢储存于固体材料中。固态储存一般可以做到安全、高效、高密度，是继气态储存和液态储存之后，最有前途的研究发现。以金属储氢为例，氢能与许多金属或合金发生反应生成金属氢化物并释放出能量，金属氢化物受热时，又可放出氢气，利用这一可逆性实现氢的储存。最初的配位氢化物是由日本研发的氢化硼钠（$NaBH_4$）和氢化硼钾（KBH_4），但其存在脱氢过程温度较高等问题，因此人们研发了以氢化铝络合物（$NaAlH_4$）为代表的新一代储氢材料，其储氢质量密度可达到 7.4%。此外，通过添加少量的 Ti^{4+} 或 Fe^{3+} 可将脱氢温度降低 100℃ 左右。目前新一代储氢材料的代表为 $LiAlH_4$、$KAlH_4$、$Mg（AlH_4）_2$ 等，其储氢质量密度可达 10.6% 左右。金属材料一般采用稀土类化合物（$LaNi_5$）、钛系化合物（$TiFe$）、镁系化合物（Mg_2Ni）以及钒、铌、锆等金属合金。固体储氢材料具有储氢量大、氢解温度低、吸氢和氢解离速度快、质量轻成本低、化学稳定性好、使用寿命长等优点。但同时固体储氢材料也具有易粉化、能量衰减和变质等问题。

3. 氢发电技术

氢发电技术主要包括氢燃气轮机发电和氢燃料电池发电两种技术。

（1）氢燃气轮机发电技术。燃气轮机是一种旋转叶轮式热力发动机，以连续流动的气体为工质带动叶轮高速旋转，将燃料的能量转变为机械能。电厂用燃气轮机属于重型燃气轮机，气体工质通过布雷顿循环对外做功，简单循环过程可分为耗功压缩、吸热温升、膨胀做功、放热焓降四个过程。压气机从外界大气环境吸入空气，并经过轴流式压气机逐级压缩使之增压，同时空气温度也相应提高；压缩空气被压送到燃烧室与喷入的燃料混合燃烧生成高温高压的气体，再进入到涡轮中膨胀做功，推动涡轮带动压气机和外负荷转子一起高速旋转，实现了气体或液体燃料的化学能部分转化为机械能，并输出电能。

使用氢气作为燃气轮机的燃烧气体能够实现温室气体零排放，但氢气的物理性能、燃烧特性与天然气差异巨大，氢气的火焰传播速度是天然气的 8 倍，比热容是天然气的 7 倍，空气中扩散系数约为天然气的 3 倍，燃气轮机需要改造才能适应燃料特性的变化。富氢、纯氢燃气轮机的技术难点包括三方面：一是解决回火和火焰振荡问题以增加涡轮机的安全性和可操作性；二是高温高压下富氢、纯氢的自动点火问题；三是燃烧系统的设计需要尽可能减少 NO_x 排放。

（2）氢燃料电池发电技术。燃料电池（Fuel Cell，FC）是把燃料中的化学能通过电化学反应直接转换为电能的发电装置。从理论上看，任何能够通过氧化还原反应释放化学能的物质（即燃料），如氢（H_2）、甲烷（CH_4）、甲醇（CH_3OH）、氨（NH_3），甚至固体碳，都能与合适的氧化剂（一般是氧气）组成燃料电池。但按照当前的工程技术水平，利用甲烷、甲醇等含碳燃料的电池，容易在电池负极发生积碳的现象，造成电池活性的快速衰退；氨燃料电池受限于反应动力学，电极的腐蚀性、氮氧化物污染等问题，尚未得到推广；氢燃料电池具有反应体系简单，生成物（H_2O）清洁等优点，是当前应用最广的燃料电池技术。

燃料电池依据电解质的不同可以分为五类。碱性燃料电池（Alkaline Fuel Cell，AFC）采用氢氧化钾为电解质，是最为成熟的燃料电池技术，早期用于军工、航天等特殊领域。质子交换膜燃料电池（Proton Exchange Membrane Fuel Cell，PEMFC）采用质子交换膜作为电解质，电池体积显著减小，因而通常用于汽车、潜艇、便携式电源等，成本较高。磷酸燃料电池（Phosphoric Acid Fuel Cell，PAFC）采用浓磷酸作为电解质，多用于小型发电设施。以上三种燃料电池的工作温度一般为 80~200℃，属于低温燃料电池。熔融碳酸盐燃料电池（Molten

Carbonate Fuel Cell，MCFC）和固体氧化物燃料电池（Solid Oxide Fuel Cell，SOFC）分别采用锂钾碳酸盐、锂钠碳酸盐或氧化锆、氧化钇作为电解质，这两种燃料电池属于高温燃料电池，工作温度一般为 600~1000℃。

单个燃料电池的电压有限，需要通过大规模的串并联才能实现较高电压和大功率的电能输出。燃料电池理论电压取决于正负极两端所发生反应的标准电位差，根据所采用燃料的不同可获得不同的电压。氢燃料电池的单电池理论电压为1.23 伏，在实际应用中，由于过电势、内阻以及传质速率等因素影响，实际输出电压往往只有 0.6~1.0 伏。为提高燃料电池的输出电压和功率，需要根据实际工况需求将不同数量的单电池串并联并模块化，即组成电堆。除电堆之外，燃料电池系统还包括一些必要的辅机装置，才能实现对外输出电能，包括燃料供给与循环系统、氧化剂供给系统、水管理系统、热管理系统、控制系统、安全系统等。

燃料电池在电力应用方面一般规模较大，需要实现兆瓦发电能力，必须对模块化燃料电池进行大量串并联组合，辅助设备（包括热管理、物质流管理等）设计、制造、控制难度也大幅增加。目前，电力系统中应用燃料电池发电的实际工程较少，主要用于热电联产或重要设施的备用电源。

四、新型电力系统重大颠覆性技术

（一）宽禁带电力电子器件技术

"双碳"目标下，新型电力系统的构建面临诸多挑战，电力电子技术是应对这些挑战的关键技术手段，电网将向柔性电力电子化方向发展。各类电力电子设备将在新型电力系统各个层面发挥关键支撑作用，宽禁带电力电子器件将在电网中得到广泛推广应用，并且担负起推动电网向柔性电力电子化方向发展的重任。

现有的研究表明，硅基电力电子器件已达到可耐受电压的物理极限，不得不采用串并联技术和复杂的电路拓扑来达到实际应用的要求，导致电力电子设备的故障率和成本大大增加，制约了其在新型电力系统的应用。而以碳化硅、氮化镓等半导体材料为代表的宽禁带电力电子器件，具备高压（达数万伏）、高温（大于500℃）、高频（100 兆赫）等优异特性。

国际上，从 20 世纪 90 年代开始，以美国、德国和日本为代表的西方国家对碳化硅电力电子器件进行了大量长期的研发。例如，美国 Wolfspeed、德国英飞凌和日本罗姆已经在 600~1700 伏低压领域实现了碳化硅电力电子器件产业化，高压领域处于样品研制阶段。我国在碳化硅电力电子器件方面做了很多研究，也取得了许多实质性的成果，初步建立起了相对完整的碳化硅体系产业链。西安电子科技大学、中国科学院微电子所、中国电子科技集团公司第五十五研究所、国网智研院已相继研制出样品。但无论是碳化硅材料的制备，还是在碳化硅器件的研发和生产等方面，我国与国际先进水平还存在着不小的差距。

目前高压碳化硅宽禁带电力电子器件处于研发阶段，存在厚外延材料质量差、高压芯片加工困难、封装无法满足高温特性等问题，需要开展进一步研究。另外碳化硅电力电子器件面临以金刚石为代表的超宽禁带的竞争。超宽禁带半导体材料具有更高耐压和更高耐温等特性，在电力电子器件领域具有显著的优势和巨大的发展潜力。

（二）大功率无线输电技术

无线输电技术利用电磁场、电磁波在物理空间中的分布或传播特性，采取非导线直接接触的方式，实现电能由电源侧传递至负载侧。从能量传输距离角度看，无线输电技术可以分为近距离无线输电和远距离（米级以上）无线输电两大类。磁场耦合方式和电场耦合方式属于近距离无线充电，传输距离通常在米级及以下，而微波／激光方式能够实现几十千米距离的高效无线能量传输。

1964 年，美国 Raytheon 公司首次成功验证了微波动力直升机。飞行高度达 18 米，直升机接收功率为 200 瓦。1975 年，美国喷气推进实验室完成了微波能量传输实验，传输距离为 1.54 千米，接收端获得 30 千瓦功率。2008 年 5 月，NASA 科学家在夏威夷主岛进行了微波能量传输验证实验，将 20 瓦微波能量传输至 148 千米外的另一座岛屿上。2015 年，日本三菱重工宣布完成了一项地面无线能量传输实验，该实验的发射设备发送 10 千瓦的微波能量，500 米外的接收设备接收到的能量成功点亮了 LED 灯。

以微波／激光为代表的远距离无线输电技术可解决不易架设输电线地区（边远山区、牧区、高原、海岛）的用电及地面新能源场站的电能输送问题，未来将有可能推动新型电力系统电能传输方式的变革。

（三）可控核聚变技术

核聚变是将两个较轻的核结合而形成一个较重的核和一个极轻的核（或粒子）的一种核反应。两个较轻的核在融合过程中产生质量亏损而释放出巨大的能量。自然界中最容易实现的聚变反应是氢的同位素氘与氚的聚变，原料可直接取自海水，来源几乎取之不尽。由于这种反应在太阳上已经持续了近50亿年，可控核聚变也俗称人造太阳，旨在在地球上模拟太阳的核聚变，利用核聚变为人类提供源源不断的清洁能源。

可控核聚变具有一些其他能源不可比拟的优势。一是原料来源丰富。据测算，海水中氘的质量浓度为0.03克/升，地球上仅在海水中就有45万亿吨氘。1升海水中所含的氘经过核聚变可提供相当于300升汽油燃烧后释放出的能量。如果把海水中的氘全部用于核聚变反应，其释放出的能量足够人类使用几百亿年。可以说，海水中的氘是取之不尽、用之不竭的能源。虽然在自然界中氚存量极微，但利用反应堆产生的中子轰击氟化锂、碳酸锂或锂镁合金就可以大量生产氚，而海水中含有大量的锂。二是清洁无污染。核聚变不同于核裂变，其反应后产生的物质是惰性气体氦，不产生放射性物质，不会污染环境。三是安全可靠。只要去掉核聚变反应条件中的任何一项，反应就会彻底停止，不会发生像日本福岛核电站的核裂变反应堆因地震而停止运行后，核燃料还继续发热引起爆炸的问题。

鉴于可控核聚变技术有望彻底解决人类能源问题，自1952年第一颗氢弹研制成功后，数十年间世界各国都成立了等离子体物理研究所进行等离子体物理基础研究，但是迄今为止核聚变发电仍然没有实现，主要涉及四个方面技术问题：一是如何将燃料加热至1亿℃以上的极高温度（1亿℃的物质处于等离子体态）；二是使用什么容器来装载温度如此高的聚变材料；三是如何实现长时间维持这种状态以产生足够的能量；四是如何在核聚变中放出大量能量的同时，维持聚变的能量消耗小于聚变反应提供的能量，从而提供长期稳定能源输出，成为具备工业价值的聚变反应。

为了解决这些难题，人们设想了多种方案，其中一种就是使用足够强大的环形磁场将高温等离子体约束住，而在环形磁场之外建立一个大型的换热装置，把反应体的能量以热辐射的方式传到换热体，然后再使用人类已经很熟悉的方法，把热能转换成电能。目前，世界各国的可控核聚变研究主要集中在这个领域。

可控核聚变技术未来的重点突破方向主要包括：研究核聚变电站必需的稳态燃烧等离子体的控制、氚的循环与自持、聚变能输出等内容；实现稳态高约束等离子体运行；研究聚变堆材料、聚变堆包层及聚变能发电等国际热核聚变实验堆（International Thermonuclear Experimental Reactor，ITER）计划不能开展的工作；研究核聚变发电站的工程技术；研究核聚变发电站的安全性、经济性；建设可控核聚变发电站完成示范验证；建成核聚变电站，实现规模化效应，并网安全可靠高效。

（四）量子计算技术

量子计算技术是一种新型的计算技术，利用量子力学理论中的量子纠缠和量子叠加等特性来实现计算，具有更高的计算能力和更快的计算速度。量子计算可以用于解决复杂的优化问题，提高计算效率，满足新型电力系统高性能优化控制等建设需求。量子计算可提升系统最优参数的获取效率，利用量子优化算法可提高最优数据搜索速度和成功率，具有搜索目标明确、应用范围广等特点，在发电机组系统辨识和参数优化业务中应用将效果突出；量子计算可大幅提升系统模型预测的计算精度，结合神经网络的量子计算能够精确、有效地识别电力系统运行特性或模式，可用于电力系统状态评估、负荷预测及故障诊断等方面；量子计算能够大幅降低配电网规划的时空复杂度计算成本，量子计算可实现大规模计算的并行化，降低计算的空间和时间复杂度，其特有的量子纠缠特性可使目标搜索和运算时间大幅缩短，充分利用已知的信息加快收敛速度，增强算法的局部搜索与全局搜索的平衡性，可用于优化分配电网机组及网架规划；量子计算可大幅扩展电力数据处理的计算规模。利用量子计算方式对电力系统演化行为进行模拟，可提升信息处理的充分性和有效性，适应复杂场景的约束条件及变量众多的问题，解决经典计算无法处理的大规模计算量的问题。

在新型电力系统构建过程中，需立足我国量子科技发展战略谋划并系统布局，大力开展量子计算在电力系统中应用的研究，为实现"双碳"目标和维护能源安全筑牢电力防线。

（五）人工智能大模型技术

人工智能大模型技术是"大数据＋大算力＋强算法"结合的产物，包含预训练和大模型两层含义，即模型在大规模数据集上完成预训练后无须微调，或仅需要少量数据的微调，就能直接支撑各类应用，能够大幅提升人工智能的泛化性、通用性和实用性。人工智能大模型技术将人工智能从感知提升至理解、推理，甚至更多原创能力，具有参数量大、计算复杂度高、学习能力强等特点，能够在海量数据的支持下，实现更为准确、智能的任务处理和决策。

人工智能大模型技术的卓越表现得益于多项关键技术的支持配合，主要包括具有强大语言建模能力的大规模预训练模型，关注任务多样性的提示学习与指令微调技术，思维链推理能力，基于人类反馈的强化学习算法，以及为大模型训练提供算力、数据支撑的人工智能平台技术。从参数规模上看，人工智能大模型先后经历了预训练模型、大规模预训练模型、超大规模预训练模型三个阶段，参数量实现了从亿级到百万亿级的突破。从模态支持上看，人工智能大模型从支持图片、图像、文本、语音单一模态下的单一任务，逐渐发展为支持多种模态下的多种任务。为支撑人工智能应用，中国电科院牵头自主研发了人工智能两库一平台（见图5-23），即样本库、模型库与人工智能基础平台。两库一平台为大模型的研发与部署提供样本存储、模型存储和训练环境，提高了大模型的研发与部署效率。

一般认为人工智能大模型的发展源于自然语言处理领域，该领域早期研究诞生了像BERT、GPT-3等一系列代表性模型。随着它们参数量从初期的几亿增长到数十亿乃至千亿规模，相应的能力也得到了提升，具备了从简单的文本问答、文本创作到符号式语言的推理能力。近年来，部分研究者提出了以视觉等其他模态为基础的大模型研究，在这个阶段，诞生了如ViT等包含数亿参数规模的视觉模型。当前，人工智能大模型技术的发展正从以不同模态数据为基础过渡到与具有可解释性的知识、学习理论等方面相结合，呈现出全面发力、多点开花的新格局。

人工智能大模型技术在电力系统中具有广泛的应用前景，通过分析大量的电力资产与运行数据，可以用于电力负荷预测、电力市场交易决策、设备运维检修和智能调度决策等方面，提升系统效率、可靠性和安全性，为电力行业的智能化与可持续发展提供强大的技术支持。在实际应用中，需要结合电力系统的实际需

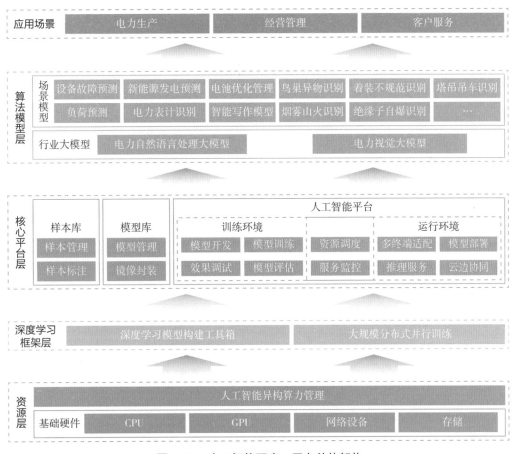

图 5-23　人工智能两库一平台总体架构

求和特点，充分发挥人工智能大模型技术的优势，例如在电网调度运行方面，构建智能决策大模型框架，通过实时量测数据、镜像映射系统与人机混合增强的智能决策技术，为电网调度业务全流程提供仿真推演与辅助决策能力，保障电网智能决策的经济、高效、安全。在设备智能运检方面，通过建立电力设备运检业务预训练大模型，可以提高电力设备运检知识可检索、可生成等智能应用效果，推进电力设备健康状态综合评估、设备运行状态预测、设备缺陷识别与故障诊断、设备寿命评估与运检策略智能推荐等场景的智能化提升。在电力智能客服方面，通过智能客服问答"拟人化"、客户情感分析和意图识别，以及智能客服"智慧迭代"，可以充分达成智能化客户服务的目标，尽可能地缓解人工坐席的工作压力，实现工作效率及客户满意度的双重提升。

第三节 构建技术标准支撑体系

一、新型电力系统技术标准体系

为应对新型电力系统技术上新的转变，适时调整相关技术标准体系建设思路、优化标准体系结构、完善技术标准重点方向显得尤为重要。加快新型电力系统技术标准体系研究，是适应新型电力系统技术发展趋势、满足能源电力转型需求的必然要求。新型电力系统技术标准体系需要体现电力特色，突出新型电力系统重点专业技术方向。综合考虑市场化、产业化发展需求，提出包含基础综合层、核心层、数字化层的新型电力系统技术标准体系分层架构，如图5-24所示。

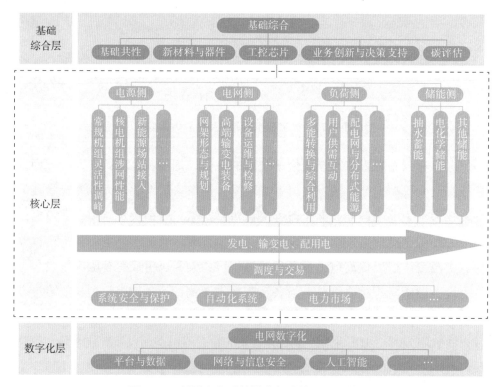

图 5-24 新型电力系统技术标准体系分层架构

新型电力系统技术标准体系本身就是复杂的知识体系，尽快形成体系规划，充分发挥技术标准的基础性、引领性、战略性作用，助推新型电力系统技术创新、产业升级和稳健发展。同时，构建新型电力系统技术标准体系，是落实党中央、国务院《国家标准化发展纲要》部署，推动能源电力领域重要标准体系建设，强化新型电力系统标准化与科技创新互动发展，提升技术标准体系的安全支撑、绿色支撑和产业支撑能力的重要举措。

新型电力系统技术标准体系与传统电力系统技术标准体系一脉相承又特色鲜明，既兼收并蓄传统电力系统的技术标准体系，又突出新能源的特征及环境保护的价值理念。区别在于标准体系范畴不同和标准分支侧重点不同。二者相比，传统电力系统技术标准体系范畴更加广泛，新型电力系统技术标准体系的范畴是其部分子集和部分延伸，因而应重点推进新能源并网、系统安全与保护等领域相关标准的研制（见图5-25）。

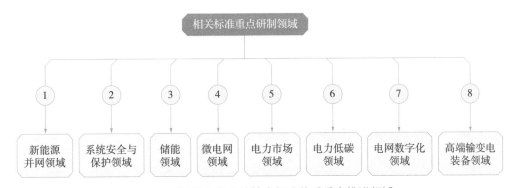

图5-25 新型电力系统技术标准体系重点推进领域

（一）新能源并网领域

目前，新能源并网领域标准体系架构相对完善，但 GB/T 19964—2012《光伏发电站接入电力系统技术规定》中一次调频、惯量支撑等指标缺失，不能满足 GB 38755—2019《电力系统安全稳定导则》要求。GB/T 33593—2017《分布式电源并网技术要求》中一次调频、惯量响应指标缺失。同时，大规模海上风电并网、海量分布式光伏接入相关标准依然缺失。海上风电接入电网、海上风电功率预测、分布式光伏功率预测等方面的标准尚需制定。

（二）系统安全与保护领域

目前，系统安全与保护领域标准体系架构相对完善，但现有标准无法完全适应新型电力系统背景下新的需求。例如在仿真建模方面，柔性直流输电、静止无功发生器（Static Var Generator，SVG）、虚拟同步机等装置标准未设立；规范风电、光伏发电、柔性直流输电等精细化建模及验证、大规模交直流混联电网精细化仿真技术、新能源控制设备的电磁暂态封装建模技术等标准未研究；在离线分析与控制方面，随着电力电子设备大量替代旋转同步电源，转动惯量大幅减小，系统故障特性发生变化，动态调节能力严重不足，新型电力系统状态不确定性增加，故障形态、路径、特征持续复杂化；在稳定计算分析与评估方面，新型电力系统电力电子化特征凸显，电力系统安全稳定形态多样化，现有稳定分析计算标准缺乏系统性规范；在继电保护技术方面，现有的继电保护技术规程、整定计算等标准已不能完全适应新型电力系统继电保护应用需求，缺乏针对继电保护整定计算软件中新能源建模的相关规定和要求；在在线分析方面，标准中的建模类型需要扩展；在网源协调方面，常规电源调峰能力缺乏相关标准，特别是机组在深调工况的技术性能要求，缺少明确新能源调频、快速调压等主动支撑性能相关的标准；在电力电子设备支撑能力方面，电力电子设备对新型电力系统主动支撑能力方面的标准规范存在滞后现象，适用于主动支撑型电力电子设备相关的并网试验、运行控制等方面的标准及规范尚不完善。

（三）储能领域

目前，储能领域已发布实施的多数储能标准是在"十二五"和"十三五"期间制定的，与目前技术水平、发展规模相差较大，无法满足当前储能发展的需求，需要结合储能工程应用经验加以修订。储能技术发展迅速，储能应用场景不断丰富，已有的储能标准无法全部覆盖并满足当前储能应用的需求。

（四）微电网领域

微电网/交直流混合微电网集群运行控制及集群运行成效评估方向标准缺失；交直流混合微电网运行与控制方面缺乏具体的技术指标；对新型设备存在技术标

准空白；缺乏关于经济效益评估、信息融合方面的标准；国家标准、行业标准、地方性标准重叠，要求缺乏一致性。

（五）电力市场领域

各系统设计的技术架构尤其接口规范需要完善；市场的安全稳定运行和低碳转型发展需要完善市场接入类标准；流程管理、职责体系、结算科目、结算档案、结算凭证等市场结算体系标准需要提升；技术上和数据交互方面的相互协调与配合的相应标准和规范需要明确。

（六）电力低碳领域

碳排放量化评估、碳排放权交易市场机制、产品碳足迹评价与低碳项目评价，以及评估标准体系需要完善；碳减排资产开发、碳排放权交易市场与碳金融的标准体系需要建立；碳排放核算、碳盘查、碳评估等关键技术标准需要完善。

（七）电网数字化领域

采集与传感装置方面缺乏框架性、总体性、要求性标准；边缘物联代理方面需要规范生产控制大区及非电网资产设备接入的相关协议；缺乏新兴通信技术应用和本地通信技术、数据模型及数据目录、主数据编码等相关技术标准；需要完善电力光纤选型、终端接入技术、波分复用技术、通信网络规划设计、运营管理、数据共享交换管理细则等方面的标准。

（八）高端输变电装备领域

特高压设备已有完善的标准体系，但少数如特高压套管、分接开关等标准尚不完善，目前主要参考的国际、国内标准均为通用标准，无法满足特高压工程的建设需要。如试验方面，通用标准均只开展单一因素影响下的试验考核，不符合特高压装备实际运行的复杂工况；灵活交直流输电装备、低碳环保装备、智能一次设备及其组部件等方面也存在只考虑单一因素影响的类似情况；设计规划、施工安装、调试试验、运维检修、技术监督各阶段技术标准需协调完善。国家电网公司特高压直流试验基地如图 5-26 所示。

图 5-26　国家电网公司特高压直流试验基地

二、新型电力系统技术标准国际化

随着经济全球化和贸易自由化进程的加快，国际标准作为全球治理的重要规制手段，正深刻地影响着全球治理的格局与制度安排。国际标准既是进入国际市场的"通行证"，也是我国企业"走出去"参与国际贸易与投资、工程建设与运营、技术与设备输出等的必要条件。《国家标准化发展纲要》中明确提出：到2025年，实现标准供给由政府主导向政府与市场并重转变，标准运用由产业与贸易为主向经济社会全域转变，标准化工作由国内驱动向国内国际相互促进转变，标准化发展由数量规模型向质量效益型转变。标准化更加有效推动国家综合竞争力提升，促进经济社会高质量发展，在构建新发展格局中发挥更大作用。

结合构建新型电力系统技术发展和标准国际化需求，制定新型电力系统技术标准国际化工作路线，推动新型电力系统技术与产业的进一步发展，研究制定重点领域标准国际化行动计划，在基础综合、新能源并网、输变电、配用电、调度与交易、电网数字化六个重点领域（见图 5-27）布局 34 项国际标准，抢占电力新兴领域国际标准制高点，增强我国在国际能源与电力领域的影响力与话语权。

图 5-27　新型电力系统标准国际化行动计划重点领域

（一）基础综合领域

业务创新与决策支持方面，围绕电力资产全寿命周期管理方向布局国际标准；碳评估方面，围绕产品碳足迹方向布局国际标准。

（二）新能源并网领域

在可再生能源接入系统、资源评估与功率预测、主动支撑等方向重点开展工作，在可再生能源与弱电网互联、可再生能源发电功率预测误差评价、可再生能源柔直并网、可再生能源故障下的频率响应等方向布局国际标准。

（三）输变电领域

高端输变电装备方面，围绕高压直流和高压交流、直流线路参数测量、高压柔性直流系统规划和柔性直流系统试验与调试、直流断路器试验与调试、特高压交流输电系统安全稳定控制、电力设备运维试验和特高压串联补偿装置系统调试等方向布局国际标准；传感与量测方面，围绕传感材料与器件、传感大数据应用、负荷数据集发布、负荷设备检测方向开展国际标准研究。电磁与噪声方面，围绕交、直流混合电磁环境监测评价，噪声监测分析，噪声贡献度辨识等方向开展国际标准研制；新型输电系统集成方面，围绕柔性直流输电系统成套设计、柔性直流换流站绝缘配合导则、柔性直流输电用启动电阻技术规范等方向开展国际标准研究。南瑞集团自动化设备电磁兼容实验室如图 5-28 所示。

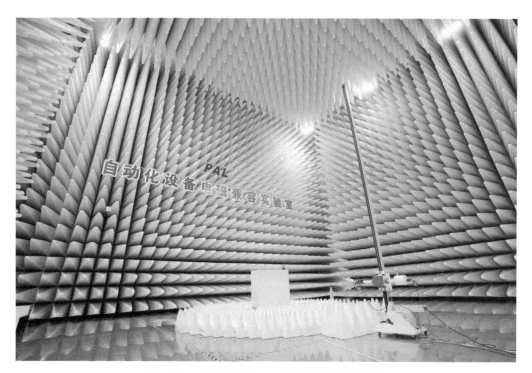

图 5-28　南瑞集团自动化设备电磁兼容实验室

（四）配用电领域

多能综合利用方面，围绕分布式能源、微电网、孤岛系统等多运行评价技术和示范等方向布局国际标准；综合能源规划运行方面，围绕多能互补分布式能源系统能效评估技术导则方向布局国际标准；低压直流适配装置方面，围绕直流插座方向布局国际标准；用户供需互动方面，围绕可调节负荷资源潜力分析方向布局国际标准；电动汽车方面，围绕超级大功率充电技术方向布局国际标准。

（五）调度与交易领域

系统安全运行与保护方面，围绕直流输电、直流配电设计的保护功能单元、继电保护装置接口、数字接口继电保护装置应用指南、过程层测试技术标准、智能终端标准等方向重点布局；自动化系统方面，围绕新型电力系统二次设备、站端自动化应用和智能调控应用等方向开展工作；电力市场方面，在 IEC 62325《能源市场通信框架》系列标准体系内，重点围绕多方合同、电量计划等核心业务方向推动国际标准布局；通信方面，围绕计量、配电、用能等专业策划大连接物联网（Massive Machine Type Communication，mMTC）需求等方向布局国际标准提案。

（六）电网数字化领域

人工智能方面，电力人工智能技术应用、电力能源领域人工智能平台架构及技术要求等方向开展国际标准研究。

第四节　构建知识产权支撑体系

一、新型电力系统技术、专利与标准一体化协同

随着科学技术的迅速发展和经济全球化的不断深入，专利与标准联系日益紧密，逐渐从分离走向融合。技术、专利与标准一体化协同对于科技创新的重要性日益凸显。作为技术创新成果的重要载体，标准和专利深度融合、良性互动，才能使二者相互促进、优化发展，推动企业科技创新迭代能力提升，实现经济效益和社会效益最大化。

构建新型电力系统是"双碳"目标下电力行业实现减排目标的重要任务。构建新型电力系统的全面推进将带来先进能源技术和"大云物移智链"等数字化技术的广泛应用，我国在新型电力系统重点领域实现技术赶超和突破的同时，势必触动业已形成的市场利益格局，新业务增长点的开拓也将面临与众多西方科技巨头的直接竞争。从全球国际竞争态势来看，技术、专利与标准一体化协同已成为国际竞争中新的游戏规则，更是西方发达国家保持国际竞争优势和制造新型壁垒的重要战略手段。我国电力企业目前处于专利标准化起步阶段，面对严峻的国际竞争态势，国家相继出台一系列相关政策、规定推动探索标准与专利融合发展，提高企业竞争力，促进科技创新和产业升级。

2008 年《国家知识产权战略纲要》明确"制定和完善与标准有关的政策，规范将专利纳入标准的行为。支持企业、行业组织积极参与国际标准的制定"是我

国知识产权战略中的专项任务之一。为了平衡标准实施者、公众以及专利权人等各方的合法权益，保障国家标准的顺利制定与有效实施，国家标准委、国家知识产权局于 2013 年出台了《国家标准涉及专利的管理规定（暂行）》（国家标准化管理委员会、国家知识产权局公告 2013 年第 1 号），从专利信息披露、专利实施许可、强制性国家标准涉及专利的特殊规定等方面为标准必要专利问题保驾护航。此外，2016 年发布的《国家创新驱动发展战略纲要》中提出"提升中国标准水平。强化基础通用标准研制，健全技术创新、专利保护与标准化互动支撑机制，及时将先进技术转化为标准"，指明"技术创新、专利保护与标准化互动支撑机制"是提升标准水平的重要途径。2021 年发布的《国家标准化发展纲要》和《知识产权强国建设纲要（2021—2035 年）》对新时期专利和标准协同发展作出战略部署，明确要求完善标准必要专利制度，推动技术创新、专利保护与标准化更加紧密衔接。

国家相关政策、规定的相继出台为推动专利、标准融合营造良好的政策环境，专利和标准呈现出从相互独立到协同融合的演进趋势。国家知识产权战略与标准战略的逐步推进，将技术、专利、标准一体化协同提升到国家战略高度，成为国家创新驱动发展战略中的重要组成部分。

积极响应国家创新驱动发展战略部署，实现创新价值最大化，新型电力系统的构建需要着眼于专利和技术标准两大技术成果载体，吸纳二者作为技术创新的重要环节，形成技术创新、知识产权和技术标准"三位一体"的发展布局，更加注重技术、专利、标准协同推进，推动新型电力系统技术创新"技术专利化、专利标准化、标准产业化、标准国际化"，不断提升新型电力系统产业化水平和国际竞争优势。

技术、专利、标准一体化协同是提升新型电力系统技术创新价值的有效砝码。在新型电力系统发展初期，技术、专利、标准一体化协同推进将为新型电力系统技术创新打造巨大的创新价值空间。未来，将通过技术、专利、标准一体化协同创新体系（见图 5-29）推动新型电力系统技术创新。协同创新体系包括过程层面和价值层面两大层面。

在过程层面，技术、专利、标准的协同贯穿整个技术生命周期。技术萌芽期是新技术发展的起步阶段，技术创新成果少，实施"技术专利化"会产生少量专利成果，此时技术水平不成熟，无法形成技术标准。在技术成长期，技术发展水平快速提高，技术创新成果数量急剧增加，"技术专利化"步伐加快，专利数量随

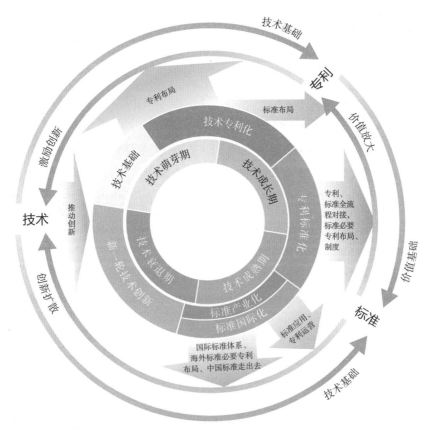

图 5-29　技术、专利、标准一体化协同创新体系

之快速增长，技术成熟度提高，开启"专利标准化"进程，技术标准应运而生。技术发展到成熟期，创新成果通过迭代优化，专利技术趋于成熟，并在市场处于领先地位，相应的技术标准也处于市场主导地位，达到市场垄断，"技术专利化""专利标准化"趋于饱和，基于市场竞争需求推进"标准产业化""标准国际化"。技术进入衰退期，技术发展水平不再适应市场需要，由此开启新一轮技术创新。

　　在价值层面，技术创新是产生专利和标准的技术基础。专利是技术创新的保障和激励，专利保护制度通过提供专利保护期限内的排他性专利权使发明创造者获得与其技术贡献相匹配的收益，对技术创新形成长期激励。技术标准衔接技术创新与市场化、产业化，有效促进创新扩散，提升新技术的市场渗透效率并加速创新进程。专利与技术标准功能互补，专利对技术的保护使其成为技术标准全生命周期的基础要素，决定了技术标准的价值基础，而技术标准则促进专利组合的赋能与创新互补,推动创新私有价值实现向公共价值扩散并获得价值提升,激发专利技术创新活力。

以创新过程推动创新价值提升。依据技术创新时期的专利布局,在技术专利化阶段生成核心专利与外围专利组成的严密专利网,通过高质量专利强化创新激励效能。同步进行标准布局研究,筹备"专利标准化"。在专利标准化阶段,依据专利、标准布局进行标准必要专利布局,在标准必要专利制度的保驾护航下,通过专利、标准全流程对接培育标准必要专利,获得专利价值放大。通过标准推广应用及专利许可、专利池、专利联盟等多种形式的专利运营,推进标准产业化进程,提升新型电力系统产业化水平。参考新型电力系统国际标准框架体系,结合国际业务进行海外标准必要专利布局,将新型电力系统先进技术成果形成专利后,适时、科学地融入国际标准体系,带动国内装备、技术和标准"走出去",提升国际竞争力。标准产业化与标准国际化合力激发创新扩散,提升新型电力系统技术创新价值。从创新过程与价值结果看,专利与技术标准在过程层面体现出功能互补,在价值层面表现出价值互融,对新型电力系统技术创新具有协同驱动作用。巴西美丽山 ±800 千伏特高压直流输电二期工程如图 5-30 所示。

图 5-30　巴西美丽山 ±800 千伏特高压直流输电二期工程

新型电力系统技术创新应充分发挥知识产权和标准的战略引领作用，健全技术创新、专利保护与标准化互动支撑机制，促进新型电力系统核心技术、专利、技术标准的创新融合发展，在新型电力系统重点领域强化标准与专利融合，推动更多先进科技成果形成专利后适时、科学地融入相关标准，实现科研、专利与标准同步规划、同步实施、同步推进，形成科研、专利与标准一体化协同发展模式，为高质量构建新型电力系统提供有力的技术支撑，推动一体化发展模式促进技术创新价值提升效应，辐射并引领能源领域技术革新。

二、新型电力系统知识产权体系

新型电力系统是典型的跨行业、跨领域技术汇聚，传统行业与新兴技术有机融合，业务周期较长，市场空间巨大的复杂业务场景。随着构建新型电力系统的全面推进，知识产权的内涵也更加丰富，专利、技术秘密、集成电路布图设计、软件著作权等不同形态、不同权利特点和保护能力的知识产权需要进行科学管理和妥善利用。

知识产权不仅是国内发展的战略性资源，同时也是国际贸易的"标配"和国际竞争的核心要素，具有天然的国际性、全球性。随着我国科技创新实力的增强和国际产业分工地位的提升，我国对外开放领域和程度不断拓展和深化，知识产权的全球化问题日益突出。当前，知识产权已成为国际贸易与政治施压的重要手段，针对我国企业相关的国际贸易纷争日益加剧，在全球知识产权治理的大背景下，知识产权创造、运用、保护、管理和服务各方面都要受到国际规则和共识的制约。此外，新型电力系统的技术革新模式将从传统电力领域创新为主向跨行业、跨领域协同创新模式转变，相关技术输出将加剧市场竞争，也客观上提高了知识产权纠纷的发生风险。错综复杂的国际贸易环境，要求我国电力企业将知识产权工作做深做实，避免国际化业务经营和开拓过程中落入不必要的知识产权陷阱与纠纷。

同时，国家创新驱动发展战略对知识产权工作提出了新的要求。近年来，国家创新驱动发展战略被赋予前所未有的重要地位，被定位为我国发展战略的核心，同时知识产权也被提升到国家发展战略的高度。当今世界，国家核心竞争力越来越表现为对智力资源和智慧成果的培育、配置、调控能力，以及对知识产权的拥有、运用能力。衡量自主创新能力的最重要指标是具有自主知识产权的核心技术，这是我国实施创新发展战略的主要目标。2020年国务院国资委会同国家知识产权局联合发布《关于推进中央企业知识产权工作高质量发展的指导意见》（国资发科创规〔2020〕15号），明确到2025年央企在知识产权创造、运用、保护和管理能力上要全面提升，其中，高价值有效发明专利占比要超过50%。目前我国电力行业发明专利占比及知识产权综合运营水平有待提高，迫切需要通过改良创新机制、提升专利申请保护质量、加强海外专利布局、优化知识产权运营效率等手段加大科技成果转化力度。新型电力系统相关创新链、产业链上下游电力企业知识产权工作应提前谋划、积极布局。

对于电力企业来说，一套科学且行之有效的知识产权管理体系，可实现对知识产权各方面的宏观调控和微观操作进行全面、系统协调，通过优化配置知识产权工作所需的基础资源，充分利用知识产权各类政策制度，为企业的市场经营提供支撑服务。其中，知识产权战略体系构建、专利布局与知识产权综合保护是有效开展知识产权工作的重点。

知识产权战略体系方面，应构建梯次化的知识产权战略体系。知识产权战略必须与新型电力系统技术创新的整体战略紧密结合，使专利战略与整体技术布局实现联动和融合。在特高压、智能电网、新能源、综合能源、配电网等具备优势的先进技术方面，努力推动装备、技术、标准一体化"走出去"。在创新国际业务开拓方式方面，配合以"建设—拥有—经营—转让"（Build-Own-Operate-Transfer，BOOT）模式、"建造—运营—移交"（Bulid-Operate-Transfer，BOT）模式和"公共部门与私人企业合作"（Public Private Partnership，PPP）模式等方式开展的境外投建营一体化项目中各种运营方式，开展不同运营方式知识产权保护与输出方式研究。在加强境外项目的融合发展方面，在技术引进和国产化替代研究等领域，提前开展知识产权分析预警，通过跟踪、收集国际各类专利信息并加以整理、分析、判断，依据专利布局规划，有策略地通过多种方式获取所需专利权，通过专利申请、专利转让、专利许可、企业并购、技术合作、产业联盟等方式获得他人专利实施许可，完善整体知识产权布局，避免造成知识产权侵权风险。

专利布局方面，随着电力行业专利意识和创新能力的提升，专利申请数量大幅增长，但多以研发人员自发申请为主，事前缺乏有效规划，申请点较为散乱。因此，在专利申请前，系统地围绕重点领域开展布局，集中优势资源挖掘产出专利，将有利于电力企业整体质量的提升。尤其是对一些重大研发项目，提前开展专利布局，使每件专利在整体项目中的定位和作用更为明确，将零散的单个专利申请统筹为具有明确申请目的的专利组合。

电力企业专利布局工作内容具体可分为三个层面，如图 5-31 所示。

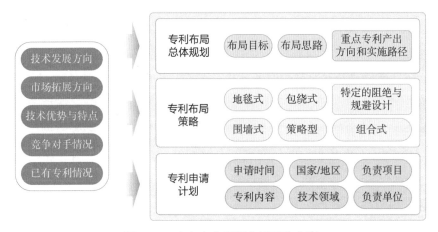

图 5-31　电力企业专利布局工作内容

专利布局是电力企业结合企业经营战略和创新规则，明确专利布局目标、思路、重点，确定实施方式和所需资源的活动。对于电力企业现阶段专利申请布局而言，应考虑中长期专利申请目标由单纯的数量增长调整为量质并重，进而逐步完成专利申请的结构调整。对于新型电力系统构建而言，在能源互联网、智能电网关键技术、新能源发电并网技术、新材料、电力电子、防冰减灾等技术领域构建严密专利网，提高行业跟随者尤其是竞争对手的规避难度和研发成本。围绕市场准入或行业竞争的关键领域，掌握核心专利或构筑专利整体优势，通过专利布局形成交叉许可或商业谈判的专利筹码，全力获得市场准入或参与行业竞争，综合考量企业产品的销售地、生产地和申请地，合理布局专利申请。

知识产权综合保护方面，应实现商标、域名相互辉映，将商标、域名统一起来进行保护，有效预防侵权行为；技术秘密与专利、版权等其他知识产权相互结合，以实现对技术秘密的综合性覆盖和保护；运用计算机软件综合保护手段，即对于常规软件可以申请软件著作权版权保护；对于符合专利法保护的创造主体，采用申请专利方式进行保护；对于专用软件，采用技术秘密方式进行保护；对于已建立良好信誉的软件，利用注册商标保护软件著作权；集成电路布图设计保护合理布局，对于符合《集成电路布图设计保护条例》（国务院令第300号）的设计产品，积极申请登记集成电路布图设计保护；研究各类国际标准制定的程序规则，积极加入国际标准化组织，通过形成"技术专利化—专利标准化—标准许可化"的链条，抓住特高压输电、电磁环境、需求侧电源接入、电动汽车、智能电网用户接口等专业方向众多国际标准逐步形成的契机，凭借标准的产业影响力和专利的私权保护，使技术创新的收益最大化，确保在市场竞争中有效地占据优势位置。同时，在实施过程中建立合作联盟，通过"专利池"的许可运营等方式，降低行使专利权的成本和风险。

从知识产权角度入手，对分析技术开发态势意义重大。以氢能技术为例，全球电力氢能领域技术创新在近20年持续活跃，尤其在近5年蓬勃发展，专利布局重点围绕燃料电池及电堆、催化剂层、电解制氢、合金储氢材料、热电联产等方面。我国是近5年电力氢能领域最重要的专利技术来源国，发明专利及高价值专利申请数量均超过全球半数。

从高价值专利申请情况来看，我国高价值专利产出率达到25.2%，大幅领先于全球水平（7.6%），且各类技术方向的高价值专利产出率和全球占比差异不大，发展较为均衡。

针对2017—2021年氢能总体领域技术相关专利（共11866件专利，合并6522项专利族）进行分析，通过专利词聚类方法得出的热词云图（见图5-32）可知，电力氢能领域专利布局主要围绕：燃料电池及电堆，侧重于固体氧化物燃料电池；催化剂层，包括阴离子交换膜、质子交换膜等膜材料；电解制氢，侧重于固体氧化物电解；储氢材料，如储氢合金等；热电联产。

基于国际专利分类号（International Patent Classification，IPC）的氢能领域发明专利前30项技术方向主要为：燃料电池及电极等关键组件，以及制造相关；电解槽及电极、隔膜等组件，以及操作和维护；氢气处理及存储，如氢的分离、净化，储氢容器及其零部件；氢能与电网相关，涉及风电、光伏发电等发电方式的装置，相关电路装置，电网数据处理系统或方法；催化剂、电极、电解质等材料，如纳米材料、陶瓷材料、碳基材料；氢燃气轮机及其燃烧器、进气装置等。

电化学元件

可再生能原制氢

氢气燃烧器

固体氧化物电解池　电解制氢　储氢　燃料电池　阴极流道

热电联产　　　　　　　　　　　　　　　液化系统

储氢合金　　　　　　　　　　　　　　　氢载体

固体聚合物　　　　　　　　　　　　　　能量管理

燃料电池堆

氢气罐

固体氧化物　sofc　催化剂层

可再生能源　储氢材料

阴离子交换膜　制氢系统　质子交换膜

图 5-32　2017—2021 年氢能领域发明专利热词云图

氢能与电力系统的结合重点在于利用电解制氢，以及燃料电池、热电联产、燃气轮机等技术实现电—氢—电的并网互动，同时结合高效储氢技术提供多种尺度的灵活性，有效促进风、光等波动性可再生能源发电的消纳。同时，如何更好地将氢能与电网结合，实现更灵活的匹配，以及风光等波动性能源资源的高效互补，也是电力氢能领域的重点技术方向。图 5-33 所示为安徽兆瓦级氢能综合利用示范站。

图 5-33　安徽兆瓦级氢能综合利用示范站

第六章
新型电力系统
产业创新

第一节　概述

不同于传统电力系统，新型电力系统的规划、建设、运行、维护和退役等全过程越来越多地向其他行业渗透，新型电力系统将成为推动能源转型、融入数字经济发展，以及助力现代化产业体系建设的重要载体。新型电力系统产业链的发展演化也将聚焦基础产业、数字产业、新兴产业三大产业领域，从不同维度发挥不同作用，呈现新的特征。新型电力系统产业链体系如图 6-1 所示。

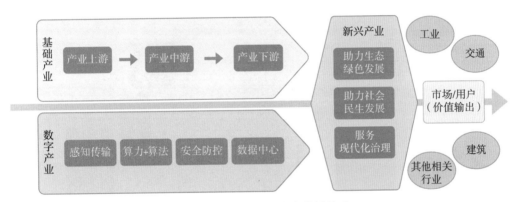

图 6-1　新型电力系统产业链体系

从新型电力系统产业链的整体发展演化趋势来看：

（1）新型电力系统产业链结构发展纵向深化，向上下游产业延伸拓展，促进构建高效协同的能源电力产业发展体系。产业链结构发展纵向深化的典型体现，一方面，是对产业链上游原材料和装备制造等方面的重点关注。在国际地缘政治形势日趋复杂、全球竞争日益加剧的形势下，全产业链安全、原材料供应保障等问题深受关注。另一方面，则是对产业链下游负荷侧多元化、差异化需求及海量调节资源潜力挖掘等的考量，这对产业高质量发展提出了更高要求。

（2）新型电力系统产业链在促进能源产业清洁低碳转型中的作用更加突出，对其兼顾经济、社会、民生等综合效益的要求显著提高。随着沙漠、戈壁、荒漠大型清洁能源基地的开发利用，能源清洁低碳转型的重心和一系列矛盾都在向新型电力系统转移。同时，日益多元化、差异化的社会民生用能需求，供能成本对产业国际竞争力的支撑力度，以及新发展格局下战略性新兴产业培育等要求，都促使新型电力系统在经济、社会、民生等领域发挥好综合效益。

（3）新型电力系统产业链跨界融合态势明显，将推动产业分化、升级、融合，并衍生出新的细分领域，打造技术领先的新产品和新服务，促进产业规模纵深发展。在数字化技术与产业转型升级等多重趋势叠加下，跨界融合与新兴业态发展成为推动产业创新的重要驱动力，也是国家经济新增长极的重要组成部分。基于整体发展演化趋势，我国电力产业链的发展形态将从传统电力产业链（见图 6-2）转变为新型电力系统产业链（见图 6-3）。

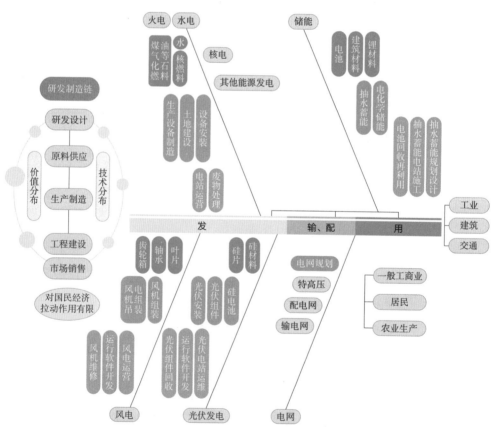

图 6-2 传统电力产业链发展形态示意

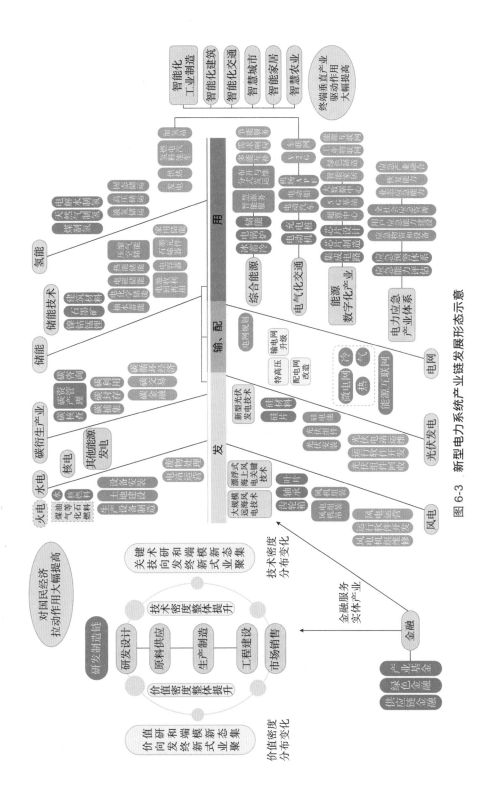

图 6-3 新型电力系统产业链发展形态示意

具体来看，基础产业是指涵盖电力生产、转换、传输、存储、消费等各环节的基础支撑产业，通过建设适应高比例可再生能源接入、多能互补的能源网络，实现新型电力系统的高效化与协同化。如电力生产开发、电网建设运营、电力设备制造，以及相关的上下游产业。

基础产业将推动新型电力系统产业链呈现更加绿色、清洁、低碳，更加安全与自主可控，更加协同高效的特征。

（1）绿色、清洁、低碳方面，新型电力系统产业链能够助力能源电力产业的发展更加环境友好。持续增加清洁能源供应能力，减少能源产业链碳排放，推动能源产业和生态治理协同发展。

（2）产业安全与自主可控方面，新型电力系统产业链将促进产业基础高级化、产业链现代化。能源转型背景下，夯实能源电力系统安全运行与保障供应的基础，需要实现能源产业链供应链的安全，特别是核心技术与产品的自主可控，努力攻克"卡脖子"环节，提升产业技术实力，全面提升能源产业基础高级化和产业链现代化水平。

（3）协同高效、产业赋能方面，新型电力系统产业链通过产业上下游的协同与相互带动，提升产业整体发展质量。充分发挥市场在资源配置中的决定性作用，鼓励国有资本、社会资本的合作，以促进能源产业转型与市场改革。通过发挥能源电力央企等新型电力系统核心主体的"链长"或"链主"作用，带动产业上下游企业、相关产业链企业协同高效配合，赋能中小企业发展，实现产业整体竞争力的提升。

数字产业是指以数据资源为关键要素，以现代信息网络为主要载体的产业。通过"大云物移智链"等新一代信息技术在能源领域的工程化、产业化融合应用，实现能源系统向智能灵活调节、供需实时互动方向发展，如电力智能终端产业、电力传感通信产业、能源电力大数据产业等。

数字产业将推动新型电力系统成为融合型数字基础设施。在数字产业的赋能下，新型电力系统能够采集和分析各环节数据，推动能源资源优化配置；同时，新型电力系统也将为全社会数字基础设施提供清洁可靠的能源电力，促进数字产业的发展。数字产业呈现出多元主体广泛互联、包容开放，产业链运转高效智能，新旧要素融合协同的特征。

（1）产业链多元主体更加广泛地互联互通，产业链的包容性和开放性增强。

各类能源设施和数字基础设施互联互通、共建共享，为多元主体参与产业链协同提供了有效的技术支撑，也降低了产业链进入壁垒，各类能源电力产业链新兴主体不断涌现，持续推动能源技术、产品和商业模式创新，提升产业链整体韧性。

（2）信息的透明度增强，多元主体自驱协同性增强，产业链运转更加灵活智能。数字技术的应用可实现对市场环境、基础设施、资金状态等的深度感知，有效支撑需求敏捷响应、设备精准控制、策略智能优化、业务高效运营，以信息流畅通物流、资金流和人员流，产业链各主体自发自驱协同，增强产业链整体灵活性。

（3）实现新旧要素融合，持续提升产业创新能力和发展质量。推动能源行业土地、资本、劳动力等传统生产要素与技术、知识、管理、数据等新型生产要素逐步融合，充分释放新型生产要素的基础支撑作用和创新带动作用，推动能源技术和商业模式创新，提升产业发展质量。

新兴产业是指以消费者用能需要为核心，以平台建设为基础，以市场化为手段，进行能源电力产业资本运营和资源优化配置的相关行业。如碳业务及市场服务、综合能源服务、产业链金融、智慧车联网、电动汽车充换电等各类融合新业态。

新兴产业将推动新型电力系统产业链成为支撑现代化产业体系发展的重要基础之一。作为现代化产业体系的关键组成部分，新型电力系统产业链将向创新融合、普惠共享、治理科学的方向发展。

（1）现代化产业体系下，新型电力系统产业链将实现跨行业、跨区域、跨品种的创新融合。新型电力系统的发展将打破行业发展的专业壁垒，使不同能源品种之间、不同区域之间、产业链上下游之间，以及能源行业与其他行业、其他领域之间协同互济，通过融合的发展方式从更高维度解决传统行业面临的发展难题。

（2）现代化产业体系下，新型电力系统的产业场景更加丰富，能够惠及多方需求，实现利益共享。新型电力系统产业链规模巨大，其海量数据和丰富场景能够为现代化产业体系的发展注入新动能，持续孵化新业态新模式，拓展产业价值增长空间，降低全社会综合用能成本，满足多元化、差异化的用能需求，共享发展红利。

（3）面向现代化产业体系，新兴产业的发展将促使新型电力系统产业链生态圈进一步扩大，体现其支撑科学治理的效能。依托新型电力系统对社会生产生活全环节用能情况的动态感知和实时刻画，可以充分挖掘能源数据资源价值，发挥能源大数据在行业管理中的服务支撑作用，助力增强社会治理效能。

第二节 新型电力系统产业创新体系

一、新型电力系统产业创新体系架构

新型电力系统产业创新体系是发展现代化产业体系、建设新型能源体系、实现"双碳"目标、保障国家能源安全等重大命题之下的系统性重大创新工程，是在新型电力系统产业链基础上，纵向贯通产业链、横向协同跨行业，形成的一个深度耦合、高效协同的产业创新网络，如图 6-4 所示。在这一创新网络下，新型电力系统相关产业将形成新的价值形态、新的协同模式和新的空间布局，不断推动新型电力系统产业体系创新升级。

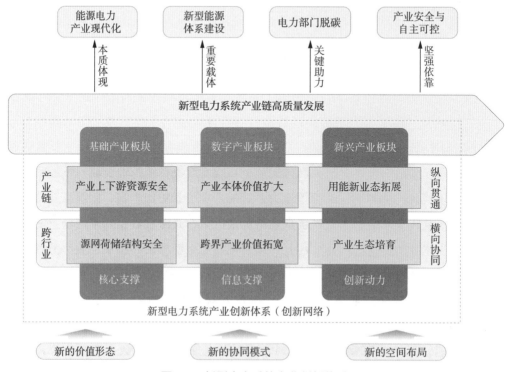

图 6-4 新型电力系统产业创新体系

其中，新的价值形态是指在发挥传统电力安全保障的基础上，纵向扩展新型电力系统产业的上下游价值（如对上游原材料的供应管理等），横向衍生新型电力系统与相关产业的融合价值（如与现代化治理需求结合的产业链金融、数字化产业等）。

新的协同模式是指在推动自身技术突破、形态演化的基础上，新型电力系统更多地鼓励不同主体之间协同发展（如不同企业主体主导的虚拟电厂创新模式等），发挥不同要素之间协同创新作用（如依托碳业务的企业对内管理、对外服务的协同等）。

新的空间布局是指在关注基于电力供需结构的产业空间布局的基础上，新型电力系统更加重视基于产业要素的合理空间布局（如立足资源禀赋的新能源产业开发利用等），更加重视基于产业环节的合理空间布局（如针对不同环节的 CCUS 产业发展方式等）。

二、新型电力系统产业创新重点领域

（一）基础产业

基础产业重点关注更为广泛的产业链上下游资源安全和全产业链降碳。

1. 上游矿产资源安全

新型电力系统产业链从依赖能源资源向高度依赖金属矿产资源扩展和转变，我国能源产业链供应链对国际政治经济环境变化的敏感性显著提升。

清洁能源技术的部署高度依赖矿产资源，如锂、钴、铜、镍等关键矿产资源是制造各种清洁能源设备的基础。据国际电工委员会（International Electrotechnical Commission，IEC）的有关研究，一辆普通的电动汽车对矿产资源的需求量是普通汽车的 6 倍，建造陆上风力发电场所需要的矿产资源是同等容量燃气电厂的 9 倍。战略性矿产资源的供应短缺和市场价格波动，将严重影响新能源发电的大规模发展基础和建设节奏。近年来，我国铜、锂、钴、镍、锰等原材料对外依存度高达 70%，随着新能源占比的进一步提高，战略性矿产资源对新型电力系统产业链安全性和稳定性的影响也将持续提升，地缘政治等因素对产业链的影响也会显著增强。

2. 全产业链降碳

能源清洁低碳转型促使新型电力系统降碳压力重点从电力生产环节转移到电

力设备生产环节，全产业链脱碳成为未来发展的关键。

新型电力系统中，大量碳排放从使用环节转移到制造环节，从分散转向集中，相关生产企业碳排放增加，降碳压力上升。伍德麦肯兹咨询公司发布数据显示，以风电为例，风电场全生命周期中，碳排放主要来自上游制造环节及金属原材料的开采，风机制造环节的碳排放占风电场全生命周期碳排放量的86%左右。联合国欧洲经济委员会《全生命周期发电选择》报告的测算显示，硅料、硅片生产过程中的碳排放在光伏发电全生命周期碳排放中占比近50%。聚焦电力设备生产环节降碳问题，成为实现全产业逐步脱碳的关键。

（二）数字产业

数字产业重点关注数字产业本体价值扩大、跨界创新价值拓展。

1. 产业本体价值扩大

数字产业具有较强的系统性，对传统能源产业的赋能作用受感知、传输、计算、安全等多个产业综合实力的影响，芯片等关键产业的短板将直接影响数字产业的价值发挥。

数字产业的本质是充分释放数据要素的全方面价值，相关产业布局也围绕数据的感知、传输、计算、应用、安全等全环节展开。只有畅通全链条，才能够真正发挥产业价值，这需要传感器、网络通信、数据中心、大数据应用、人工智能、数据安全等多个领域的协同发展。数字产业对传统能源产业的赋能作用，受数据价值创造全环节的直接影响，数字产业单一环节的短板将对能源电力全产业的转型升级带来不利影响，如芯片产业等。立足新型电力系统产业发展的实际需求，要实现数字产业国产化率稳步提升，站在数据价值创造全链条的视角来推动产业创新，尽快补齐关键短板。

2. 跨界创新价值拓展

数字产业具有很强的开放性和融合性，传统能源可依托数字产业拓展服务范围和服务边界，与其他产业进行跨界创新。

数字产业能够有效促进能源基础设施和信息基础设施融合，实现产业跨界的价值共创。新型电力系统是新型能源体系的重要载体，可以有效弥补传统能源基础设施间由于体制机制、管理模式、技术路线等带来的割裂。随着能源技术与信息数字技术的深度融合，多种能源基础设施将突破物理形态上的限制，通过数据的自由流动实现多种能源互济互补和高效利用。此外，新型电力系统也有利于推动数字基础设施的融合。积极推动通信网络基础设施、新型技术基础设施、算力基础设施的融合，促使5G技术、大数据中心、云计算等数字基础设施加速成为能源数据信息传输、存储、计算、处理的一体化载体，服务构建数据驱动的新型电力系统，推动跨产业的价值共创。数据在电力系统中的普遍性将推动新型电力系统越来越多地与交通系统、建筑系统和金融系统等相互融合，面向智慧城市和数字乡村等的发展新需求，电力金融、智慧绿色出行、智慧用能服务等更多的新商业模式将不断涌现。

（三）新兴产业

新兴产业重点关注用能拓展新业态、跨界融合新优势。

1. 用能拓展新业态

新兴产业为新型电力系统提供用能拓展与新兴业态融合桥梁，在能源电力传统价值的基础上，提升新型电力系统在绿色发展、社会民生、现代化治理等方面的综合效益与价值。

新型电力系统是能源系统与社会系统协同、交互发展的载体，其高度电气化、数字化、智能化的发展模式有利于持续催生新模式、新业态，拓展社会价值创造体系。例如，分布式与集中式开发并举将成为未来典型的能源供应模式，由此推动各类电源的互动模式、电源与电网的互动模式、大电网与配电网和微电网的互动模式等实现"量变"到"质变"的突破。同时，各类车辆到电网（Vehicle to Grid，V2G）、车辆与家庭互动（Vehicle to Home，V2H）等具备双向互动功能的电动汽车上路，将在更大范围、以更高的效率实现灵活性资源的建设、聚合与应用。此外，积极推动新型电力系统向多市场主体互动、生态化共存的共赢模式转变，在规划建设、运行维护、资源互济、多能互补等方面重塑能源电力的产业链供应链格局。

图6-5展示了V2G技术互动原理。

2. 跨界融合新优势

依托数字化转型，新型电力系统产业链将带动各类主体实现新旧动能转换、培育竞争新优势。

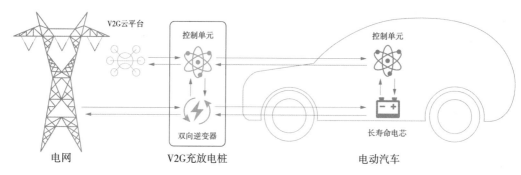

图 6-5　V2G 技术互动原理

通过不断增强新型电力系统的产业孵化属性和数字化经济属性，新型电力系统将更加有利于持续高质量培育新产业、新经济。未来，将逐步形成随时随地利用资源、跨时间空间调配资源、容纳海量市场主体创造价值的能源数字经济新形态，相对于传统经济形态，新型电力系统将孕育出更多具有数字经济和网络经济特征的能源新经济业态，为我国经济社会高质量发展注入动能增长的新引擎。

第三节　基础产业与新型电力系统

一、基础产业的新价值形态

新型电力系统产业链中的基础产业是指以源网荷储各环节为基础、贯穿能源电力产业上中下游的产业领域，是新型电力系统的核心支撑部分。在新型电力系统构建过程中，基础产业在实现电力安全经济供应的基础上，将进一步提升新型电力系统的核心保障价值、自主可控价值以及创新用能价值。

1. 基础产业核心环节主要体现核心保障价值

未来，依托电网的新技术应用与新形态演化，核心环节将持续提升能源电力稳定供应的保障能力。核心环节实现新型电力系统的基础功能，随着源荷双侧随机性、波动性和互动性特征增加，基础产业核心环节也将顺应源网荷储的灵活智能发展要求，实现更灵活、更可靠的供应。其典型领域包括电网建设运营、新能源建设、各类型储能、输配电线路等。

2. 基础产业上游环节主要体现自主可控价值

上游环节重点着眼于保障全产业链原材料和关键设备的可靠供应，夯实新型电力系统升级基础。新型电力系统产业链不断向上游环节延伸，事关全产业链自主可控性，上游环节与核心环节的协同发展程度、转型升级节奏和供需匹配情况至关重要，这是新形势下能源安全与产业安全面临的新命题。典型领域包括金属矿产勘探开发、关键电工装备和核心零部件研发制造等。

3. 基础产业下游环节主要体现创新用能价值

下游环节将主动发现、挖掘和适应社会多元化、差异化用能需求，通过需求牵引驱动新型电力系统创新发展。未来，新型电力系统产业链将向负荷侧大幅延伸，与用户共享互动成为发展的突出特征，对社会生产生活方式绿色转型起到重要的牵引作用。典型领域包括微电网、虚拟电厂等。

二、基础产业的新协同模式

（一）基础产业协同模式概述

新型能源体系的建设将促使新型电力系统基础产业的边界更加模糊，催生出全新的协同发展模式。这种协同体现在电力与生态系统的紧密协同、产业链上下游的有效协同、海量市场主体的高效协同等各个维度。

1. 电力与生态系统的紧密协同

新型电力系统是推动水要素、碳要素、各类金属要素等与能源领域融合的重要载体，推动实现新型能源体系与供水系统、气象系统、生态系统、金属矿产系统等之间的开放互通。这种紧密协同将会嵌入能源电力产业链全环节，不仅推动能源电力行业自身的清洁低碳转型，还能够依托电力和生产生活的内在关联，通过开展电碳耦合分析等方式，协助区域、行业、企业节能降碳。

2. 产业链上下游的有效协同

新能源、各类型储能的发展显著提升了基础产业向产业链上下游延伸的能力和需求。上下游产业间的相互影响更加显著，这体现在上游矿产资源的供应能力、煤炭等一次能源的供应稳定性、能源产供储销体系的流畅运转等方面，当前迫切需要开展产业链布局优化以及风险预警等研究。

3. 海量市场主体的高效协同

随着分布式电源、电力产消者等市场主体的大量出现，叠加电力市场化加速推进，新型电力系统的运行既需要电网平台的大规模资源优化配置能力，也离不开各类市场主体的充分参与，以相互竞合的方式提升系统整体效能，推动海量市场主体高效协同的新业务、新模式不断涌现。

（二）虚拟电厂

虚拟电厂（Virtual Power Plant，VPP）的本质是电力需求侧的"发电厂"，通过先进的通信、控制和管理技术，整合海量地理位置分散的分布式电源、用户侧储能、可调节负荷等需求侧资源，对外形成一个统一整体，像电力供应侧的传统电厂一样，参与电力系统运行和电力市场交易。虚拟电厂控制协调技术原理如图6-6所示。虚拟电厂在保障电力系统运行安全、提升市场活力、促进绿色发展等方面具有多重效益。

图6-6 虚拟电厂控制协调技术原理

虚拟电厂商业化运营的一个重要特点在于，通过发挥平台对相关业务运营主体的枢纽或聚合作用，实现各类资源、各类市场主体之间的创新协同。虚拟电厂通过接入更多的分布式资源，能够扩大规模、提升效益，形成更加多元、协同的商业形态。现阶段，虚拟电厂主要的盈利模式为通过需求响应赚取辅助服务费用后的分成。虚拟电厂运营商和负荷聚合商通过聚合电力用户可调负荷，利用可控负荷进行需求响应或参与辅助服务，响应补贴和容量补贴即为总体收入。虚拟电厂运营商获得收入后需与电力用户进行分成，政策并不限定分成比例。随着电力市场进一步完善，可聚合资源的类型不断丰富，虚拟电厂的商业模式将更加多元，能够通过参与电力现货市场、辅助服务市场等获得收益，实现创新协同和效益增长。

我国各地已建起了多个虚拟电厂的试点示范项目，相关市场机制建设和商业模式探索取得初步成效，形成了许多创新协同的商业模式（见图6-7），但总体看仍处于初级发展阶段，商业模式的探索问题至关重要。

图 6-7　虚拟电厂商业模式

1. 电网公司主导模式

一般由政府监管、电网运营商主导建设，主要是为分布式电源、储能装置、需求响应等负荷侧灵活性资源提供交易平台，以降低电网运营和升级改造成本。我国普遍采取这一商业模式。典型代表如国网冀北电力虚拟电厂项目、南网深圳虚拟电厂管理中心、华北国网综能虚拟电厂等，以及英国的 Piclo 公司负责的 Piclo 虚拟电厂项目、法国输电网公司（Réseau de Transport d'Electricité，RTE）作为平台方运营的 Ringo 项目。在 Piclo 公司虚拟电厂项目中，配电网侧灵活性资源能够获得电网公司所支付平衡费用的部分收益，Piclo 公司作为平台运营商能够获得技术服务使用费的收入。

2. 发电企业主导模式

该模式主要解决聚合资源的整体优化协调控制问题，发电企业将自身发电机组、储能装置、可调节资源等聚合成 VPP，以实现增加电量销售、参与平衡市场的收益。典型代表如英国发电企业 Ecotricity 的项目。该项目参与方包括发电企业、平台开发商与电网公司，主要提供发电侧资源和储能等，能够为发电企业增加售电收益，为电网提供平衡服务获得额外收益。

3. 用户侧 + 发电侧混合模式

主要聚合发电侧资源以及用户侧分布式能源，解决发电、售电业务的整合增效问题，参与方为发电企业、售电企业、技术开发商等。典型代表如德国 Next Kraftwerke 公司的项目、德国意昂公司的项目、法国 Voltalis 公司负责的虚拟电厂项目。Voltalis 公司负责的虚拟电厂项目由发电企业、技术平台商投资，Voltalis 公司负责平台运营，新能源发电企业、技术开发商、负荷侧调节资源等主要参与，能够整合光伏电站、风电场、家庭储能、热泵、电动汽车负荷等业务，能够为发电企业增加售电收益，为电网提供平衡服务获得额外收益，为技术企业实现 VPP 相关平台聚合的技术积累。

4. 基于社区 / 用户的商业模式

主要通过社区、工商业区等形式实现用户侧电池储能设施、热泵、电动汽车等负荷汇集，挖掘用户间电能互补潜力，增加平衡服务方面潜在盈利。典型代表如德国 Sonnen 公司的项目、英国 Powervault 公司负责的虚拟电厂项目、法国电力公司（Electricite de France，EDF）负责的 PREMIO 项目。法国 PREMIO 项目通过吸引社区居民、工商业用户、技术开发商共同参与，提供商业居民照明、负荷侧储能装置、分布式太阳能发电等诸多业务服务，能够为居民用户带来分享电网平衡服务收益、电费开支降低等收益，法国电力公司则通过政府资金资助，实现技术积累。

三、基础产业的新空间布局

（一）基础产业空间布局概述

新型电力系统基础产业空间形态将与国家区域协同发展战略相协调，与普遍服务区域均衡化和区域间、城市间的产业转移需求等更加适配。国际上，能够充分利用全球各类要素和创新资源，扩大资源优化配置范围和领域，有力支撑新发展格局。

1. 提升能源电力普遍服务能力，释放发展红利成为关键牵引

构建新型电力系统将更加重视解决城乡间、区域间和不同收入群体间能源电

力供给的不平衡、不充分问题。探索总额补贴、低保户专项补贴等形式，化暗补为明补，完成兜底性民生用能用电保障，通过精准补贴实现能源电力公平。我国已解决无电人口问题，电力覆盖率达到100%，电力行业在上述方面具有较好的优势基础。

2. 电力在空间维度呈现更加"泛在化"特点

电力与供热、供气系统及交通系统等的耦合程度持续提升，呈现"泛在化"特点，中低压配电网将与信息互联网深度融合，形成全新的智能配电网，逐步成为智慧城市基础设施和综合服务核心平台，为供电供热和交通出行提供集成服务，电力服务空间和形态范围大幅拓展。

3. 区域协同发展战略下，电力供需格局调整与产业转移接续高效协同

产业转移节奏和力度与新型电力系统的规划建设节奏更加匹配，能够有效解决"大型点状负荷"快速增长带来的供需失衡等问题。同时，依托新型电力系统构建，清洁能源资源大省存在的产业结构单一落后等困境将得到解决，其丰富的清洁能源资源可有效转化为低碳产业发展优势，并以产业发展带动地区发展，以产业结构优化促进当地民生可持续改善。

（二）新能源产业

新能源发电持续快速增长，2020—2022年全国新能源发电新增装机容量连续三年突破1亿千瓦。截至2022年年底，我国风电装机容量3.7亿千瓦，同比增长11.2%；太阳能发电装机容量约3.9亿千瓦，同比增长28.1%；新能源发电累计装机容量占比超过30%[①]。2022年，新能源发电新增装机容量近1.3亿千瓦，占全国电源新增装机总容量的64.27%。2022年，我国海上风电年新增装机和累计装机均位居首位，分布式光伏发电累计装机规模突破1.5亿千瓦。

新能源利用水平不断提高，新能源发电量和占比持续提升。2022年，我国风电、光伏发电量为1.19万亿千瓦时，同比增长21%。2022年，我国新能源利用水平不断提高，风电和光伏发电的平均利用率分别为96.8%、98.3%，持续保持在高利用率水平。

---

❶　统计口径包括风力发电、太阳能发电和生物质发电。数据来源：国家能源局。

2013—2022 年，我国风电和光伏发电的装机容量及占比如图 6-8 所示，风电和光伏发电的发电量及占比如图 6-9 所示。

图 6-8　2013—2022 年我国风电和光伏发电的装机容量及占比

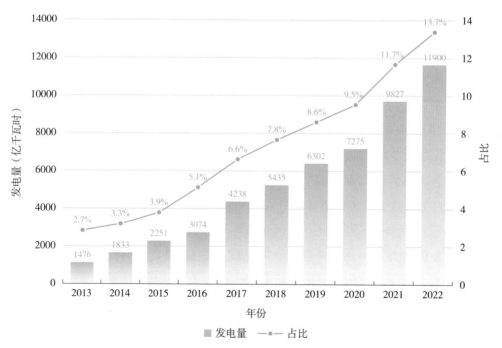

图 6-9　2013—2022 年我国风电和光伏发电的发电量及占比

　　我国新能源发电技术保持全球领先。风电单机容量持续增加,风电设备自主研发水平和制造水平持续上升,带动风机供应成本下降;明阳智能发布18兆瓦全球最大海上风电机组,远景能源发布10兆瓦全球最大陆上风电机组。我国晶硅电池片转换效率处于世界领先水平,2022年,隆基绿能公司制备的异质结(Heterojunction,HJT)电池最高效率达到26.81%,打破世界纪录,具有产业化价值❶。

　　新能源发电产业相关政策引领新能源高质量跃升发展。近年来,我国高度重视新能源产业的健康有序发展,密集出台涉及新能源高质量发展、新能源科技创新、可再生能源电力消纳责任权重、新能源上网电价等政策文件。贯彻落实国家《关于推动电力交易机构开展绿色电力证书交易的通知》有关要求,北京电力交易中心印发《北京电力交易中心绿色电力证书交易规则(试行)》,多措并举、积极推进绿证交易(见图6-10)。2022年,全年核发绿证2060万个,相当于电量206亿千瓦时,新能源发电的市场主体地位不断巩固,推动新能源发电产业发展呈现大规模、高比例、市场化新趋势。

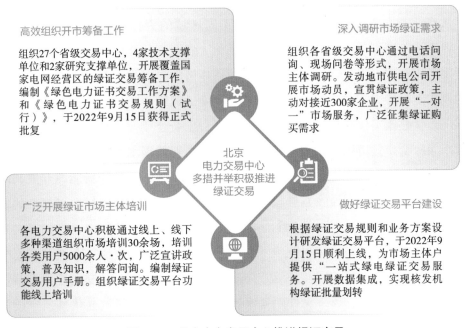

高效组织开市筹备工作

组织27个省级交易中心,4家技术支撑单位和2家研究支撑单位,开展覆盖国家电网经营区的绿证交易筹备工作,编制《绿色电力证书交易工作方案》和《绿色电力证书交易规则(试行)》,于2022年9月15日获得正式批复

深入调研市场绿证需求

组织各省级交易中心通过电话问询、现场问卷等形式,开展市场主体调研。发动地市供电公司开展市场动员,宣贯绿证政策,主动对接近300家企业,开展"一对一"市场服务,广泛征集绿证购买需求

北京电力交易中心多措并举积极推进绿证交易

广泛开展绿证市场主体培训

各电力交易中心积极通过线上、线下多种渠道组织市场培训30余场,培训各类用户5000余人·次,广泛宣讲政策,普及知识,解答问询。编制绿证交易用户手册。组织绿证交易平台功能线上培训

做好绿证交易平台建设

根据绿证交易规则和业务方案设计研发绿证交易平台,于2022年9月15日顺利上线,为市场主体户提供"一站式绿电证交易服务。开展数据集成,实现核发机构绿证批量划转

图6-10　北京电力交易中心推进绿证交易

❶　数据来源:《2023年中国光伏技术发展报告(简版)》。

"双碳"目标下，我国新能源发电已进入增量替代阶段，并将逐步向存量替代过渡，据国网能源研究院预测，2025年我国新能源发电量占总发电量的比重将接近20%，2030、2060年新能源发电量占比分别有望超过25%、50%。2025—2060年全国新能源发电装机规模变化趋势预测如图6-11所示。

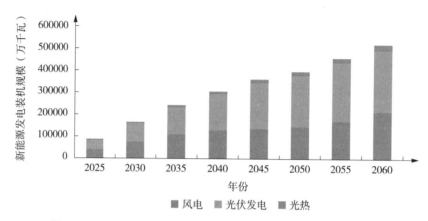

图6-11 2025—2060年全国新能源发电装机规模变化趋势预测

从产业视角看，需要充分立足我国不同区域的资源禀赋和区位优势，加强新能源产业与新型工业化、信息化、城镇化、农业现代化的有序衔接，创新多元化开发利用模式，保证产业链、供应链、创新链的深度融合和安全发展。在产业协同模式上，着力加强新能源产业发展与工业、建筑、交通行业的有效融合，探索推广光伏建筑一体化应用，加强工业园区、工业企业等领域多能互补应用。加强对新能源全产业链碳足迹管理，提升全生命周期低碳水平。巩固新能源领域技术装备优势，加快新能源产业的数字化智能化升级，持续提升新能源开发利用的技术水平和经济性。在城乡互补模式上，促进新能源产业与乡村振兴战略的融合发展，推进新能源在农村的开发利用模式创新，因地制宜开展屋顶光伏、农光互补等分布式光伏和分散式风电建设开发，形成新能源富民产业。在区域统筹模式上，结合我国产业转移、"西电东送""东数西算"等国家战略，进行新能源开发合理布局，加快推进以沙漠、戈壁、荒漠地区为重点的大型风电光伏基地建设。结合海洋强国建设、海洋蓝色经济发展等战略，培育海上风电、氢能等产业，推动"风光渔"融合发展，提高国土空间资源利用效率。图6-12所示为江西鄱阳湖"渔光互补"光伏发电项目。

图 6-12　江西鄱阳湖"渔光互补"光伏发电项目

第四节　数字产业与新型电力系统

一、数字产业的新价值形态

数字产业是数字经济发展的核心产业，为能源电力行业数字化发展提供数字技术、产品、服务、基础设施和解决方案。对应国家统计局在《数字经济及其核心产业统计分类（2021）》（国家统计局令第 33 号）中数字产业化的部分，结合其在能源电力领域的渗透融合情况，数字产业具体可以分为三类，如图 6-13 所示。

图 6-13　数字产业分类

1. 数字产品制造领域

指支撑数字信息处理的终端设备、相关电子元器件以及高度应用数字化技术的智能设备等制造的相关产业，典型领域包括电力芯片、传感器制造、巡检机器人制造等。

2. 数字服务提供领域

指提供计算机、通信设备等数字产品批发、零售、租赁、运维等领域服务，或者提供人工智能、区块链等技术应用服务的相关产业，典型领域包括多站融合、电力北斗、能源工业互联网等。

3. 数据增值服务领域

主要是依托数据的分析挖掘，为产业链上下游相关方提供数据分析结果，支撑商业决策的相关产业，典型领域包括能源大数据中心、电力大数据分析服务等。

二、数字产业的新协同模式

（一）数字产业协同模式概述

数字产业与数字技术发展紧密相关，其产业协同模式也遵循数字技术的发展规律。数字技术及其应用特点将催生新的产业协同发展方式，从而实现数字产业对国家实体产业的充分赋能。

1. 以充分利用数据创造价值为基础

数字经济是以数据为关键要素的经济形态，数字产业的本质是围绕如何利用数据产生价值的新产业。数字产业协同是充分围绕数据采集、传输、存储、计算、应用的全链条展开的，数据价值链不同节点的相关产业将围绕节点上的一个或几个关键技术进行重点突破，并充分考虑上下游的数据标准，实现有效的对接。

2. 高度依赖技术创新

数字产业是技术密集型、知识密集型产业，为实现其在相关产业生态中的深度嵌入，数字产业需要保持较快的技术更新迭代速度。同时，数字技术的创新速度相较于传统行业往往更快，数字产业之间的协同可以理解为一种创新资源的协同，产业发展演化高度依赖技术标准化和迭代升级等情况。

3. 尊重实体经济的发展需要和发展规律

数字产业的价值创造需要通过服务实体经济来实现，其协同也要充分尊重实体经济的发展规律，要按照实体经济数字化转型的内在诉求，依托市场有序组织及数据、技术、资本、管理等关键要素的配置，形成服务行业高质量发展的数字化转型新模式。

（二）电力大数据增值业务

我国高度重视数字经济，全面实施国家大数据战略，发挥数据要素基础资源作用和创新引擎作用，助力我国经济从高速增长转向高质量发展。

电网是覆盖经济社会方方面面的庞大基础设施，电力是流经生产生活各个领域的"血液"，电力大数据能够准确、实时、真实地反映经济社会发展各个环节的状态，在服务社会治理、孵化新兴产业方面具有难以替代的优势与价值。国网大数据中心研发乡村振兴电力指数产品，利用电力大数据服务乡村振兴，如图 6-14 所示。

图 6-14　电力大数据服务乡村振兴

1. 电力数据特征

电力数据通过终端设备全息感知、真实获取、实时监控企业生产运行状态，能够直接反映电网运行、企业用电行为及运营情况，有效支撑电力大数据应用工作。电力数据具有以下特点：

准确性高。电力供应对安全稳定要求高，通过终端设备全息感知电网生产运行状态，实现数据真实全面获取，有效保障了数据精准可靠。

采集范围广。采集对象数量庞大，涉及十亿级电网设备和亿级上下游主体，服务对象覆盖各行业和各领域。

实时性强。部分数据的采集频度达到毫秒级或分钟级，具有很强的实时性。

价值密度大。直接反映电网运行状态、行业客户用电行为，以及企业运营情况，是经济社会运行的"晴雨表"和"风向标"。电力大数据的分析挖掘为社会治理提供了全新的路径。

2. 电力数据价值

电力大数据增值业务是指以电力大数据为核心，以业务价值为导向，整合内外部数据资源，打造数据产品，提供分析报告、咨询服务、APP应用、软件系统建设等多样化的产业服务。

政府科学决策。基于电力消费数据，建立经济走势、人口流动、城乡协同发展、环保指数、区域用能饱和度、产业能效诊断等分析挖掘模型。在智慧政务、智慧城市、公共安全、环境保护等方面同政府共同开展数字产品研发合作。重点打造智慧电眼指数、区域经济洞察、环保停复工监测、空壳企业监测等数据产品服务。

综合能源服务。联合地方政府或区域性合作平台，建设运营能源大数据中心，与煤、气、水、冷、热等供应方积极开展大数据合作，实现对各类用能数据的自动化采集、监测，为各类用能企业提供用能监测、诊断分析、用能优化与设备改造等综合能源服务。重点打造企业用能优化分析、储能潜力客户识别、多能互补潜力客户识别等数据产品服务。

电力信用服务。基于营销侧客户用电数据，与内外部征信机构合作，针对用电用户建立联合征信体系，创新大数据征信应用场景；与政府及其他第三方征信体系结合，通过叠加验证提升征信水平，健全社会征信体系。重点打造企业信用报告、电力信用分、授信辅助等数据产品服务。

金融风控服务。以电力大数据分析为基础，以智能算法为核心，为金融机构提供贷前、贷中、贷后全面高效的金融科技服务；与政府及银行合作，共建良好的小微企业融资服务环境，为小微企业提供智能、快速、灵活、免押的信贷服务。重点打造电力金融产品、电碳金融产品、信贷风险分析、供应链金融、电力设备定保分析等数据产品服务。

三、数字产业的新空间布局

（一）数字产业空间布局概述

数字产业的空间布局遵循数字产业的分类规则。对于数字产品制造领域，其空间布局与传统制造业的空间布局类似，遵循交通运输、上游供应商、下游需求方的地理空间布局。对于数字服务提供领域，数字基础设施服务领域的空间布局遵循基础设施的服务模式，大致可以分为网络型（如 5G、北斗）和聚中型（如数据中心）；技术服务的空间布局则遵循承载技术服务的基础设施布局情况。对于数据增值服务领域，其对空间的需求相对较小，主要基于算力资源的布局情况，此外还具有较强的产业聚集效应，会向着创新中心集聚。由国网信通产业集团运营的"零碳"数据中心（见图 6-15）全面支撑兰州新区"东数西算"工程，并入选2022 年度国家绿色数据中心。

图 6-15　国网信通产业集团运营的"零碳"数据中心

数字基础设施产业布局与能源资源布局呈现较为紧密的耦合关系。不论是5G 基站还是大数据中心，这些数字基础设施都将成为未来能源电力消费的重要主体，并占据相当大的比重。数字产业的需求情况与我国能源资源需求情况高度相关，为进一步实现资源的有效匹配，国家启动了"东数西算"工程，充分体现了数字产业对能源电力的高度依赖性。

数字产业布局宜采取集中式和分布式并举的方式。充分考虑到计算资源、网络传输、应用需求等维度的空间分布和经济成本效益，对于价值密度高的产业，如数据中心、技术研发中心等，应充分遵循集中分布的经济性要求。对于具有网络效益和公共服务属性要求的产业，如 5G、北斗、边缘计算等，则应考虑充分尊重包括人口分布、产业分布等在内的需求情况进行布局。图 6-16 所示为基于边缘计算的新能源场站状态感知与控制技术框架。

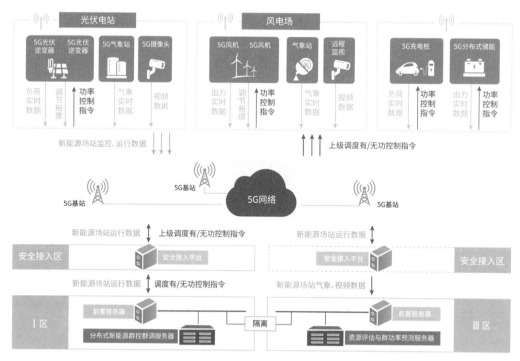

图 6-16　基于边缘计算的新能源场站状态感知与控制技术框架

（二）北斗产业

北斗卫星导航系统（简称北斗系统）是我国着眼于国家安全和经济社会发展需要，自主建设、独立运行的卫星导航系统，是国家重要空间基础设施，是军民融合国家战略的重要组成部分。目前，北斗系统已成为面向全球用户提供全天候、全天时、高精度定位、导航与授时服务的重要新型基础设施。北斗系统实施"三步走"发展战略：1994 年，我国开始研制发展独立自主的卫星导航系统，2000 年年底建成北斗一号系统，采用有源定位服务，成为世界上第三个拥有卫星导航系统的国家；2012 年，建成北斗二号系统，面向亚太地区提供无源定位服务；2020 年，北斗三号系统正式建成开通，面向全球提供卫星导航服务，标志着北斗系统"三步走"发展战略圆满完成。2035 年，我国将建成更加融合、更加智能的国家综合定位导航授时体系。

中国卫星导航定位协会发布的《2023 中国卫星导航与位置服务产业发展白皮书》显示，2022 年我国卫星导航与位置服务产业总体产值达 5007 亿元，较 2021

年增长 6.76%。其中，芯片、器件、算法、软件、导航数据、终端设备、基础设施等与卫星导航技术研发和应用直接相关的产业，核心产值同比增长 5.05%，达1527 亿元，在总体产值中占比为 30.5%。

北斗系统广泛应用于经济社会发展各行业各领域，与大数据、物联网、人工智能等新兴技术深度融合，催生"北斗 +"和"+ 北斗"新业态，支撑经济社会数字化转型和提质增效。北斗及地理信息产业在电力行业的落地发展，将提供安全、可靠的高精度导航定位、授时授频、短报文通信服务以及时空信息管理、分析、应用等技术与服务，保障电网时空信息安全，提升电网安全稳定运行、精益化管理和优质客户服务水平，为新型电力系统和新型能源体系的建设提供坚强支撑。

1. 服务重大保电及应急备勤、应急抢修、应急通信业务

发挥直升机和无人机平台优势，开展重大活动保电业务，在迎峰度夏期间开展重要输电线路防山火、防洪涝应急特巡；强化专业队伍建设，开发多种类基于电力作业的航空航天设施装备，加强社会空天运营资源联动，形成应急作业空天核心竞争力。

2. 服务电网重要输电通道、"三跨"、变电站、换流站等重要设施设备运行相关业务

对重要设备部件进行建模，关联设备属性数据、环境信息与模型数据，实现三维可视化展示和场景应用；开展输电线路数字孪生模型的三维精益化管理，对设备、环境、事件进行高效管理与监测，为输电线路设备运维、故障处理提供科学、全面、实用的辅助决策支持。开展变电站、换流站等重点对象数字孪生及可视化建设。

3. 服务光伏、风能等新能源发电场站选址

利用气象卫星和地面气象站数据、辐射度、高精度地形等数据资源，结合夜光遥感、道路网等现有数据，分析区域太阳能资源的时空分布，采用多因子评价模型评估大型光伏电站区域适宜性，服务光伏电站选址；构建风能资源分布、电力消费等数据模型，以风电场选址因子为评价指标，量化评价方法，服务风电场选址。

4.支撑地质形变监测和气象实时预测，提高电网防灾抗灾能力

采用气象数据、合成孔径雷达（Synthetic Aperture Radar，SAR）数据、激光点云数据、北斗差分定位数据，按照"广域预测、局域探测、单体监测"三种尺度，对电网实体开展灾害体目标识别，实现电网地质灾害大范围探测、中范围搜索、小范围监测的灾害监测预警，提升输电通道及变电站地质灾害的防治水平。融合气象观测及预报、电网三维实景等多源空间数据，实现普通区域3千米范围、重点区域1千米范围的气象预报，动态分析并展示可能受山火、覆冰、暴雨、台风、雷击等灾害影响的线路区段，形成全国范围内典型自然灾害风险等级分布图。利用亚米级高分辨率卫星遥感影像，采取人工智能识别和人工解译相结合的方法，对灾后泥石流、滑坡等地质灾害点进行遥感调查，掌握受灾区域详细信息，滚动更新灾区影像，密切跟踪灾情进展，为电网运维、抢险救灾决策提供信息支撑。

第五节　新兴产业与新型电力系统

一、新兴产业的新价值形态

新兴产业是新型电力系统拓展延伸、跨界融合的新兴领域。在实现能源电力传统价值的基础上，新兴产业将持续提升新型电力系统在绿色发展、社会民生、现代化治理等方面的综合效益与价值。

（1）新型电力系统与实现"双碳"目标等相结合，催生低碳绿色的新型用能业态，打造碳相关的新兴产业，助力新型电力系统服务绿色发展的价值提升。主要体现为新型电力系统与生态环境保护价值的融合，重点布局在绿色可持续发展方面，如与碳达峰碳中和相关的新型用能业态、环境治理等，典型业态包括碳管理业务、CCUS等。

（2）新型电力系统与改善社会民生等相结合，催生服务工业、交通和建筑行业的新业态，打造电动汽车、绿色建筑等新兴产业，助力新型电力系统服务社会

民生的价值提升。主要体现为新型电力系统与社会民生服务价值的融合，重点布局在促进社会进步的重点领域，如电气化交通、绿色节能建筑等，典型业态包括电动汽车、充电网络等。

（3）新型电力系统与推动现代化治理等相结合，催生提升治理能力的相关新业态，打造电力金融、能源大数据等新兴产业，助力新型电力系统服务现代化治理的价值提升。主要体现为新型电力系统与提升国家治理体系和治理能力现代化水平的融合，重点布局在促进市场有序竞争、营商环境优化等方面，典型业态包括产业链金融、大数据应用等。

二、新兴产业的新协同模式

（一）新兴产业协同模式概述

区别于传统产业，新兴产业的主要特点是基于产业平台、产业生态圈开展业务协作、资源共享、能力赋能等。通常认为，新兴产业的新协同模式包括主业驱动、技术支撑、互补开拓、平台生态四种。

1. 核心主业驱动新兴业务发展

以某一项主要业务为核心，由主要业务驱动其他产业发展的协同模式。在明确价值链定位的基础上，其主要目标是通过核心的主要业务引导其他业务或主体的成长。如通过发挥电网平台属性，利用电网资源带动其他新兴业务的发展。典型代表如利用电网企业对内赋能，发挥碳盘查、碳核算等功能的碳新兴业务。

2. 技术赋能支撑新兴业务发展

通过研究开发、试验等实践活动给其他产业提供技术知识和创新成果的协同模式。主要目标是通过发挥某个新兴产业的技术优势，为其他相关新兴产业的技术创新提供支撑。典型代表如电力碳排放技术迁移到其他领域的应用。

3. 不同新兴产业之间合作互补共同开拓

主要是指不同产业之间通过长期合作、资源互补，共同开拓市场的协同模式。主要目标是产业之间通过互补共同开拓市场并开发新业务。典型代表如产融协同、融融协同等协同发展。

4. 构建平台生态、聚合优势资源

主要是以核心产业为基础，形成不同产业之间内部价值链开放协同的体系。主要目标是不同产业之间通过业务联系，促使产业体系的结构和各部分的功能动态协同。典型代表如产学研合作、产业链金融、综合能源服务聚合等协同模式。

（二）碳新兴业务

碳业务是一个新名词，涉及碳资产、碳资产管理等概念。一般认为，碳业务是业务创新视角下的碳相关价值活动，碳资产管理则是管理视角下的碳相关价值活动，两者相互关联，均是围绕碳资产的价值活动。

随着全国碳排放权交易市场的运行，相关政策持续精准化落实。碳资产管理以及围绕碳资产的相关新兴业务，日益成为能源电力企业助力实现"双碳"目标的重要手段。更多的企业增强了碳管理意识，以减碳为核心的"碳管理"概念已得到资本市场的大量关注与投入。

《中国碳管理服务市场规模预测报告》提出，基于碳与其他行业的强相关性和碳的可交易性，碳管理软件和咨询服务（简称碳管理服务）市场有着庞大的客户群体，同时碳交易规模未来的高增长将推动整个市场发展，这两大碳属性共同为碳业务与碳管理市场带来巨大潜力。碳业务与碳管理服务主要为企业和政府提供碳管理支持，其中碳管理软件是指对产品或企业的碳排放进行量化计算与智能分析的智慧节能减排平台，而碳管理咨询服务是指围绕碳减排和碳交易等方面开展的咨询服务。

相关数据显示，中国碳业务与碳管理服务市场规模（包括政府和企业侧）在2025年将达到1099亿元，2030年将达到4504亿元，2060年将达到43286亿元。其中，产品碳足迹软件和咨询业务的占比都将高速增长，碳交易以及低碳产品佣金的收入也将占据较大份额。同时，企业端将成为未来碳管理软件和咨询服务市场的主力增长点，占总市场规模的比重在2060年达到约95%；未来企业端将更追求可溯源、可流通的碳管理环境，碳交易及产品碳足迹将成为企业碳管理的重点业务。

碳业务的商业运营逻辑，主要是针对"双碳"目标下产业链各环节、各市场主体的低碳发展与降本增效需求，通过一系列减排技术、资源整合与服务能力，为用户提供技术支持、资产管理、低碳设备、计量检测等创新服务，从而在实现企业自身业务创新的同时为整体产业链创造综合价值。

碳业务能够推动新型电力系统构建，针对电网改造升级的碳减排服务，促进电网智能化升级和灵活性提升，提高系统新能源消纳能力，服务"双碳"目标实现；同时，能够助力电力产业链上下游碳减排，并针对电力供给侧和需求侧提供促进新能源消纳、减少二氧化碳排放、提高能源效率的技术方案。

国内外企业积极探索开展碳新兴业务，形成了诸多创新模式。

1. 对内赋能服务模式

这是核心业务驱动内部赋能的协同模式，主要是对内统筹碳排放管理，实现内部碳资产的全面盘查梳理、高效利用。典型代表为英国石油公司（BP 公司）精益化管理、专业化服务的碳排放管理。

BP 公司从集团层面建立碳资产管理的顶层设计和组织架构，掌握全集团碳排放状况，精细化管理集团碳排放和碳资产。图 6-17 所示为 BP 公司组织架构。

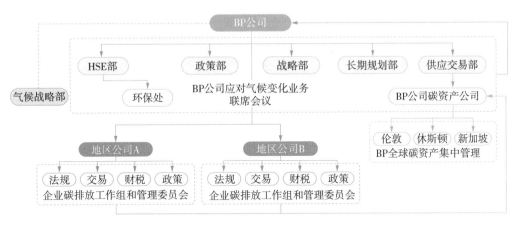

图 6-17　BP 公司组织架构

BP 公司的主要目标是集团碳资产精益化管理和成本控制。从核心能力与技术来看，对内赋能的关键是碳排放管理组织架构的建立，专业的人才与技术的保障；从具体产品或服务来看，主要是形成碳排放的监测、报告、核查等管理成果，赋能企业发展；主要效益是节能增效和履约成本最小化。

2. 资产开发咨询模式

这是发挥技术优势支撑业务开拓的发展模式，主要是以咨询为主的碳资产开发服务商业模式。典型代表为海宁某公司为京运通开发 50 兆瓦分布式光伏发电项目。

海宁京运通 50 兆瓦分布式光伏发电项目利用屋顶资源进行太阳能发电，替代火力发电年均发电量 46376 兆瓦时，每年减少温室气体排放 38010 吨。被开发成 CCER 项目以后，其每年累计可为业主增收约 100 万元。该项目参与我国碳排放权交易市场的建设，使项目兼具社会效益和经济效益，为减少温室气体排放工作作出积极的贡献，实现城市经济—能源—环境的协调发展。

该项目解决的主要需求是相关开发项目文件与监测计划的编制、审定及与核证机构的联系等；核心能力与技术是 CCER 项目识别和评估能力、项目文件编制能力、项目审定申报能力；能够提供的产品或服务类型是项目节能评估报告、项目设计文件、减排量监测报告等；主要盈利方式是咨询费收入。

3. "碳聚合商"模式

这是集中资源优势的协同模式，主要是将分散的碳资产进行集中管理运营，实现资产的集中管理。典型代表为国网（宁波）综合能源服务有限公司成立的碳资产管理中心。

碳资产管理中心发挥"碳聚合商"作用，为企业提供碳聚合服务，主要包括碳账户运营管理、碳项目监测、碳资产开发、碳资产交易、金融增值服务等。

其主要业务是开发新的减排标准和碳资产，通过碳排放权交易市场出售结余的配额而获利；核心能力是清洁能源替代、节能改造等减排技术的开发与实施利用能力；从产品和服务类型来看，主要是基于区块链的碳聚合服务平台，为企业提供碳资产从申请、注册到签发的全过程服务，同时对接银行等金融机构，争取绿色金融证券；主要盈利方式是平台的服务费收入及碳资产开发、交易获得的额外收入。

4. 平台系统建设模式

这是构建平台生态的协同模式，主要是利用信息化手段和数字化技术，为相关企业搭建碳管理和集成的平台，并提供配套的咨询和系统规划服务。典型代表为国网数科控股公司为某大型央企打造的碳资产管理信息平台。

碳资产管理信息平台具备发电厂信息管理、排放信息管理、对标信息管理、配额信息管理、交易履约管理、碳排放权交易市场交易信息管理、碳排放报告管理、减排项目信息管理等功能，可为大型央企总部及下属公司提供碳排放管理全过程的技术支撑。

该平台主要为客户解决在碳排放管理、减排项目管理、节能服务及低碳学院等统一管理信息化平台建设上的需求；核心能力为专业的咨询团队和信息化建设经验；从产品和服务类型来看，主要是企业低碳发展咨询、体系规划、资产管理等产品服务；主要盈利方式是平台建设服务费收入、咨询项目收入等。

三、新兴产业的新空间布局

（一）新兴产业空间布局概述

我国经济已由高速增长阶段转向高质量发展阶段，经济布局调整、产业结构升级、新型城镇化和区域协调发展等要求，为新兴产业发展创造了宝贵的历史机遇，也指明了发展方向。在与传统产业融合、互补、协调的过程中，新兴产业的空间布局主要呈现以下新特点。

（1）国家新型城镇化战略促进经济增长和市场空间由东向西、由南向北梯次拓展，引导新兴产业梯次布局。其中，北京是政治中心，新兴产业在华北地区的发展布局重点考虑落实北京非首都功能有序疏解、京津冀一体化发展、生态环境保护、产业升级转移等党和国家重点关注的战略任务；江浙沪等华东地区产业链结构完备、新兴技术发展应用较为成熟，新兴产业的发展布局以产业价值链高端化、中小企业转型、专精特新培育为重点；东北地区以振兴老工业基地为使命，新兴产业发展与传统支柱行业并举，新兴产业的绿色发展、节能减排价值是重点；西北地区和部分西南省份是能源资源中心，可立足西部大开发战略，发挥能源资源优势，承接东中部地区部分产业。

（2）新型电力系统下的新兴产业将能源流、信息流、价值流融入区域间产业结构调整和转移中，推动区域协调发展局面基本形成。构建新型电力系统可提升能源资源的配置效率，推动资源优势转化为经济价值，助力区域优化产业结构、进行产业转移，发挥集聚效应，同步强化区域互联互通，带动新型城镇化建设，拉动区域内消费增长，促进区域协调发展。

（3）新型电力系统下的新兴产业服务智慧城市和乡村振兴，促进城乡统筹发展与合理布局。通过促进省际、城际能源电力基础设施、数字新基建等互联互通，发挥车联网平台、智慧物流平台等的多重功能，助力城市群、都市圈内能源、电力、数据的循环流动。同时，以农村能源互联网建设推动乡村电气化水平提升，以光伏扶贫、能源电商新零售等激活下沉市场消费潜力，助力乡村建设融入新发展格局。

（4）新型电力系统下的新兴产业结合区域资源禀赋与产业链结构特点，形成各具特色的产业聚集与布局优化思路。产业空间聚集、产业集群等是新兴产业发展在空间布局上的典型发展模式，也是企业区位选择的宏观考虑。由于产业资源禀赋、供应链特点、价值链分配的影响，新兴产业在不同区域的布局，特别是产业发展初期，呈现出不同的发展布局与示范特点。以氢能产业为例，现阶段全国五大区域氢能发展各具特色。东北地区以吉林白城为代表，将新能源制氢本地消纳作为大方向，支撑长春氢能产业发展。西北地区以宁夏为代表，依托煤化工、清洁能源聚集优势和石油化工产业基础，发展低成本氢源。西南地区以四川为代表，通过开展电解水制氢，带动水电消纳，提供绿色经济氢源。华中和华东地区侧重于对燃料电池汽车等交通领域的零部件研发、制造、示范等方面的支持。

（二）碳捕集、利用与封存技术

CCUS 作为新兴的减排技术，是我国践行低碳发展战略的必然技术选择之一，对实现碳中和至关重要，具有广阔的发展空间。根据生态环境部环境规划院发布的《中国二氧化碳捕集利用与封存（CCUS）年度报告（2021）》，碳中和目标下我国 CCUS 减排需求为：2030 年 0.2 亿~4.08 亿吨，2050 年 6 亿~14.5 亿吨，2060 年 10 亿~18.2 亿吨，主要应用行业包括煤电、气电、钢铁、水泥、生物质能碳捕集与封存（Bio-Energy with Carbon Capture and Storage，BECCS）、直接空气碳捕集与封存（Direct Air Carbon Capture and Storage，DACCS）、石化与化工等，如图 6-18 所示。

CCUS 主要的产业链由四部分组成，即二氧化碳的捕集（Capture）、运输（Transport）、封存（Storage）和利用（Utilization）。各环节关键技术及其特征如图 6-19 所示。

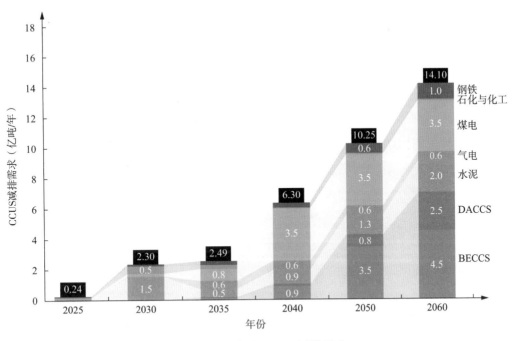

图 6-18　我国 CCUS 减排需求

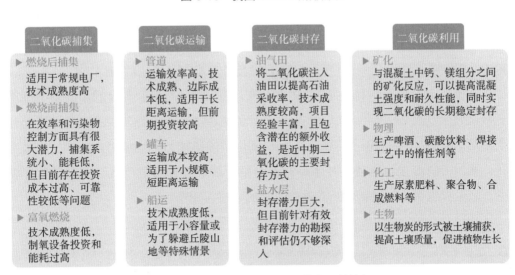

图 6-19　CCUS 各环节关键技术及其特征

在捕集环节，主要有燃烧后捕集、燃烧前捕集和富氧燃烧三种技术。其中燃烧后捕集技术成熟度相对较高，应用广泛。现阶段碳捕集成本较高，远期具备较大下降潜力。亚洲开发银行、中国 21 世纪议程管理中心等研究机构报告显示，现阶段第一、二代捕集技术的成本分别为 45～60 美元 / 吨、80～150 美元 / 吨，预计 2030 年将分别降至 30～45 美元 / 吨、40～60 美元 / 吨；2060 年新一代捕集技术的成本有望降至 10～15 美元 / 吨 ❶。

在运输环节，主要有管道、罐车和船运三种方式。目前管道基础设施薄弱，运输方式多为罐车或短距离管道。从综合成本和输送能力来看，管道是未来发展方向。二氧化碳输送管道的完善，将推动 CCUS 技术的规模化应用。

在封存环节，近中期将以油气田封存为主，远期则以盐水层封存为主。油气田封存即将二氧化碳注入油田以提高石油采收率，技术成熟度较高。二氧化碳封存潜力巨大，基本不会面临封存能力不足的问题。IEA 数据显示，全球二氧化碳总封存潜力在 8 万亿吨到 55 万亿吨之间 ❷。我国盐水层的总封存潜力约为 1.9 万亿吨，油气田的理论封存潜力约为 35 亿吨 ❸。

在利用环节，主要集中在矿化、物理、化工和生物四个领域。物理领域的食品级利用相对较多。整体来看，基于捕集二氧化碳的产品成本居高不下，短期内市场规模有限。中远期将出现二氧化碳与绿氢 ❹ 反应制取甲烷、甲醇等创新应用方式。

随着捕集技术的成熟、能耗的降低、输送管道的建成及产业化能力的增强，国内外机构普遍预计到 2030 年后 CCUS 将具备逐步推广应用的条件。

我国 CCUS 示范项目分布于 19 个省份，捕集源的行业和封存利用的类型呈现多样化分布。至 2022 年年底，我国已投运和规划建设中的 CCUS 示范项目接近百个，其中已投运项目超过半数，具备二氧化碳捕集能力约 400 万吨 / 年。总体来看，我国 CCUS 全流程各类技术路线都分别开展了实验示范项目，但项目数量较少，缺少大规模、可复制、经济效益明显的集成应用项目。

---

❶ 数据来源：中国碳捕集与封存示范和推广路线图研究，亚洲开发银行；中国碳捕集利用与封存技术发展路线图（2019 版），中国 21 世纪议程管理中心；中国二氧化碳捕集、利用与封存（CCUS）报告（2019）。

❷ 数据来源：CCUS in Clean Energy Transitions，IEA。

❸ 数据来源：Methodology for Estimation of CO_2 Storage Capacity in Reservoirs. Petroleum Exploration and Development. 2009, 36(2): 216—220。

❹ 绿氢是指通过使用可再生能源（如太阳能、风能、核能等）制造的氢气，如通过可再生能源发电进行电解水制氢，在生产绿氢的过程中，完全没有碳排放。

第七章
新型电力系统
组织创新

第一节　概述

新型电力系统的构建覆盖领域广、涉及主体多，对组织协调要求高，高度依赖重大科技创新以适应能源产供储销体系发生的一系列根本性变革，对高效统筹和配置各类创新资源的需求十分迫切。新型电力系统组织创新的本质就是培育好市场配置能力和科研组织能力两大抓手，通过对各类组织、要素、资源的优化配置和协同配合，最大程度发挥传统要素和新兴要素等各类要素资源作用，大幅提升新型电力系统构建的整体效能。

从市场视角看，新型电力系统市场建设包含市场主体、资本、劳动、数据等各类市场要素，通过交易组织模式的创新，有效适应新型电力系统生产结构发生重大变化；从科研视角看，新型电力系统科技创新涉及创新主体、科技人才、科研设施、实验条件、政策支持等各类创新资源，通过科研组织模式的变革，有效适应新型电力系统科研范式变革、学科交叉融合趋势。

推进新型电力系统组织创新，应坚持安全可控与效率效益二者并行不悖、政府引导与市场激励二者交融互补、集中配置和分散开展二者协力互助的原则。

从交易组织模式创新看，一是做好市场化交易开展与调度运行的高效衔接，防范市场建设风险，确保电力可靠供应和系统安全稳定运行；同时增强能源系统运行和资源配置效率，提高经济社会综合效益。二是更好地发挥政策引导作用，在规划引领、政策扶持、市场监管等方面加强引导；同时不断完善能源市场体制机制，创新市场模式，促进新能源的投资、生产、交易、消纳，发挥市场对能源清洁低碳转型的支撑作用。三是构建集中市场与分散市场协同的电力市场机制，促进集中式和分布式新能源充分消纳。

从科研组织模式创新看，一是统筹好打造自主可控、安全可靠、竞争力强的现代化产业体系和积极融入全球创新网络、参与产业发展全球分工的两大目标。二是加快转变科技管理职能，同时充分发挥市场在资源配置中的决定性作用，通过市场需求引导创新资源有效配置，形成推进科技创新的强大合力。三是在有组织推进战略导向的体系化、任务型科技攻关的同时，尊重科学研究灵感瞬间性、方式随意性、路径不确定性的特点，允许科学家自由畅想、大胆假设、认真求证。

新型电力系统组织创新的总体思路是始终坚持统筹发展与安全，统筹集中式发展与分布式发展，围绕新型电力系统构建的市场体制机制、科学技术创新两大范畴，推动新型电力系统构建过程中的市场基本制度创新、市场竞争结构创新、体系运行机制创新、治理体系能力创新，进而还原能源电力的商品属性，优化配置各种类型要素资源，充分调动各类市场主体、创新主体活力。

结合新型电力系统产供储销业务环节、源网荷储体系建设、政产学研用创新主体等多个视角，通过市场协同—机制优化—平台支撑的"三位一体"战略路径推进新型电力系统组织创新，提高电力行业发展整体效能。

（1）从跨领域资源有效协调需求出发，强化顶层设计，推动各类市场之间协同。通过一次、二次能源市场有效协同，推动煤、油、气等一次能源品种的有效供给；通过电力市场与碳排放权交易市场有效协同，推动能耗"双控"转向碳排放"双控"；通过电力市场与节能减碳市场协同，有效发挥电力行业推动低碳经济健康可持续发展的重要作用。

（2）从行业内部资源有效配置需求出发，强化制度供给，推动市场内各类机制优化。通过优化完善辅助服务市场机制，引导发用两侧灵活互动，挖掘新能源消纳空间；通过优化完善容量保障机制，保障电力供需平衡和调节能力充裕度；通过优化完善储能参与市场机制，挖掘源网荷储各环节灵活资源潜力；通过优化完善碳排放权交易机制，提升碳排放权交易管理能力；通过优化完善自愿碳减排市场机制，提升碳排放权交易市场的市场活跃度。

（3）从创新主体科研力量集聚需求出发，强化枢纽平台支撑，推动构建新型电力系统技术创新联盟。通过发挥新型电力系统技术创新联盟枢纽作用，实现人才、资本、技术、数据、资源各要素优化组合，推动产业链上中下游各类发展主体协同联动；通过发挥新型电力系统技术创新联盟平台作用，革新科学研究、技术攻关、产业应用组织范式，推动基础研究、应用基础研究、研发制造、推广应用之间的贯通，实现政产学研用各种力量深度融合。

第二节　市场建设

一、多品种能源市场

我国能源资源禀赋结构具有"富煤、贫油、少气、富可再生"的特点，煤炭在我国能源结构中占据主导地位，石油、天然气、煤炭在不同程度需要进口。为有效应对国际能源价格大幅上涨冲击，有力保障我国能源价格总体稳定，应推动一次、二次能源多品种能源市场实现有效对接，充分利用比较优势，发挥比价效应。同时，加强对能源绿色低碳发展相关能源市场交易、清洁低碳能源利用等市场机制建设，维护公平公正的能源市场秩序。最终，通过市场手段实现多种能源品种的协调互补，为新型电力系统带来增量调节和替代资源，并为新型能源体系的整体性优化配置提供有力支撑。

（一）构建公平开放、有效竞争的能源市场体系

推进煤炭、油气等市场化改革。加强油气市场体系建设，健全油气期货产品体系，规范油气交易中心建设，优化交易场所、交割库等重点基础设施布局。推动油气管网设施互联互通，并向各类市场主体公平开放。稳妥推进天然气市场化改革，构建有序竞争、高效保供的天然气市场体系，加快建立统一的天然气能量计量计价体系，完善天然气交易平台。推动全国性和区域性煤炭交易中心协调发展，加快建设统一开放、层次分明、功能齐全、竞争有序的现代煤炭市场体系。

优化完善电力市场总体设计。健全多层次统一电力市场体系，有序推动国家市场、省（区、市）/区域电力市场建设，加强不同层次市场的相互耦合、有序衔接，促进电力资源在全国范围内的优化配置。完善市场功能，加快构建和完善中长期市场、现货市场和辅助服务市场有机衔接的电力市场体系。创新有利于新能源发电消纳的电力调度和交易机制，推动非化石能源发电有序参与电力市场交易，通过市场化方式拓展消纳空间，试点开展绿电交易和绿证交易。

◎ 我国正加紧推动电力现货市场建设探索实践

2022年省间电力现货市场试运行期间，市场运行总体平稳，市场主体踊跃参与。全年累计交易电量278亿千瓦时，单日最大成交电力超1900万千瓦。从售电侧来看，21个地区累计超6000家新能源、火电和水电企业参与省间现货售电，主要集中在"三北"、西南地区。从购电侧来看，25个省级电网企业按照地方政府要求参与省间电力现货市场购电。从成交电量来看，成交电源类型季节性特征明显。2022年省间电力现货市场日均成交电量0.88亿千瓦时。从成交电源类型来看，春季主要以新能源为主，度夏和度冬期间以火电为主，5—6月、10—11月西南水电大发时期以水电为主。

随着电力现货市场的开展推进，市场机制作用逐步凸显，中长期、现货、辅助服务等有序衔接，各类市场反映不同电源的电能量、调节、备用价值等，推动了市场开放度、活跃度显著提升，截至2023年2月，国家电网公司经营区电力交易平台市场主体注册量突破50万家，是2015年年底的18.2倍。新能源利用率持续提升，以市场化机制促进新能源大范围消纳，新能源利用率已连续多年超95%。创新交易组织方式，打破传统送、受端格局，各地可根据供需情况灵活改变购售电角色，存在供需缺口时可在全网购买富余电力，清洁能源消纳困难时可利用市场化机制全网范围消纳。省间现货发挥市场价格信号作用，提升全网电力供应能力。现货价格信号激发了送端火电顶峰发电积极性，煤电机组非停及受阻率均达到历史最低水平，有效提升了全网电力供应能力，减少全网平衡缺口。

（二）优化完善能源价格形成机制

持续优化完善成品油价格形成机制。稳步推进天然气价格市场化改革，减少配气层级。落实清洁取暖电价、气价、热价等政策，完善油气价格形成机制。一次、二次能源价格协同方面，加强一次、二次能源价格的动态监测和预警，健全完善能源价格传导机制，做好基本公共服务和能源市场建设的衔接，确保居民、农业等用能价格相对稳定。

持续优化完善电力价格形成机制。持续深化燃煤发电、燃气发电、水电、核电等上网电价市场化改革，完善风电、光伏发电、抽水蓄能价格形成机制，建立新型储能价格机制，完善电价传导机制，统一规范各地电力市场价格规则，有效平衡电力供需。建立健全电网企业代理购电机制，有序推动工商业用户直接参与电力市场，完善居民阶梯电价制度。完善省级电网、区域电网、跨省跨区专项工程、增量配电网价格形成机制，加快理顺输配电价结构。有序推动工商业用户全部进入电力市场，确保居民、农业、公益性事业等用电价格相对稳定。

二、电力市场与碳排放权交易市场

从国际经验来看，国外发达国家的电力市场与碳排放权交易市场主要通过共同的市场主体和价格相连，并能实现两个市场既相对独立又有效衔接。这主要得益于国外发达国家的电力市场与碳排放权交易市场建设相对成熟，碳价可以通过电价进行有效传导，两个市场衔接相对顺畅。与国外情况有所不同，我国能源资源以煤为主，火电占有较大比例，并且电力市场仍处于计划和市场并存阶段，因此我国电力市场和碳排放权交易市场相互影响程度相对较高，联系非常紧密。首先我国电力市场处于计划向市场转型期，碳价和电价在短时期内实现有效传导存在难度，两个市场建设需要统筹考虑相互影响和制约的因素。其次，我国火电发电量占比长期在60%以上，2022年占比为69.8%，火电在碳排放权交易市场和电力市场中比重都很大，在一个市场中的运营情况会直接影响另外一个市场。最后，随着钢铁等其他行业纳入碳排放权交易市场，企业碳核算时会纳入使用电力所产生的间接碳排放，用电量和用电结构对碳排放量核算结果产生直接影响，因此电力市场与碳排放权交易市场耦合度更高。

从客观规律看，电力市场与碳排放权交易市场协同发展、共同作用，可最大程度发挥市场机制在能源资源配置与气候治理方面的优化作用，进而推动优质、低价可再生能源的大规模开发、大范围配置、高比例利用。推动电力市场与碳排放权交易市场同步建设和发展，需要加强市场政策的协同、市场空间的匹配、交易机制的衔接、价格机制的联动，发挥市场在资源优化配置中的决定性作用，支撑新型电力系统的构建。

◎ 我国已建成全球规模最大碳排放权交易市场

全国碳排放权交易市场于 2021 年 7 月 16 日正式启动，运行 114 个交易日后，于 2021 年 12 月 31 日顺利结束首个履约周期。首个履约周期共纳入 2162 家火电企业，发放碳排放配额 45 亿吨。截至 2021 年年底，碳排放配额累计成交量 1.79 亿吨，日均成交量超过 150 万吨，累计成交额 76.61 亿元，平均价格约 43 元 / 吨。从交易品种看，全国碳排放权交易市场交易产品为碳排放配额现货，采用挂牌协议交易和大宗协议交易两种方式。

我国碳排放权交易市场为第一个在发展中国家建立的国家级碳排放权交易市场，首个履约周期市场运行健康有序，有效推动了企业提升减排意识、增强碳资产管理能力、创新碳金融业务。同时，碳排放权交易市场也倒逼部分碳排放超标企业积极采取机组清洁化改造、CCUS 技术研发与示范等方式降低排放。总体来看，碳排放权交易市场有效促进企业减排温室气体和加快绿色低碳转型的作用已经显现。

（一）加强两个市场的空间匹配

随着"双碳"目标的深入推进，全国碳排放权交易市场配额总量空间将逐步收紧，而电力需要支撑经济持续稳定增长、承接工业和交通等其他行业转移的减排责任，因此，应合理划定"电—碳"市场空间，同频共振、相互促进，避免相互掣肘、削弱。

（1）总量控制方面。基于保障电力供应和承接其他行业减排任务的需要，电力行业适宜采用基于强度的总量控制目标。全国碳排放权交易市场转向绝对总量目标是长远趋势。考虑满足经济社会用电需求增长和承接交通、建筑等领域电能替代带来的减排任务，电力达峰前建议保持以强度目标转换的总量控制模式。

（2）基准线设定方面。"适度宽松"碳配额分配空间及行业基准线设定，给电力行业留足转型时间。碳排放权交易市场配额分配和行业基准线设定时，应充分考虑煤电托底保供和系统调节作用，对于承担应急保障、关乎电力系统安全稳定的关键火电机组，应当给予充足的碳排放配额或不再纳入强制控排范围。

（3）市场主体方面。应尽快纳入其他重点行业，行业间配额分配应公平，避免某一行业承受过多减排责任和成本。火电企业同质化程度高、减排成本差异不大，应尽快纳入钢铁、水泥等高耗能行业，扩大市场交易范围，利用不同行业减排成本差异，降低总体减排成本。碳排放权交易市场配额总量行业间分配原则和基准线划定方法需要保持一致，避免有的行业宽松，有的行业过紧。

（二）加强两个市场的政策协同

应在两个市场的目标任务、建设时序、引导市场主体行为改变等方面加强统筹协调。电力市场与碳排放权交易市场的协同发展，应在"双碳"目标及能源转型总体框架下考虑，形成目标清晰、路径明确的顶层设计和发展时间表、路线图。在推动煤电结构优化、功能转换以及促进低碳投资等方面应形成合力。

加强碳排放权交易市场政策和可再生能源发展机制（配额＋绿电绿证交易）协调。政策目标应协调，各省火电碳配额总量应与可再生能源配额总量目标匹配，可合理执行。政策边界应明确，可再生能源超额消纳量、绿证交易和CCER交易之间有交叠重复，应避免重复激励和考核。

（三）加强两类价格的机制联动

因发用电计划匹配、应急保供等原因，我国部分地区煤电一时还难以进入碳排放权交易市场，需要单独设计碳成本传导机制。同时，碳成本通过市场竞价传导到市场化用户，对于未参与市场的用户，需要设计相应的碳成本分摊机制。因此应重点在以下方面加强两类价格的机制联动。

（1）丰富碳成本多元疏导渠道。借鉴国际经验，全国碳排放权交易市场逐步引入配额有偿拍卖，或碳税与碳排放权交易市场搭配实施等方式，取得的专款用于用户补贴或资助减碳项目，以减缓碳成本对电力领域的压力。

（2）建立供需传导顺畅的价格机制。电力市场能够反映用能成本，是能源系统中的重要衔接环节。加强一次能源与电能量市场协同，畅通价格传导机制；将消纳新能源产生的系统成本进行有效疏导，对容量和备用、调频、调峰、爬坡、转动惯量等方面价值，通过市场化机制量化相关成本，并按照"谁收益、谁承担"的原则疏导。

（3）建立两个市场的主体利益共享机制。统筹涉碳资金再平衡，形成良性循环和激励。新能源通过参与绿电交易、CCER 交易获得额外收益，"反补"火电提供的辅助服务成本，而火电企业所获收入对冲碳成本增加。通过两个市场之间的有效联动，既促进新能源消纳，又引导火电向灵活调节资源转变，形成良性循环。

（四）加强两个市场的交易衔接

电力市场、碳排放权交易市场及绿电绿证市场相互关联，市场利益分配格局密切相关。面向"双碳"目标，应在逐步扩大绿电交易范围的同时，重点通过推动市场协同、交易衔接和数据对接，统筹推动电力交易、碳交易及绿电绿证交易衔接。

（1）随着碳排放权交易市场的范围逐步扩大，深入推动绿色电力交易。考虑碳排放权交易市场下一步将纳入水泥熟料、铝电解等重点行业，超前测算各省绿色电力需求，合理确定发电侧放开规模，确保绿色电力交易市场的平稳运行。持续完善绿色电力交易体系，健全与中长期、现货交易的衔接机制，稳步扩大绿电交易规模。

（2）推动绿电交易与碳排放权交易市场衔接，体现新能源环境价值。探索绿证作为用户侧间接碳排放核算的凭证。控排企业购买了绿色电力，在其碳排放量核算中，以绿证为凭证，仅计算扣除绿色电量部分的用电碳排放，实现碳排放权交易市场的协同增效作用。

（3）推动绿电绿证交易与 CCER 交易衔接，规避环境价值的重复计量。一方面，明确政策边界，推动已完成备案的新能源发电项目只能在温室气体自愿减排交易和绿电绿证交易中择一出售；另一方面，加强数据协同和统一监管，加强不同市场交易间数据协调共享，充分利用区块链等技术，建立针对环境价值转让全流程的统一监管平台，厘清各交易环境价值所有权流转路径。

（4）联通两个市场的交易数据。利用电力交易数据支撑碳排放监测、核算、校核等工作。电力市场主体可参考碳排放权交易市场价格开展电力交易预测。未来，碳排放总量控制下，两个市场交易量数据需要联通，以利于两个市场总量规模相互匹配。图 7-1 所示为碳约束下电力市场的交易模型示意。

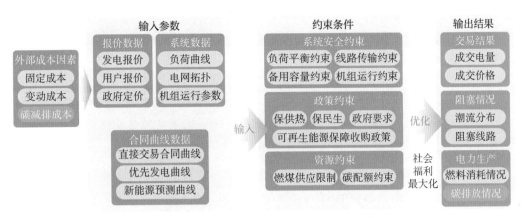

图 7-1　碳约束下电力市场的交易模型示意

三、电力市场与环境权益市场

电力行业面临碳排放权交易、排污权交易、用能权交易、绿证交易和绿电交易等多种绿色交易，各类交易市场应在政策、交易及关键技术等方面加强协同，建立高效协同的节能降碳管理市场机制，推动新型电力系统全环节节能降碳减污协同增效。

1. 加强总量目标协同

碳排放权交易、排污权交易及用能权交易都是基于总量控制交易模式进行设计。碳排放权交易的基础是碳排放总量控制，排污权交易的基础是排污总量控制，用能权交易的基础是能源消费总量控制。几类交易均涉及总量目标的确定，相互关联，需要研究多种绿色交易的总量目标协同及其评价技术。

2. 加强配额管理与分配方法协同

确定交易体系覆盖主体范围，尽量避免重叠。在配额分配方法及方式上，尽量采取相同或类似的方法或技术，例如碳排放权交易市场中发电企业使用基准线法或历史强度下降法，则未来用能权市场分配也尽量采用类似的分配方法。

3. 加强碳排放监测、报告、核查的综合性、协调性

对于参与多项绿色电力交易的企业和用户，涉及碳排放、污染物排放、能源消费量、节能量、可再生能源发电量的监测、报告、核查，需要应用综合的基础信息统计、计算、报告及核查等关键技术，建立完整的能源消费及排放信息体系。

◎ 国网甘肃电力积极推进新能源市场化交易

国网甘肃电力推进电力中长期市场、现货市场、辅助服务等多功能维度的电力市场建设，不断创新市场机制，促进新能源参与电力市场（如图7-2所示）。一是优化、完善市场机制，形成全国唯一一家用户"报量报价"的现货市场交易模式，新能源企业依托电力交易平台，公开公平参与竞争。二是全国首家实现平价新能源参与现货市场，新能源参与范围和市场电量占比全国第一。三是开展全年无休的D+3日滚动交易（如图7-3所示），中长期市场实现连续运营，交易周期延伸至自然日，是国家电网公司经营区内唯一一个按自然日不间断连续运营的省份，很好地解决了新能源中长期交易锚定曲线与灵活调整需求间的矛盾，促进新能源应发尽发。

图 7-2　国网甘肃电力创新市场机制

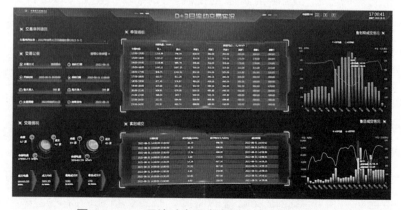

图 7-3　D+3 日滚动交易发电侧功能可视化展示

4. 加强市场交易系统的有效对接

目前已经开展的各种交易，大多采用建立独立的交易平台及技术支持系统的方式，未来不同交易品种联合开展或互认与互换，应研究建立交易系统对接技术，促进交易平台间协调运作。探索依托成熟的电力交易平台开展绿色交易，借助电力市场平台在全国范围内进行交易。

5. 加强交易品种互认及转换

考虑未来不同交易体系在交易主体、控排类型等方面重叠及互补，应研究交易品种互认、单向或双向转换技术。如碳排放配额与用能权配额、碳排放配额与绿证、用能权配额与节能量等之间的互认及互换方法、规则、流程、评价机制及管理办法等关键技术。

第三节　机制建设

一、辅助服务市场机制

我国电力辅助服务市场建设经历了独特的发展历程，经历了全电价统一补偿、发电企业交叉补偿和市场化探索三个阶段。电力辅助服务市场机制是电力现货市场运营不可或缺的关联机制。自 2006 年起，我国在未开展电力现货市场的条件下，先行开展了并网发电厂辅助服务补偿工作，提出"按照'补偿成本和合理收益'的原则对提供有偿辅助服务的并网发电厂相互进行补偿，补偿费用主要来源于辅助服务考核费用，不足（富余）部分按统一标准由并网发电厂分摊"。这是一种基于传统上网电价机制的辅助服务补偿机制，与电力现货市场环境下的电力辅助服务市场机制有本质区别。因此，随着电力现货市场的建设，应当配套出台电力辅助服务市场交易规则。根据国家能源局印发的《电力辅助服务管理办法》，电力辅助服务市场交易规则主要明确通过市场化竞争方式获取的电力辅助服务品种的相关机制。辅助服务市场机制不仅涉及获取机制，还涉及分摊机制，关系电价空间，机制的建设十分复杂，须高度重视。

截至 2022 年年底，我国辅助服务市场基本实现省级和区域全覆盖，国家电网公司经营区开展了各具特色的实践探索（见图 7-4）。同时，我国辅助服务市场存在市场规模小、产品类型少、分摊机制不健全等问题，无法满足未来构建新型电力系统需求。随着新型电力系统稳步发展，新能源发电装机比例将不断提高，出力波动幅度不断增加，系统对调频、调峰资源的需求将大幅增加，需要加快建设辅助服务市场，通过市场机制对参与系统调节的资源主体给予合理补偿，引导发用两侧灵活互动，充分挖掘全网消纳空间。这需要加强辅助服务市场与衔接机制设计、创新辅助服务品种、健全成本分摊和传导机制，推动电力辅助服务市场更好体现灵活调节性资源的市场价值，激发系统灵活调节潜力。

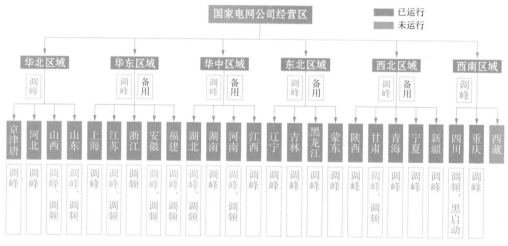

图 7-4　国家电网公司辅助服务市场

1. 适应能源结构调整节奏，不断创新辅助服务品种

根据灵活性调节资源的调节能力和响应速度，分级分类优化设计调频、备用等既有辅助服务品种，并针对新型电力系统运行特性，创新开展快速爬坡、转动惯量、快速调频等辅助服务品种。

2. 推动辅助服务市场与电能量市场一体化协调运作

基于电力现货市场建设进展和全国统一电力市场体系设计，推动辅助服务市场以单独出清或联合出清等多种方式，加强与电力现货市场在时序、流程、出清机制、价格机制等方面的衔接。

3. 加强跨省跨区辅助服务资源共享共济

立足全国统一电力市场体系，根据不同辅助服务品种的特性，因地制宜推动各类辅助服务资源在跨省跨区中的共享互济，通过跨省跨区的调频、备用资源共享（区域调峰辅助服务逐步与省间现货市场融合）解决省内调节能力不足等问题，通过区域内无功调节资源互济保障区域内电压稳定。

4. 持续建立健全辅助服务市场的成本分摊和利益共享机制

按照"谁提供、谁获利，谁受益、谁承担"的相关原则，分步有序推动辅助服务成本向发用两侧的传导与分摊，通过市场化交易和定价机制，激发各类灵活性调节资源参与辅助服务市场的意愿。

5. 持续鼓励新型资源参与服务市场

适当放宽市场主体的准入标准，鼓励储能、需求响应等用户侧灵活性调节资源通过虚拟电厂、负荷聚集商等新兴主体的聚合和优化后参与辅助服务市场交易。

二、容量保障机制

新型电力系统下新能源出力间歇性、不确定性导致的供需紧张问题日益凸显。一段时期内仍需要依靠传统电源满足运行需要，然而火电发电空间受新能源挤占，投资决策更加审慎，单纯电能量市场收益不能完全覆盖其发电成本。为保障电力系统安全可靠运行，迫切需要科学设计容量保障机制，通过市场化手段，保障电力供需平衡和调节能力充裕，引导发电合理投资，确保能源转型平稳有序推进。结合我国具体实际，可采用稀缺定价、战略备用容量、容量成本补偿、容量市场等机制保障发电容量充裕度。我国目前尚未建立成熟的容量市场机制，部分省份（山东、广东）在电力现货市场运行同时，试行了容量补偿机制。我国容量保障机制的建设重点包括：

1. 在市场过渡期加快建立容量补偿机制

结合各地近期供需平衡情况，探索建立容量成本补偿机制。合理确定补偿范围和补偿标准，对于存量煤电机组可采用政府核定容量电价的方式，对于新增煤电机组可采用容量招标的方式。滚动完善价格机制，综合考虑发电成本、系统可靠性要求等因素，确定容量补偿价格；对不同机组分别计算容量电价，并定期对容量电价进行调整。

2. 探索容量市场机制

容量市场可采用容量拍卖机制或战略备用招标等机制。容量市场可按照多年、年度、月度等开展容量交易，可由市场运营机构购买并将成本分摊至用户侧。同时，在市场建设过程中，应做好相关价格形成与传导机制的设计，按照"谁受益、谁承担"的原则，将有关成本在全部市场主体中公平、合理分摊。

3. 丰富容量资源和交易品种

逐步引入各类电源、负荷侧资源、储能等多元容量资源参与市场，适时开展灵活调节容量、惯量容量等交易品种。

图 7-5 展示了典型长期容量保障机制。

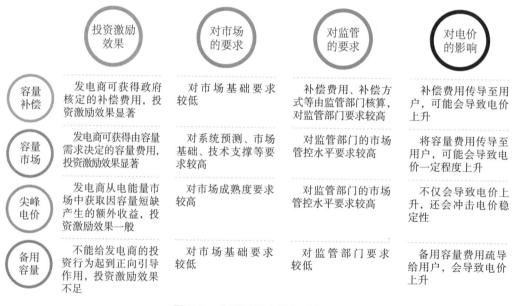

图 7-5　典型长期容量保障机制

三、新型储能参与市场机制

新型电力系统构建过程中，单纯依靠发电侧灵活性资源难以满足日益增长的新能源并网消纳需求，亟须通过市场化手段引导储能等新型资源参与市场，充分挖掘源网荷储各环节资源潜力，共同参与新型电力系统的调节。

我国电力市场正处于建设初期，现货市场和辅助服务市场的市场机制尚需完善，容量市场还处于探索阶段，新型储能获得市场准入少、通过市场来回收成本存在难点等问题较为突出，新型储能参与市场的规则体系和市场环境有待完善。按照《国家发展改革委办公厅、国家能源局综合司关于进一步推动新型储能参与电力市场和调度运用的通知》（发改办运行〔2022〕475号）要求，重点建立以下三类机制，推动新型储能灵活自主选择参与中长期交易、现货交易、调峰辅助服务等多类交易。

1. 明确新型储能进入市场的交易规则和技术标准

加快推动独立储能参与中长期市场和现货市场，近期鼓励独立储能签订顶峰时段和低谷时段市场合约，发挥移峰填谷和顶峰发电作用。完善辅助服务市场机制设计，鼓励独立储能按照辅助服务市场规则或辅助服务管理细则，提供有功平衡服务、无功平衡服务和事故应急及恢复服务等辅助服务，以及在电网事故时提供快速有功响应服务。研究明确独立新型储能（或其聚合体）参与市场的容量、充放电时间，以及参与调峰、调频、爬坡的响应时间、速率等，研究相应的技术标准和规范。

2. 完善新型储能参与市场交易的价格机制

在峰谷电价基础上，建立尖峰电价机制，适度拉大峰谷价差为新型储能发展创造空间。完善中长期、现货交易限价、报价机制，精细化引导、释放储能在不同时段的调节能力。在未开展电力中长期分时段交易的省份，可设置峰谷分时浮动比例，按其实际充放电时段执行峰谷分时浮动电价。

3. 探索新型储能容量补偿机制

建立健全容量成本回收机制，科学认定储能有效容量，从中长期角度保障电力系统灵活性容量的充裕性，引导新型储能设施的建设。探索基于峰荷责任法的容量补偿电价机制，激励储能在顶峰发电，增加新型储能获取收益渠道。

四、碳排放权交易市场机制

全国碳排放权交易市场在发电行业基础上，扩大行业覆盖范围，完善碳排放配额分配和交易机制，完善碳排放核算机制、监测核查机制，探索创新发展碳金融产品，从而支撑重点行业企业能够以相对较低的成本完成减排任务、达到降碳目标。碳排放权交易市场和碳排放权交易市场运作流程示意如图7-6和图7-7所示。

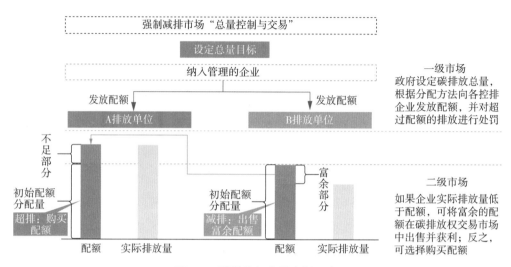

图 7-6 碳排放权交易市场示意

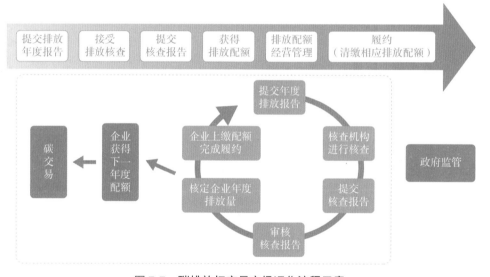

图 7-7 碳排放权交易市场运作流程示意

1. 完善总量设定机制

全国碳排放权交易市场总量设定依据包括覆盖范围、温室气体控排目标、经济增长预期、产业发展布局等。采取自上而下与自下而上相结合方式确定配额总量。总量的落实通过配额分配来实现。全国碳排放权交易市场总量是兼顾产业发展和国家碳排放控制目标的灵活总量。"十四五"时期，我国总体实施以碳强度控制为主、碳排放总量控制为辅的制度，考虑 2030 年前实现达峰，且尽量以较低峰值达峰，建议全国碳排放权交易市场在"十四五"末期形成较成熟的总量设定方式，争取在"十五五"时期全面实施全国碳排放权交易市场年度配额总量管理，确定年度下降速率，明确不同行业下降速率（控排系数），释放更强有力的长期减排信号。

2. 逐步扩大覆盖范围

目前全国碳排放权交易市场只覆盖发电行业，预计"十四五"时期八大行业将全部纳入全国碳排放权交易市场，综合考虑减排潜力、数据基础及产业政策要求等，建材（水泥）、钢铁、有色（电解铝）行业将较先纳入，石化、化工、造纸和航空行业成熟一个，纳入一个。行业覆盖范围扩大，将扩大市场范围，提高资源配置效率；利用行业间减排成本差异，降低总体成本。

3. 完善碳排放配额分配机制

我国碳排放权交易市场初期配额全部免费，配额分配方法主要采用基准线法，发电企业按照实际供电量与单位供电、供热碳排放水平（基准值）发放配额。根据机组类型，由当年供电量、供热量和对应的基准值，以及冷却方式、供热量、负荷出力等修正系数计算得到。市场建设初期配额免费分配，逐步引入有偿分配方式。全国碳排放权交易市场平稳运行后，可探索尝试一定比例（如 3%～5%）的拍卖模式，逐步降低免费分配的比例。拍卖收入需要专款专用，用于提高能效、可再生能源、智能电网等项目投资。欧盟、美国区域温室气体减排行动（Regional Greenhouse Gas Initiative，RGGI）、加州碳排放权交易体系等均将拍卖收入用于支持减排、能效、可再生能源等项目，或者以账单折扣等形式返还给电力消费者。

4. 完善碳价与电价传导机制

碳排放权交易市场要发出清晰的碳价信号，不仅为不同减排成本的行业和企业之间配置碳资源，降低全社会的减排成本，而且对电力行业的上下游，包括新能源投资、新技术研发等形成持续稳定的预期，促进低碳投资的持续投入和低碳技术的持续创新，同时结合电力市场化改革的进程，把碳价信号清晰地往下游传递，进而降低全社会的碳减排成本。

5. 建立健全碳价形成机制

从全国碳排放权交易市场首个履约周期情况来看，存在碳排放权交易不活跃、集中在履约期交易、线下交易比例高等问题，影响有效碳价的形成。应加强全社会和不同行业减碳成本研究，为指导形成碳价提供决策支撑。完善碳排放权交易机制，提高线上交易比例，加强市场信息公开。逐步放宽市场准入条件，鼓励符合条件的中介机构和个人进入碳排放权交易市场，提高市场的流动性。

6. 建立碳价调控机制

碳价主要受配额总量、经济发展、分配方法等影响，波动性较大，需要建立碳价监测和调控机制。例如，欧盟排放交易体系（European Union Emission Trading Scheme，EU ETS）运行过程中出现碳价格波动超过石油、天然气、电力等能源市场价格波动的情况。为了防止配额价格过高，造成企业生产成本过高，或者价格过度波动，导致市场过度投机，需要在必要时对市场上的排放指标价格进行干预。

全国碳排放权交易市场建设路径展望如图 7-8 所示。

初期建设阶段（2021—2025 年）	发展完善阶段（2026—2030 年）	市场成熟阶段（2031—2050 年）	市场转型阶段（2051—2060 年）
总量目标 基于碳排放强度的总量目标，初期配额总量为 45 亿吨	**总量目标** 逐步形成较成熟的总量设定方式，争取在 2030 年左右全面实施年度配额总量管理	**总量目标** 设定长期减排目标，确定年度配额总量及逐步下降速率	**总量目标** 总量目标逐步收缩
覆盖范围 控制二氧化碳，逐步纳入钢铁、水泥、电解铝、石化、化工等重点行业企业	**覆盖范围** 逐步纳入其他温室气体，八大重点行业全部纳入	**覆盖范围** 扩大温室气体管控，纳入交通、建筑等行业	**覆盖范围** 进一步降低纳入企业门槛
配额分配 以免费分配为主，主要按行业基准法分配配额	**配额分配** 以免费分配为主、有偿拍卖为辅，初期拍卖比例在 3%~5%	**配额分配** 逐步以有偿拍卖为主，分阶段提升有偿比例，逐步实现 50% 以上	**配额分配** 以有偿拍卖为主
交易机制 碳排放配额现货交易和 CCER 交易，探索碳期货市场	**交易机制** 交易体系较完善，丰富交易品种	**交易机制** 碳期货市场加速发展，交易规模扩大	**交易机制** 市场规模逐步萎缩
市场主体 控排企业为主	**市场主体** 控排企业、投资机构、个人等	**市场主体** 控排企业、投资机构、个人等	**市场主体** 控排企业、投资机构、个人等
市场链接 地方试点市场逐步纳入全国市场	**市场链接** 形成全国统一碳市场，探索与国际市场对接方式	**市场链接** 逐步与国际市场对接，争取全球碳价权	**市场链接** 地方试点市场逐步纳入全国市场

图 7-8　全国碳排放权交易市场建设路径展望

第四节 平台建设

一、新型电力系统技术创新联盟

创新主体间缺乏协同作用，是创新链断裂的重要原因。在日益开放的创新环境中，资源的高度分散使组织不太可能获得所有资源，而创新活动越来越要求创新主体之间彼此加强合作与交流。党的十八大以来，以习近平同志为核心的党中央始终高度重视科技创新，多次强调坚持创新在我国现代化建设全局中的核心地位，对创新驱动发展作出了一系列重大战略部署。其中，作为推进协同攻关的重要举措，构建体系化、任务型创新联合体的战略安排备受关注。《中华人民共和国国民经济和社会发展第十四个五年规划和 2035 年远景目标纲要》提出，完善技术创新市场导向机制，强化企业创新主体地位，促进各类创新要素向企业集聚，形成以企业为主体、市场为导向、产学研用深度融合的技术创新体系。党的二十大报告提出优化配置创新资源、提升国家创新体系整体效能、加强企业主导的产学研深度融合。

能源电力行业深入贯彻落实习近平总书记关于能源电力的重要讲话和重要指示批示精神，深刻认识新型电力系统在推动能源低碳转型中的重要基础作用，坚持创新第一动力，集聚各方合力，充分发挥引领带动作用，积极推进构建新型电力系统。在国家有关部委的关心支持下，2022 年 4 月 22 日，国家电网公司发起成立新型电力系统技术创新联盟（见图 7-9），搭建技术创新交流平台，建立协同创新网络，联合开展前沿基础理论研究、关键核心技术攻关，加快构建新型电力系统，支撑实现"双碳"目标。新型电力系统技术创新联盟的成立受到社会广泛关注，引发各界强烈反响。截至 2023 年 8 月，成员单位从最初的 32 家扩充为 62 家，涉及电网、发电、装备制造、互联网、新能源等多个领域，覆盖范围持续扩大。

图 7-9　新型电力系统技术创新联盟成立大会

2018 年 7 月中央财经委员会第二次会议提出建立创新联合体以来，我国部分重大领域、重点行业均在开展创新联合体建设实践，充分发挥新型举国体制优势，尊重科学规律、市场规律，强化国家战略科技力量、强化企业创新主体地位，为高水平科技自立自强提供坚实有力支撑。对于电力行业来说，构建新型电力系统是当前以及今后一段时期内的重大战略任务，迫切需要加快以技术创新联盟等多元化方式构建创新联合体或创新生态，围绕关键技术领域加快实施一批具有战略性、全局性、前瞻性的重大科技项目，集聚行业优势科研力量进行原创性、引领性科技攻关，强化对重大科技创新活动的统一组织和对创新资源的高效配置，从人才、市场、技术、资金等各维度调动资源持续投入，为新型电力系统构建提供高水平科技支撑和更加充足的要素保障。

（1）构建新型电力系统技术创新联盟是落实党中央决策部署、推动电力系统转型升级的担当之举。工业革命以来特别是进入 21 世纪以来，传统化石能源的大规模开发利用，极大地推动了生产力和经济社会发展，同时也带来了资源紧张、环境污染、气候变化等突出问题。截至 2023 年，包括中国在内，全球已有超过 130 个国家和地区设定了碳达峰碳中和目标，降碳减排、绿色发展成为全球共识。实现"双碳"目标，能源是主战场，电力是主力军，新型电力系统是重要抓手，强化自主创新是动力引擎。随着能源转型深入推进，传统电力系统亟须向高度数字化、清洁化、智慧化方向加快转型升级，对创新的需求比以往任何时候都更加迫切。成立新型电力系统技术创新联盟，有利于凝聚行业各方共识，有力推动各要素间的优化组合，牢牢把握国际能源电力科技创新先机，为保障电力可靠供应、推动能源清洁转型提供坚强的技术支撑。

（2）构建新型电力系统技术创新联盟是发挥新型举国体制优势、推动实现高水平科技自立自强的创新之举。习近平总书记多次强调，能源的饭碗必须端在自己手里。为掌握能源电力发展的主动权，就必须把自主创新摆在更加突出位置。我国已经在特高压输电、大电网调度运行控制、新能源友好并网、先进核电、大型水电等一批技术领域实现了创新突破，但在能源电力基础研究领域、部分关键技术装备方面，仍然存在着一些难点问题亟待攻关突破。尤其是随着新能源高比例、大规模接入，电力系统面临许多新的风险挑战和重大技术难题，解决这些问题，不是一朝一夕、依靠企业单打独斗就能完成的，唯有依靠联合创新。成立新型电力系统技术创新联盟，有利于充分发挥新型举国体制优势，革新技术创新组织范式，开展多学科、跨领域融通创新，加快突破核心技术，将创新和发展的主动权掌握在自己手中，为我国电力科技自立自强作出积极贡献。

（3）构建新型电力系统技术创新联盟是保障产业链供应链安全稳定、提升能源电力产业竞争力的必由之路。当前，百年未有之大变局加速演进，经济全球化遭遇逆流，传统国际循环动能减弱，我国产业链供应链面临一定冲击。新型电力系统涉及领域多、覆盖面广，是关系国家能源安全和国民经济命脉的关键领域，产业链相关企业和单位在构建新发展格局、提高产业链供应链韧性、增强我国产业体系抗冲击能力方面肩负着重要责任。成立新型电力系统技术创新联盟，有利于推动创新链产业链融合发展，促进产业链上下游通力合作，贯通技术研发、标准互认、成果转化、装备制造的创新链条，带动我国电工装备持续转型升级，打造具有世界先进水平的现代产业集群。

◎《新型电力系统》创刊

为推动新型电力系统技术创新联盟工作走深走实，国家电网公司精心组织创办我国首个专题报道新型电力系统科技创新进展的期刊《新型电力系统》，努力搭建集学术交流、人才培养、成果展示于一体的新平台。《新型电力系统》于2023年6月正式创刊（见图7-10），该期刊以"围绕能源转型和电网技术发展方向，聚焦新型电力系统，刊载相关理论研究进展和新技术成果，促进学术交流，推动成果转化，传播成功案例，助力实践创新，服务我国能源安全发展"为宗旨，旨在打造具有突出影响力和传播价值的专业学术科技期刊。

图 7-10 《新型电力系统》期刊创刊号

二、产业链协同联动

新发展格局以现代化产业体系为基础，经济循环畅通需要各产业有序链接、高效畅通，要推动短板产业补链、优势产业延链，传统产业升链、新兴产业建链，增强产业发展的接续性和竞争力；打造自主可控、安全可靠、竞争力强的现代化产业体系。

电力工业是我国的基础性支柱产业，关系国家能源安全和国民经济命脉。同时，电力工业又是促进我国绿色低碳发展的关键环节和重要领域，深刻影响产业结构、能源结构、交通运输结构优化调整节奏。因此，需要充分发挥新型电力系统技术创新联盟的枢纽作用，推动产业链上中下游各类发展主体协同联动，实现人才、资本、技术、数据、资源各要素优化组合，加快建设现代化电力产业体系，确保电力工业产业链自主可控、安全可靠、竞争力强。

（一）锻造产业链供应链长板

（1）发挥新型电力系统技术创新联盟的产业引领作用，在培育发展新兴产业链中育长板。围绕绿色低碳技术建链，创新开辟发展新领域新赛道。重点瞄准先进核能、新型储能、燃料电池系统、氢能氨能、新能源汽车等绿色低碳领域战略性前沿技术加大攻关力度和产业应用，加强温差能、地热能、潮汐能等新兴能源技术领域前瞻布局，并延伸建立重点产能生产链条、关键产品制造链条和商业模式创新链条。围绕新兴数字技术建链，不断塑造发展新动能新优势。加快新兴数字技术与能源产业深度融合，构建基于数字技术的应用场景和产业模式，实现源网荷储互动、多能协同互补、用能需求智能调控，激发综合能源服务、虚拟电厂、智能微电网、智能网联新能源车等新模式新业态发展活力。

（2）发挥新型电力系统技术创新联盟的产业带动作用，在改造提升传统产业链中锻长板。保持和发展好我国电力系统完整产业体系，推进"大云物移智链"等新一代信息技术与电力装备制造产业深度融合，加大装备制造企业设备更新和技术改造力度，推进智能制造、绿色制造，发展服务型制造，提高发展效率和效益。协同推动传统煤电产业节能提效升级和功能作用升级。节能提效方面，对于存量煤电，在确保能源安全的前提下有序淘汰落后产能，深入推进煤电机组节能提效、超低排放升级改造；对于新增煤电，根据能源发展和安全保供需要，按照超低排放标准合理建设先进煤电机组。同时，加大新型高效燃煤发电、超临界二氧化碳发电、低能耗高效率CCUS等煤炭清洁高效开发利用技术研发及示范应用，力争将传统煤电改造为"近零脱碳机组"，升级为"清洁电力"。功能作用方面，大力推动煤电节能降碳改造的同时，联动开展煤电机组灵活性改造、供热改造，推动煤电向基础保障性和系统调节性电源并重转型升级。完善煤电机组最小出力技术标准，科学核定煤电机组深度调峰能力，全面实施现役煤电机组灵活性改造。充分挖掘现有大型热电联产企业供热潜力，积极推进煤电机组实施热电联产改造，探索为周边工业园区、产业园区等提供冷热电气水等综合能源服务。

（3）发挥新型电力系统技术创新联盟的产业聚合作用，优化区域产业链布局。以结构调整、布局优化为关键，依托新型电力系统技术创新联盟，采用政府为主导、市场为导向、企业为主体的"三位一体"模式，与地方政府共同推动科技产业园区建设，促进产业在我国有序转移，推动先进制造业集群化发展，培育一批新的经济增长极，增强产业链根植性和竞争力。同时，依托新型电力系统技术创新联盟推动入驻企业共同组建园区技术中心，按照市场化方式运营，建立"政产学研用"协同创新模式，开展产品开发和成果转化。探索设立投融资服务平台，由产业基金会同地方政府和社会资本设立科技成果转化子基金，为具备市场前景的入驻企业和科技成果转化项目提供资金支持。设立展示平台，围绕新型电力系统现代产业链创新成果，在园区开展工程示范，依托园区打造具有示范作用的产业链集群。

（二）补齐产业链供应链短板

（1）发挥新型电力系统技术创新联盟的合作平台作用，实施产业基础再造工程。聚焦"缺芯少基"等产业发展瓶颈，深入实施产业基础再造工程和重大技术装备攻关工程，集聚能源电力、信息通信、基础材料等多领域产业力量加强产业共性技术协同攻关，坚决打好关键核心技术攻坚战。发挥我国市场需求、集成创新、组织平台优势，为国产化技术装备研发制造、产品迭代、性能提升提供技术需求、应用场景、验证平台、保险托底，推动国产化替代行动升级加速。加强新型电力系统重大基础设施、重大生产力布局的应用牵引和整机带动，协同各方面产业资源，加快基础理论、关键技术和重要产品工程化联合攻关，为自主创新产品应用创造公平市场环境。加大对具有战略意义、溢出效应的战略性新兴产业和新型基础设施等方面的投入力度，依托重大工程和重点项目投资规模大、辐射范围广的优势，带动产业链上下游研发设计、生产制造、试验检验等方面取得新突破，实现全产业链协同发展和升级。

◎ 国家电网绿色现代数智供应链

　　国家电网公司贯彻党中央、国务院战略部署，落实国资委关于中央企业在建设世界一流企业中加强供应链管理的工作要求，围绕"绿色、数字、智能"现代化发展方向，创新构建绿色现代数智供应链管理体系（简称"国网绿链"）。国网绿链以平台为着力点、采购为切入点、专业化协同整合为突破点，系统实施"绿链八大行动"（供应链链主生态引领、规范透明化阳光采购、全生命周期好中选优、建现代物流增效保供、绿色低碳可持续发展、创新固链保安全稳定、数智化运营塑链赋能、全面强基创国际领先），推进供应链平台由企业级向行业级发展，供应链服务向产业链供应链全过程发展，供应链体系向绿色化数智化创新发展，供应链生态向市场需求主导牵引发展，实现产业链、供应链、创新链、资金链、人才链与价值链融合。通过打造国网绿链，推动供应链协同化、智慧化、精益化、绿色化、国际化发展，实现供应链运营效率、效益、效能最优，供应链发展支撑力、行业带动力、风险防控力、价值创造力持续提升，为公司战略实施和"一体四翼"高质量发展提供支撑，引领带动能源电力产业链供应链高质量发展。绿色现代数智供应链生态网络关系如图7-11所示。

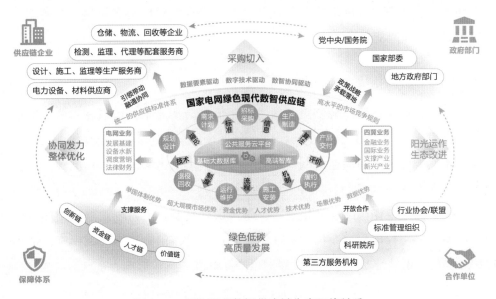

图 7-11　绿色现代数智供应链生态网络关系

（2）发挥新型电力系统技术创新联盟的技术供给作用，强化产业关键共性技术供给。关键共性技术具有基础性、关联性、系统性、开放性等特点，属于竞争前技术，能够在一个或多个行业中广泛应用并产生深度影响。由于共性技术研发和服务平台缺失，我国部分领域"基础研究到关键共性技术研究到产品开发再到产业化"的技术创新体系存在重大断链环节。围绕电力工控芯片、大功率 IGBT 部件、高压碳化硅器件、用于智能电能表的高可靠存储器件等核心材料及装备等重点领域继续布局建设一批国家制造业创新中心，发展先进适用技术，强化关键共性技术供给，加快科技成果转化和产业化。同时，引领带动产业链上下游、大中小企业共同围绕新型电力系统培育专精特新"小巨人"企业、制造业单项冠军企业，共同推动从"中国制造"向"中国创造"的跨越，在技术研发、产品质量、细分市场上占据领先地位。

（3）发挥新型电力系统技术创新联盟的供应信息共享作用，完善我国供应链体系。积极利用信息技术改造传统产业，推广应用智慧供应链管理和工业互联网平台，共同构建行业级的新型电力系统供应链公共服务平台，推动全产业链、全价值链的信息交互和智能协作，构建世界一流供应链管理体系，接入链上供应商实物储备、寄售物资信息，打通制造企业产能储备、上中下游企业、各类电网（接电）工程实物储备资源共享链路，与优质供应商建立关键产品、组部件、备品备件联合储备备份机制，加强战略资源储备，推动产业链供应链多元化，切实增强产业链供应链抗风险能力。

（三）深入开展质量提升行动

（1）紧密围绕保障能源安全、促进绿色低碳转型要求，增强高质量标准供给能力。依托新型电力系统技术创新联盟，强化"全链"概念和系统思维，与产业链上各企业共同研究构建涵盖源网荷储各环节的新型电力系统技术标准体系，在智能制造、智能网联汽车、车联网等重点领域形成一批新标准，推动龙头企业制定团体标准，深度挖掘国际标准化潜力，超前谋划新型电力系统重点领域国际标准布局，参与和主导国际重大技术标准制定工作，抢占国际标准开发先机，加强标准国际合作，引领带动产业创新发展。以产品标准、技术标准为重点，加强在"一带一路"共建国家推广应用中国标准，积极推动构建中国标准示范基地。

（2）充分发挥新型电力系统技术创新联盟成员单位国家技术标准创新基地等

创新平台作用，夯实新型电力系统标准化工作基础。从平台层面看，检验检测、标准、计量等各类质量基础设施平台是支撑产业基础突破的重要基础设施和平台条件。围绕新型电力系统构建需要，加快技术标准、计量检测等科技基础条件及相关基地平台建设，发展新一代检验检测和高端计量设备仪器，健全公共技术服务平台，大力提升与产业基础发展相适应的计量、标准、认证认可、检验检测、试验验证等支撑能力。大力推进科技研发、标准研制、工程应用、产业发展协同创新，推动新型电力系统重大科技攻关成果向行业标准、国家标准等高水平标准有序转化。强化标准研制、标准实施、标准验证的工作联动，引导标准发展从数量规模型向质量效益型转变，大力提升标准质量。

（四）加强国际电力产业安全合作

（1）依托新型电力系统技术创新联盟的国际单位国际合作资源，充分发挥产业链共建单位在技术、标准、制造、融资等方面的综合优势，重点选择对装备制造、施工服务、电网运维和技术标准等产业带动力强、国际影响大的大型能源电力基础设施建设项目，以"投资、建设、运营"一体化带动"技术、标准、装备"一体化"走出去"，组织产业链企业"抱团出海"，提升我国产业链安全水平和国际竞争力。

（2）推进与"一带一路"共建国家战略、规划、机制对接，加强政策、规则、标准联通，深化电力产业链供应链互补性合作，持续提升我国在新型电力系统领域技术、人才、资金、管理等各类要素规则的国际引领能力和安全治理水平。

（3）发挥新型电力系统技术联盟中社会团体等各类主体力量，争取广泛参与国际交流和多方共商对话，聚焦电力系统关键零部件供给、核心原材料供应等影响产业链供应链稳定的重点问题，提出"中国解决方案"，争取达成"全球广泛共识"，共同维护好全球电力产业链供应链的安全稳定，畅通世界经济运行脉络。

图 7-12 所示为巴基斯坦默拉直流输电工程。

三、创新链深度融合

（一）坚决打赢关键核心技术攻坚战

（1）重视基础研究，大力提升原始创新能力。发挥新型电力系统技术创新联

图 7-12　巴基斯坦默拉直流输电工程

盟中科研院所和高水平研究型大学的基础研究主力军作用、企业基础研究生力军作用，突出原创、聚力策源、强化布局，加强对新型电力系统领域科技发展和应用趋势的超前研判，强化从经济社会发展和国家安全面临的实际问题中凝练科学问题的能力，联合"政产学研用"各类创新主体，共同弄通"卡脖子"技术的基础理论和技术原理。与此同时，坚持问题导向，围绕电力安全可靠供应和能源清洁低碳转型发展，从国家急迫需要和长远需求出发，在基础原材料、基础软硬件、高端芯片、高端装备等关键核心技术领域全力攻坚。在发电侧，重点攻克新能源发电主动支撑技术，提升新能源组网能力和煤炭清洁化利用水平。在电网侧，重点提升大电网仿真和先进输电技术，全力支撑沙漠、戈壁、荒漠地区为重点的大型风电光伏基地大规模开发、高水平外送。在消费侧，重点突破多能转换利用、能效提升等技术，助力实现能源消费的电气化、高效化、减量化。新型电力系统技术攻关需求如图 7-13 所示。

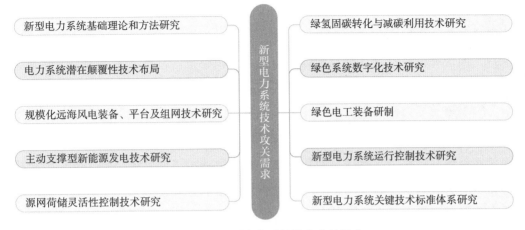

图 7-13　新型电力系统技术攻关需求

◎ 创新联盟集聚优势科研力量，广泛开展联合攻关，大力提升原始创新能力

新型电力系统技术创新联盟集聚行业优势科研力量，制定发布《新型电力系统重大技术联合创新框架》，在新型电力系统发展方向、发展路径、技术攻关、市场化机制、示范应用等 5 个方面，提出 30 个重点联合攻关项目，全力建设原创技术策源地，将创新发展的主动权掌握在自己手中。在创新联盟成立大会现场，签约"大型风电光伏基地输电通道电源优化和示范研究"等 4 个项目，着力突破能源电力科技创新"无人区"、学科交叉"融汇点"，加快培育重大原创性、引领性成果。同时，成员单位在大型风电光伏基地、统一电力市场建设、新能源消纳等方面开展了多项务实合作，签订了新型电力系统科技攻关行动计划责任状，达成了 32 项前瞻性技术合作意向，联合申报了 12 项国家重点研发计划。

（2）重视新兴技术，持续强化能源技术与数字技术融合创新。发挥新型电力系统技术创新联盟的"磁吸效应"，瞄准大数据、云计算、人工智能、量子信息、集成电路等事关发展全局和国家安全的基础核心领域，围绕浮动式海上风电、深远海域海上风电等风电技术，钙钛矿电池、叠层电池等光伏技术，可再生能源制储氢（氨）等新能源利用技术，小型模块化反应堆、第四代反应堆、核聚变反应堆、核能非电力应用，发挥企业需求牵引作用，创新设计共享开放一批重大应用场景，联合联盟单位、各类创新主体，部署一批战略性、储备性前瞻技术研发项目，加快突破一批重点领域关键核心技术，积极抢占科技竞争和未来发展制高点，有力保障国家经济安全、国防安全和其他安全。

（3）聚焦支撑国家重大项目建设，发挥更大科技项目的引领带动作用。发挥新型电力系统技术创新联盟攻关需求"汇集"效应，积极对接国家"十四五"现代能源体系规划、能源领域科技创新规划，主动策划承接国家级科研任务，推动新型电力系统重大技术联合创新框架项目纳入国家级科技项目或部委研究计划。以重大工程建设为依托，发挥各自优势、推进强强联合，加快研制新型电力系统首台首套技术装备，及时形成可复制、可推广的经验和标准，促进创新成果转化及规模化应用。新型电力系统支撑技术示范需求如图7-14所示。

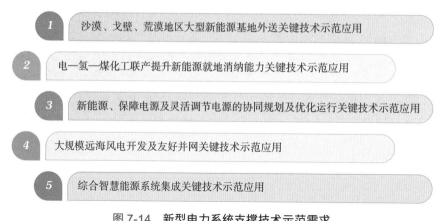

1 沙漠、戈壁、荒漠地区大型新能源基地外送关键技术示范应用

2 电—氢—煤化工联产提升新能源就地消纳能力关键技术示范应用

3 新能源、保障电源及灵活调节电源的协同规划及优化运行关键技术示范应用

4 大规模远海风电开发及友好并网关键技术示范应用

5 综合智慧能源系统集成关键技术示范应用

图7-14　新型电力系统支撑技术示范需求

（二）持续强化国家战略科技力量

构建定位合理、优势互补的国家战略科技力量协同机制，是提升国家科技战略能力、提高国家创新体系整体效能的关键。发挥新型电力系统技术创新联盟在原始创新、产业协同、人才集聚、国际合作等方面的溢出效应，坚持系统观念、分类定位、优势互补，整合优化科技资源配置，强化电力领域国家战略科技力量，在关键领域和重点方向上发挥战略支撑引领作用和重大原始创新效能。

（1）突出发挥新型电力系统技术创新联盟中企业在技术创新中的主体作用、

科技领军企业"出题人""答题人""阅卷人"作用，强化市场需求、集成创新、组织平台的优势，增强企业创新能力，打通新型电力系统从科技强到企业强、产业强、经济强的通道。充分发挥新型电力系统技术创新联盟中科技领军企业在目标凝练、资金投入、任务组织、成果应用的全流程主导作用，强化技术路线制定权、参与单位决定权、任务指标分配权。根据创新联合体目标构建跨单位、跨领域的核心攻关团队以及产业技术创新联盟等外部转化网络，形成"问题—团队"资源精准匹配、"技术—市场"快速迭代循环、"成果—产品"链内协同转化的体系化作战能力。探索创新联合体"单位主体负责制""行政与技术双总师制"，试行决策层与执行层分离、管理与技术分离以及快速动态立项、项目"经理人""赛马制"以及"红蓝军"对抗研发等科研机制。发挥规模资源优势、产业影响和行业带动作用，以通用基础框架平台合作研发、配套零部件协同研制、行业标准共同制定、产品试验检验、产业链信息共享等牵头建设生态联合体，打造产业链上中下游、大中小企业融通创新的产业创新生态系统，提高全链抗风险能力。

（2）紧跟世界科技发展大势，紧密结合我国新型电力系统构建对科技发展提出的使命任务，联合创新联盟成员单位高标准共建国家实验室体系、全国重点实验室，使之成为战略性、关键性重大原创科技成果的诞生地。围绕构建新型电力系统需求，合理布局、统筹建设一批集聚集约、开放共享的重大科技基础设施，推动重点领域项目、基地、人才、资金一体化配置，持续提升重大科技基础设施对原创技术成果产出的物质技术基础和条件支撑。牢固树立人才第一资源理念，加强人才培养，不断健全完善专家人才制度体系，依托重大项目、重大工程和重大科研平台合作，加强高层次人才交流、互访互聘，培养发现、加速集聚一批高精尖科技领军人才和创新团队。

（3）突出发挥新型电力系统技术创新联盟中高水平研究型大学和科研院所的基础研究深厚、学科交叉融合等多方面优势，坚持目标导向和自由探索"两条腿走路"，以新型电力系统构建需求为导向，统筹遵循科学发展规律提出的前沿问题和重大应用研究中抽象出的理论问题，凝练基础研究关键科学问题。突出原始创新能力，有组织推进战略导向的体系化基础研究、前沿导向的探索性基础研究、市场导向的应用性基础研究，着力解决影响制约国家能源安全全局和行业长远利益的重大科技问题。新型电力系统技术创新联盟主要合作领域如图7-15所示。

♦ 共同打造国家级实验室、创新中心等研发平台

♦ 共同开展原创技术策源地和现代产业链链长建设

♦ 共同设立科技产业园区

♦ 推动联盟内部重大科研基础设施资源共享

♦ 推动联盟内部科技领军人才高质量交流培养

♦ 举办新型电力系统高端论坛

♦ 促进联盟科技成果转化与推广应用

♦ 共同打造技术标准工作生态圈

图 7-15　新型电力系统技术创新联盟主要合作领域

◎ 创新联盟集聚持续强化国家战略科技力量

　　瞄准重大科技需求和尖端领域，新型电力系统技术创新联盟成员单位积极参加国家实验室创建，加快建设全国重点实验室，改革创新国家实验室、全国重点实验室建设运营模式，持续强化重大科研基础设施共建、共享、共用。国家电网公司充分发挥特高压交流、直流、高海拔、杆塔力学试验基地作用，为我国首台（套）电力设备研发、大电网安全稳定运行提供强大的实验支撑。充分推动 20 个国家级实验平台、100 个公司级实验室在联盟单位的共享共用，全面覆盖智能电网、能源互联网等关键技术领域，形成了较为完备的实验室体系，为电力科技自立自强提供了技术研发基础和支撑。瞄准电网安全稳定运行支撑需求，国家电网公司联合创新联盟成员单位体系化推进观测研究站建设，谋划提升特高压换流变压器、新型储能核心装备、抽水蓄能运行控制系统等试验检测能力。

（三）积极构建并深度融入电力科技创新网络

　　（1）积极探索新型电力系统技术创新联盟新的科技合作模式和机制，有效利用和组合我国电力科技优势创新要素和科研力量，加强创新联盟内单位间创新成果共享共用，努力打破制约知识、技术、人才等创新要素在不同创新主体间的流动壁垒，打造我国电力科技创新联合体，促进更加开放包容、互惠共享的科技创新交流。推动科技创新合作项目立项与实施，在成员单位推行"张榜""选帅"机制，发挥好"揭榜"单位主体作用，力争早出成果、出大成果。合作开展新型电力系统相关技术标准制修订工作，大力促进成果转化与推广应用，推动成果加速落地。

（2）坚持以全球视野谋划和推动科技创新，以创新联盟"抱团出海"的优势，以更加开放的思维和举措推进国际科技交流合作，更大范围更深层次融入全球电力科技创新网络，将联盟打造为代表我国在更高水平上加强与科技强国、关键小国等创新主体合作的典范，建设性参与和引领全球能源治理和应对气候变化国际科技合作。深度参与全球科技治理，提高我国在全球科技治理中的影响力和规则制定能力，积极发出中国声音、贡献中国智慧，全面提升我国在全球创新格局中的地位。

（3）积极参与国际组织、国际合作计划及国际标准化工作，积极主办能源转型国际论坛等具有重大国际影响力的国际会议，在国际组织、国际合作计划及国际标准化方面开展技术、管理、人才等的务实合作。支持相关专家在相关国际学术组织中任职，组织相关专家参与国际专业会议、技术论坛等活动，拓宽与国内外电力同行的交流沟通渠道，传播"能源转型、绿色发展"理念，持续提升我国在全球能源电力领域的话语权和影响力。

◎ 创新联盟积极融入全球电力科技创新网络

国家电网公司与加拿大魁北克水电局研究院长期合作，开展实时仿真器、大规模电力系统数模混合仿真技术攻关；与法国电力公司合作开展东北亚电力系统互联战略的国际咨询工作；与葡萄牙研发中心合作研究借鉴欧洲市场耦合机制的跨省区现货市场协同运营关键技术；与葡萄牙和蒙古国 Nester，NovaTerra，Dii 合作研究面向跨境互联的多能互补新型能源系统关键技术。

第八章
新型电力系统与
新型能源体系之间的
关系

第一节　新型电力系统在新型能源体系中的功能、价值和作用

一、新型电力系统在新型能源体系中的功能

（一）能源供给侧

充分发挥油、气、煤、水、核、风、光等的互补优势，形成多轮驱动的供应体系。当前，统筹发展和安全、统筹保供和转型的压力正在较为明显地向电力系统转移。尤其是沙漠、戈壁、荒漠地区为重点的大型风电光伏基地，周边清洁高效先进节能煤电，以及特高压输变电线路间"三位一体"的协同开发和统筹布局，将成为建设新型能源体系的重要新模式之一。作为其基础平台，新型电力系统的构建需要结合各省市地区能源发展目标和产业发展实际等，按照"量率一体、全网平衡"的原则，科学合理规划非化石能源发展的规模、结构、布局和时序，逐步压实新能源发电的安全责任和成本责任，推动其有序发展。图 8-1 所示为福建水口水电站。

图 8-1　福建水口水电站

（二）能源配置侧

逐步实现多品种能源协同的能源产供储销体系至关重要，立足我国能源资源与消费中心逆向分布的客观实际，构建新型电力系统网架结构，增强大规模广域和多元化灵活的配置能力是关键支撑之一。构建新型电力系统，坚持"就地平衡、就近平衡为要，跨区平衡互济"，持续提升本地自平衡能力，持续增强完善特高压及各级电网网架，提升对送端高比例可再生能源接入弱系统及受端直流密集馈入的适应能力，满足大型新能源基地安全运行及远距离大规模电力外送需求。全方位提升大电网的调度控制能力，建立多时间尺度、广地域范围、快响应速度的复杂大电网仿真平台，构建全景可感知，全局可控制，主网、配电网、分布式微电网有效协同的调度控制体系。国网山西电力全力服务新能源发展，提高新能源预测精度，确保新能源高效消纳，图 8-2 所示为山西大同熊猫光伏电站。

图 8-2　山西大同熊猫光伏电站

（三）能源消费侧

提升电气化水平是各行业节能提效、减污降碳的主要举措之一。构建新型电力系统将推动电能利用范围不断扩大，电动汽车、综合能源服务、大数据中心等各种用能方式和服务需求大量涌现，预计 2030 年和 2060 年全国终端电气化水平将分别超过 39% 和 70%，大幅降低化石能源利用对生态环境承载能力造成的压力。尤其是电力的便捷性、清洁性，以及新型电力系统的柔性、包容性等都会成为新型能源体系的关键稀缺资源，将逐步成为推动"电碳氢氨醇"等产业链融合升级的重要平台，促进形成更加高效灵活的能源消费模式。

二、新型电力系统在新型能源体系中的价值

电力全面反映人类社会生产生活方式和发展诉求，带来数据价值、服务价值和平台生态价值，带动能源领域实现价值的全面跃升。基于数字技术对能源电力系统的全面改造和赋能升级，在电力与经济社会系统的数据交互共享中，围绕电力大数据运营、5G 与地理信息时空服务、基于区块链技术的场景创新应用等实现数据对新产品、新模式的带动。立足从资源提供者到服务提供者的深刻转型，电力将推动形成更加开放柔性的能源互联网发展环境，催生数据整合商、运营零售商、综合服务商、金融服务商等新的市场主体，提供基于信息增值的系列能源电力服务，满足用户多样化、个性化、互动化需求。在此基础上，推动形成能源工业互联网、电碳资源综合配置平台等全新产业生态，全面激发电力的平台生态价值。

三、新型电力系统在新型能源体系中的作用

新型电力系统密切连接着一次能源和二次能源，能够实现多种能源间的灵活高效智能转换，是能源供给侧和消费侧的重要枢纽平台。未来，加快构建新型电力系统将是建设新型能源体系的重中之重。以新型电力系统推动建设新型能源体系，需要立足我国能源资源禀赋，坚持先立后破、通盘谋划，把握好新型能源体系在经济高质量发展中的新定位，为新发展格局筑牢安全底线，提供强引擎和新动能，推动现代化经济体系建设；把握好新型能源体系在社会主义现代化强国建设中的新任务，为制造强国、质量强国等强国建设提供发展动力和平台载体；把握好新型能源体系在推进全球能源治理中的新角色，下好新一轮全球科技和产业

革命先手棋，推动人类社会由工业文明迈向生态文明，真正实现能源可及、共赢共享的人类命运共同体。

第二节 新型能源体系建设理念

新型能源体系建设理念：统筹为先、安全为基、科技为本、治理为要。

一、统筹为先

新型能源体系是在传统能源体系基础上的继承和发展，必须将系统观念贯穿于建设过程的始终，处理好整体与局部、短期与长远、政府与市场、国内与国际等的相互关系。充分认识到能源转型是一项复杂的系统工程，以结构、融合和秩序为主线践行系统观念，实现整体性谋划，服务跨系统互动，推进体系性演化。在能源安全、清洁低碳、经济性和普惠共享间实现动态统筹，解决多目标难以同步最优的挑战。

1. 结构观念

充分依托各类能源品种相对优势，打通互补融合的有效渠道，形成瞄准新型能源体系整体优势的巨大技术创新和产业培育空间。一是谋划统筹好各类能源突出的优势和劣势，如新能源的低碳与传统能源的高碳，新能源的波动性和传统能源的稳定性，煤炭的低成本和油气的高成本等。二是谋划统筹好能源供需互动，如能源供给侧结构调整与能源消费侧的消费习惯、用能品种、工艺升级等之间的协调。三是谋划统筹好各类基础设施发展，如覆盖电力、热力、给水等的城市综合管廊，提供更有弹性的调节能力。

2. 融合观念

"经济—能源—生态"三大系统耦合趋势日益明显，新型能源体系正在催生重要经济发展新业态，是服务构建新发展格局的新动能。科学谋划战略定位、路径和相应政策体系，寻求新型能源体系与国家重大战略、生产力布局调整、产业升级方向和节奏等的关键联系点，以及宏观政策、市场机制和各级组织间作用发挥的最佳结合点。碳空间在能源系统与生态系统耦合中的关键枢纽性和稀缺性特征更加显著，要合理统筹各地区生态空间、发展空间和能源转型优势。从长期看，其他社会系统对能源的影响正在显著增强。例如气象系统，其对能源系统尤其是电力的影响呈现系统全环节、时间全尺度、地域全覆盖的突出特征，高温干旱、寒潮等极端天气下水电等常规电源暴露出一定脆弱性，暴雨洪涝、雨雪冰冻等气象灾害易对输配电关键基础设施造成破坏。随着制冷、取暖等温度敏感型负荷规模持续扩大，我国用电负荷的尖峰化和夏冬"双峰"特征更加显著，同时，这种风险未来有通过产供储销体系进行跨系统传导的潜在可能性。

3. 秩序观念

建设新型能源体系是传统能源体系中各相关主体间相互关系逐步调整及外部政策体系及时做出适应性转变的渐进过程，具有高度的复杂性和不确定性，该过程中的节奏和力度如何把握，各类主体、政策、行业和市场间如何整合协同至关重要。

（1）做好顶层设计，确保新型能源体系的演化秩序，推动能源系统向清洁低碳、安全高效的方向有序稳定发展。

（2）把握好新型能源体系关键要素"量变到质变"的临界点，以顺应变化，抓住关键转折。例如，新型电力系统对关键矿产资源的需求日益显著，我国铜、镍、铅的对外依存度较高，其中铜和镍对外依存度长期保持在70%以上。

（3）做好新型能源体系结构对发展环境的适应性调整，确保体系演化的阶段性特征能够满足经济社会发展对能源领域的功能要求。例如，当前我国油气对外依存度过高，亟待在总体国家安全观下推动实现其安全阈值控制和立体储备机制的建立。

二、安全为基

新型能源体系建设重点在于形成消费全面集约、供给结构多元、运行稳定可控、应急管理完备的能源安全保障体系。

（1）实施全面节约战略，倡导绿色消费，以更加集约高效的方式满足能源需求，改变以粗放供给满足刚性需求的能源供需平衡模式。在落地实施上推动多层次协同发力，宏观上择时适度提供充足的政策和法律制度供给及良好的市场环境，在中观上实现能源供应能力、能源消费模式和产业转型升级节奏相协调，提升能源系统整体效率，在微观上重点推动产业工艺进步、企业创新动力、价格机制调节和社会文化培育等。

（2）立足我国"富煤、贫油、少气、富可再生"的能源资源禀赋，形成多轮驱动的多元供给结构，推动化石能源清洁高效利用，加大油气勘探开发和增储上产，充分发挥长期以来形成的全球最大煤炭清洁利用体系优势，聚焦战略定位、行业信心、技术支撑、社会稳定四大关键问题推动煤炭行业高质量发展，把握非化石能源合理替代节奏，高质量规划建设沙漠、戈壁、荒漠地区为重点的大型风电光伏基地，确保能源的饭碗端在自己手里。图8-3所示为新疆哈密三塘湖百万千瓦风电基地。

图8-3　新疆哈密三塘湖百万千瓦风电基地

（3）保障能源产供储销体系安全、高效、流畅运转，高度关注一次、二次能源间的统筹衔接问题，前瞻性形成对其风险的标志性判断、传导逻辑和扩散路径的判断，重点防范由其引发的基础设施脆弱性风险，尤其加快形成适应高比例可再生能源、高比例电力电子设备和高自主性新客户大规模接入及有源配电网发展的新型电力系统安全稳定基础理论、仿真平台、调度方式和控制策略等。

（4）在当前全球治理体系框架下，围绕基础理论、战略性矿产资源、核心技术装备、关键零部件等，对能源全科技链、产业链、供应链进行前瞻性的风险评估，形成极端场景下的应对策略和替代方案，建立百年未有之大变局下能源安全风险全方位认知、预测预警和应急管理体系。

三、科技为本

新型能源体系建设依托新型举国体制优势，采用国家重大科技项目攻关等方式充分调动和汇聚创新资源，形成涵盖技术路线布局、组织体系构建和创新方向谋划的强大发展合力。

（1）技术路线方面，形成多元化高韧性的重大科技创新方向布局。面向未来新型能源体系技术与产业的潜在"卡脖子"环节，加强基础性、紧迫性、前瞻性、颠覆性四类重大科技创新的一体化研究。加强需求引导，从源头上破解科技创新转化的"最后一公里"难题，立足新型能源体系全产业链的基础环节、薄弱点、枢纽设施等对重大科技创新进行布局和攻关计划设计。能源清洁低碳转型发展，新型电力系统将成为重大科技创新新高地，在基础理论和方法、先进电网技术、负荷侧互动与多能融合技术、传统电源效能提升技术和新能源主动支撑技术等基础性技术方面发力，尽快在储能与送端多能互补技术、能源系统数字化技术和先进绿色电工装备技术等方向实现突破，对大规模新型储能技术、CCUS、电／氢协同技术和可控核聚变技术等颠覆性技术方向上进行布局，提升对全球能源电力发展方向的引领力。图 8-4 所示为青海海西格尔木电化学储能电站。

（2）组织体系方面，围绕国家能源科技发展面临的关键问题、深层次体制机制瓶颈，以及促进能源科技创新链与产业链供应链深度融合的策略等重大理论和实践问题，充分发挥新型举国体制优势，推动政产学研用深度融合，建立有效贯通基础理论研究、核心技术攻关、关键装备制造、重大工程示范、创新平台搭建和技术产业培育等科技创新全链条的创新组织体系。充分发挥新型电力系统技术创新联盟作用，围绕新型电力系统重大技术需求，开展联合攻关、标准制定、经验交流和成果共享，立足各自优势和特色，加快突破核心技术。

图8-4　青海海西格尔木电化学储能电站

（3）创新方向方面，拓展以软技术体系为代表的新理论、新学科。新型能源体系是一个典型的开放的复杂巨系统，需依靠"有组织"的集成创新和协同创新来实现，对凝聚共识、科学规划、协同组织等提出了极高要求。依托系统工程等理论，我国在特高压、高铁和航天领域都实现了技术产业实力的大幅跃升，其背后是涉及战略规划制定、决策流程优化、机构动态调整、激励机制设计等一系列关键软技术的支撑体系，结合上述能源重大科技创新和体系性工程组织的成功实践，进行软技术体系在专业化、科学化、学科化发展逻辑上的理论构建。

四、治理为要

新型能源体系建设涉及全社会各方重大利益格局的深刻调整，围绕战略规划体系、政策供给体系、法治体系、统一市场体系和价格形成体系五个方面发力，全面推进能源治理现代化。

（1）建立健全战略规划体系。持续健全国家级、综合性、跨系统的能源战略规划体系，实现涵盖主要品种、涉及不同时间周期的能源发展战略顶层设计和协同规划，评估考虑重大决策对不同品种能源和能源系统整体运作的影响。

（2）形成政策供给体系。新型能源体系的建设涉及各类市场主体的进入和退出，各种政策机制的协同，以及各类市场的融合。建立涉及财税、金融、价格、环保、土地和人才等关键要素的政策供给体系，保障体系的演化秩序。国家电网公司持续加大投入力度，推动陕西电网融合发展，加快外送通道规划建设，保障电力可靠供应，促进能源绿色转型。图 8-5 所示为陕北—湖北 ±800 千伏特高压直流输电工程。

图 8-5　陕北—湖北 ±800 千伏特高压直流输电工程

（3）以法治方式明确不同能源监督管理行政主体之间的权责关系。新型能源体系建设涉及多部门、多层级监管，以法治方式明确不同监管机构的监管职责，厘清监管权限划分，避免监管交叉或缺位。横向上理顺能源行业监管部门与其他监管机构之间的关系，纵向上妥当处理中央事权与地方事权的划分与衔接。形成各部门合理分工、密切配合的能源治理格局和规划、运行、市场、应急的协调建设运行模式。

（4）建立能够反映能源商品属性、社会属性、能源品种间比价效应的全国统一能源市场。明确政府和市场的边界、释放清晰价格信号，重点打破省间壁垒、优化营商环境，促进多品种能源市场有效衔接，加快建立统一开放、竞争有序的能源市场。

（5）推动跨区域、跨能源品种的能源价格形成和传导机制有效建立。在政府宏观调控下，持续提升能源市场对供需、安全、调节、生态等多元价值的发现能力，深化油气、煤炭、水电、核电、新能源发电等价格的市场化改革。

第三节　新型能源体系建设方法

新型电力系统的建设方法，涉及重大基础理论研究、基础设施融合发展、关键共性技术、产业链延伸升级策略和组织模式创新等，同样适用于建设新型能源体系。

1. 理论创新

新型电力系统的理论创新，既服务于新型能源体系建设，又是新型能源体系理论创新的重要组成部分。随着新能源大规模接入，现有能源体系运转模式发生深刻改变。新型电力系统在稳定、保护、电能质量、协同及平衡等方面的理论创新，将为能源系统中生产、供应、存储、消费等环节提供共性基础理论支持，有力支撑新型能源体系下的总体供能安全，推动实现能源转换效率提升、能源消费成本降低、新能源的大规模灵活消纳，以及大气污染物和温室气体排放的降低，助推能源产供储销体系清洁化、高效化、低碳化发展。

2. 形态创新

能源清洁低碳转型背景下，新型电力系统物理形态将发生深刻变化，电网向能源互联网升级的需求日益增强。新型电力系统是新型能源体系大规模广域优化配置资源的枢纽平台，构建新型电力系统将推动分布式发电与供热、用户侧储能、智能微电网、氢储能等能源新业态不断发展，使用户侧产消者、虚拟电厂聚合商、综合能源服务商等更多主体参与到能源系统中，促进源网荷储各要素深度融合、互补互济、循环畅通，推动多能源品种以及集中式与分布式资源协调发展，实现能源大系统的形态拓展重塑。

3. 技术创新

随着新型电力系统技术创新的深入，技术水平不断提高，技术标准和知识产权体系日益完善，相应基础设施和研发平台逐渐完备，新型电力系统技术创新应用范围将持续拓展，能源领域技术创新能力也将全面提升。新型电力系统技术创新既能为新型能源体系技术突破提供技术储备，也将对解决新型能源体系发展中能源安全挑战、能源效率低下、环境污染等共性问题起到重要推动作用。新型电力系统在数字技术的深度赋能下实现源网荷储各环节协同互动，进而推动能源系统实现冷、热、电、气等多能互补，全局调度优化，显著提升能源资源综合利用率，推动多能源类型基础设施融合，为新型能源体系数字化、绿色化协同转型提供技术支撑，并依托其与能源产业的融合发展，支撑能源行业减污降碳与提质增效。

4. 产业创新

新型电力系统的产业创新将全面支撑我国能源体系建成自主可控、全球布局的产业链。全景式认识新型电力系统产业链发展趋势，将有效指导新型能源体系建设及其与国家现代化经济体系、绿色低碳循环发展产业体系等的深度融合，形成一套符合国情和行业发展实际的创新理论体系，提升新型能源体系产业链供应链的完备性、韧性、安全水平和国际竞争力。作为新型能源体系的重要载体，新型电力系统产业将围绕能源清洁低碳转型、数字化转型、产业升级等要求不断创新变革，成为新型能源体系价值形态升级、协同模式创新、空间布局优化的先行先试者和引领带动者。新型电力系统产业创新能够在传统能源电力价值的基础上，协同更多能源电力产业主体与要素，助力产业空间布局合理升级，通过融合和互动催生一系列新模式和新业态，不断拓展新型能源体系的价值创造维度。

5. 组织创新

新型电力系统构建过程中形成并动态迭代机制优化和政策设计方面的实践经验，将在调整能源市场机制、价格机制、科研机制、监管制度、行业政策、财税政策、金融支持等方面发挥重要作用。电力市场与一次能源市场、碳排放权交易市场、环境权益市场联系密切，全国统一电力市场的有效建立能够以市场化手段助力新型能源体系建设。依托灵活的市场机制，能够持续完善全面合理反映能源成本和环境成本的价格机制，有效促进"政产学研用"高效协同的科研机制，权责界面更加清晰的监督管理制度，以及对行业发展节奏和方向形成有效指导的财税金融支持政策等的形成，推动新型能源体系向更加公平、开放和共享的方向发展，推动能源治理体系和治理能力现代化。

第九章
以新型电力系统
推动建设新型能源体系

　　实现"双碳"目标，能源是主战场。党的二十大报告明确提出，积极稳妥推进碳达峰碳中和，深入推进能源革命，加快规划建设新型能源体系。新型能源体系的建设，需要能源全流程、全环节协同发力、统筹发展。

　　能源配置格局更加科学高效。电网将在大规模广域优化配置清洁能源中发挥重要作用，并持续完善与煤炭、天然气等重要领域基础设施的互联互通、实现多能源品种互补互济，不断健全能源产供储销体系、实现新型能源体系流畅运转。

　　能源供给结构将发生深刻调整。清洁低碳能源将大规模开发利用，逐步取代传统化石能源在能源体系中的主导地位。在守住能源安全可靠供应底线的基础上持续推动能源清洁低碳转型，预计到 2030 年、2060 年我国非化石能源占一次能源消费比重将从 2020 年的 16% 分别提升至 25%、80%。

　　能源利用方式将更加复杂多元。电能利用范围扩大，电动汽车、数据中心、供电＋能效服务等各种新型用能方式和服务需求大量涌现，终端电气化水平将快速提升。与此同时，电、气、冷、热、氢等多能互补、灵活转换，以电为基础的终端能源替代成为主流。能源利用方式更加多样化、个性化、综合化、互动化。

　　能源科技创新将加快融合发展。围绕新能源开发、多能转换、先进储能、CCUS、能源系统控制等领域的新技术、新装备不断涌现，数字技术与能源技术深度融合，能源系统更加智慧、更加开放、更加高效、更加友好，能源领域科技创新实现从"跟跑、并跑"向"创新、主导"加速转变，成为推动能源发展动力变革的重要力量。

　　能源产业生态将加速跨越升级。随着能源系统数字化进程不断加快，能源数据规模、质量将快速提升，并将与经济、地理、天气等多类数据深度融合。数字赋能背景下，大量充满活力的新型市场主体进入能源领域，传统能源企业转型加快，进而催生出综合能源服务、能源大数据、平台业务、能源聚合商等一大批新业务、新业态、新模式，产业链格局将发生深刻变化，形成全新的能源产业生态圈。

　　新型能源体系建设路径如图 9-1 所示。构建新型电力系统将有力支撑新型能源体系建设。

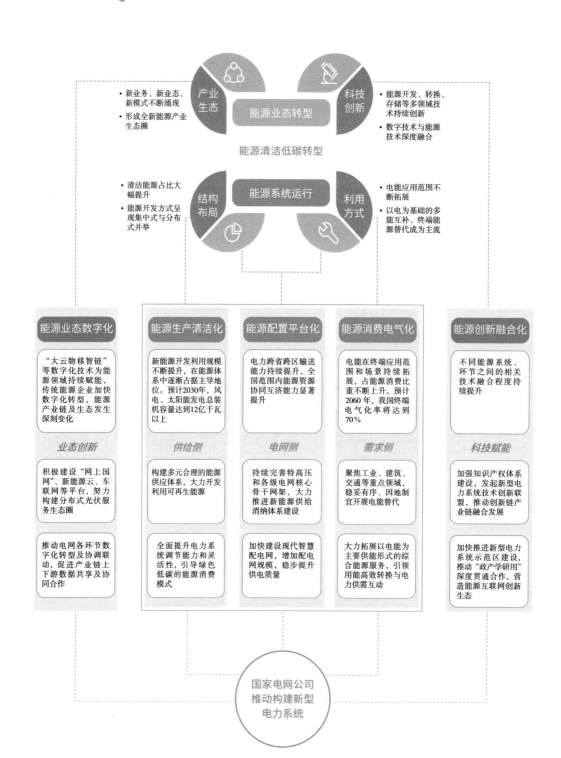

图 9-1　新型能源体系建设路径

第一节　能源配置平台化

一、能源配置平台化内涵

"双碳"目标下我国风电、光伏发电等新能源发电占比不断提高，但受资源禀赋特点影响，我国新能源多集中在"三北"地区，而以工业为代表的能源消费主体多集中于东中部地区，能源资源与需求整体呈逆向分布，尤其西部能源基地与东中部负荷中心距离普遍在 1000～3000 千米。为加强区域能源供需衔接、优化能源开发利用布局、提高能源资源配置效率，我国相继出台《"十四五"现代能源体系规划》（发改能源〔2022〕210 号）等文件，提出完善能源生产供应格局，加强电力和油气跨省跨区输送通道建设，并不断加大能源就近开发利用力度，积极发展分布式能源等重点举措，推动我国能源配置平台化发展。

加快特高压电网及主网架建设是促进能源配置平台化的关键支撑。特高压电网由 1000 千伏及以上交流和 ±800 千伏及以上直流输电构成，是目前世界上最先进的输电技术，也是推动能源优化配置、绿色转型的综合平台，具有服务范围广、优化配置能力强、安全可靠性高、绿色低碳等特点。我国在特高压理论、技术、标准、装备及工程建设、运行等方面已取得全面创新突破，掌握了具有自主知识产权的特高压输电技术，加快完善特高压电网及主网架建设将成为电力远距离高效配置的核心抓手。图 9-2 所示为张北—雄安 1000 千伏特高压交流输变电工程。

加快现代城乡配电网建设是促进能源配置平台化的重要保障。近年来，党中央强调要坚持实施区域重大战略、区域协调发展战略、主体功能区战略，这对电力保障能力和边远地区输配电能力提出了更高要求。与此同时，随着分布式电源、储能、电动汽车、智能用电设备等交互式设施的大量使用，以及"大云物移智链"等先进信息技术的广泛应用，城乡配电网向更加智能化、互动化、高效化发展已成为必然趋势。在此背景下，加强现代城乡配电网建设、加快推动电网形态转型升级将成为能源电力资源配置更加精细高效、安全可靠的重要保障。

图 9-2 张北—雄安 1000 千伏特高压交流输变电工程

促进清洁能源及时同步并网是促进能源配置平台化的重要目标。在"双碳"目标及构建新型电力系统背景下，我国以风、光为代表的新能源将持续快速发展，党中央、国务院印发的《中共中央 国务院关于完整准确全面贯彻新发展理念做好碳达峰碳中和工作的意见》（中发〔2021〕36 号）提出积极发展非化石能源，国家能源局组织编制的《新型电力系统发展蓝皮书》进一步明确电力供应主体将逐渐向新能源转变。电网作为电力资源传输平台，积极服务新能源发展，推动能源清洁低碳转型背景下新能源高效利用将成为能源配置平台化的关键。

根据有关文件要求，"十四五"期间，我国存量通道输电能力将提升 4000万千瓦以上，新增开工建设跨省跨区输电能力将达 6000 万千瓦以上，跨省跨区直流输电通道平均利用小时数力争达到 4500 小时以上，全国油气管网规模将达到 21万千米左右。

二、能源配置平台化实现路径

构建新型电力系统、持续推进能源配置平台化，应坚持贯彻落实党中央、国务院关于加强电网建设的战略部署，充分发挥电网的平台和纽带作用，不断推动特高压输电线路、主网网架及配电网的优化完善，提升跨区跨省输电能力，并积极服务新能源并网。

（1）加快特高压电网建设，持续完善主网格局，充分发挥特高压电网的能源配置平台价值。在受端，建设、扩展和完善特高压骨干网架，优化 500（750）千伏电网，实现合理分层分区，提高重要断面输送能力，完善 220（330）千伏电网，围绕负荷中心逐步形成双回路供电和环网结构，提升供电能力和可靠性水平，实现灵活可靠供电，并加快构建水火风光资源优化配置平台，提高清洁能源接纳能力。在送端，贯彻落实国家关于沙漠、戈壁、荒漠地区为重点的大型风电光伏基地开发规划，坚持大型风电光伏基地、先进煤电、特高压通道"三位一体"，全力做好基地外送和电网发展格局研究，将华北、西北主网架向沙漠基地延伸，完善西北、东北主网架结构，加快构建川渝特高压交流主网架，支撑跨区直流安全高效运行。2015—2022 年国家电网公司特高压线路累计长度如图 9-3 所示。

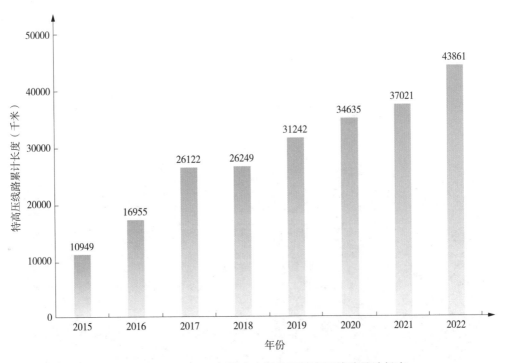

图 9-3　2015—2022 年国家电网公司特高压线路累计长度

◎ 国网冀北电力实施新型电力系统全域综合示范行动

　　国网冀北电力深入推动构建新型电力系统，发布《新型电力系统全域综合示范行动》，全面打造电源友好、主网增强、配网升级、负荷响应、储能联动、调控提升、市场建设、数智赋能、气象服务、生态共赢等十大工程，建设"新能源＋储能＋分布式调相机"、柔性直流换流站智慧运维、塞罕坝智慧配电网区域级自治技术、新型储能试验检测创新平台等示范应用项目，统筹推进源网荷储等全要素先进技术、装备材料的科研攻关和示范验证，推动能源资源全域优化配置，提升全社会综合用能效率，为我国能源转型提供样板工程。图 9-4 所示为张北柔性直流电网试验示范工程。

　　预计到 2030 年，冀北全域基本建成新型电力系统，新能源装机容量占本地电源总量的 85% 左右，新能源发电量占全社会用电量的比重达 80% 左右，储能装机容量达到 2000 万千瓦以上，建成最大负荷 20% 以上的可调节负荷资源池，分布式电源渗透率达到 25%。

图 9-4　张北柔性直流电网试验示范工程

◎ 国网四川电力打造清洁能源大范围优化配置和高质量就地消纳典范

作为国家清洁能源示范省，四川水电装机容量达到近 1 亿千瓦，全国每 100 千瓦时水电就有 28 千瓦时出自四川，是名副其实的"水电第一大省"。截至 2023 年 8 月，国家电网在四川建成投运向家坝—上海、溪洛渡—浙江、锦屏—江苏、雅中—江西、白鹤滩—江苏、白鹤滩—浙江等 6 条特高压直流输电工程，四川电力外送能力超过 5000 万千瓦，形成了我国"西电东送"的主力军。近年来，国网四川电力持续升级电网，坚持"强电网、保内供、稳外送"，打造了清洁能源大范围优化配置和高质量就地消纳的典范，四川省累计外送电量已超过 1.5 万亿千瓦时，助力民族地区把资源优势转化为经济优势，为我国东中部地区经济社会发展作出了巨大贡献。图 9-5 所示为全球占地面积、变电容量最大的特高压换流站——四川布拖换流站，该站由 2 个 ±800 千伏换流站和 1 个 500 千伏变电站"三站合一"进行建设，占地面积 0.62 平方千米，相当于 90 个标准足球场大小。

图 9-5　全球占地面积、变电容量最大的特高压换流站——四川布拖换流站

◎ 福州—厦门 1000 千伏特高压交流输变电工程

　　该工程于 2022 年 3 月开工，新增变电容量 600 万千伏安，新建双回 1000 千伏输电线路（见图 9-6）238 千米。该工程投运后，可提升福建电网外受电能力 400 万千瓦，促进沿海核电、风电等开发利用，提升福建电网供电可靠性，有力支撑闽粤联网工程稳定发挥作用。

图 9-6　福州—厦门 1000 千伏特高压交流输变电工程

◎ 青海—河南 ±800 千伏特高压直流输电工程

　　该工程起点为青海海南藏族自治州，落点为河南省驻马店，设计输电能力 800 万千瓦，输电线路（见图 9-7）长度 1578 千米，工程投资 223 亿元。该工程创下多项世界第一：首次大规模输送以新能源为主的电能、首次进入海拔 3000～4000 米地区建设施工、首次研发应用升级版的特高压输电技术、首次采用 800 千伏换流变电站现场组装方案。

图 9-7　青海—河南 ±800 千伏特高压直流输电工程

◎ 江苏苏通 GIL 综合管廊工程

　　该工程（见图 9-8）起于长江南岸苏州引接站，止于北岸南通引接站，通过 2 回敷设于管廊中的 GIL 穿越长江，隧道全长 5468.5 米，GIL 总长 34.2 千米，工程投资 48 亿元。该工程开创性采用"紧凑型特高压 GIL+ 大直径长距离水下隧道"穿越长江，代表了特高压输电研发、电工装备制造、深水隧道施工等领域的国际领先水平。这项超级工程让华东特高压交流环网实现合环运行，大幅提升了华东电网的受电能力。

图 9-8　江苏苏通 GIL 综合管廊工程

　　（2）加大配电网建设力度，增加配电网规模，稳步提升供电质量。配电网规划体系建设方面，推动配电网转型升级，准确把握配电网未来形态特征，开展配电网一、二次融合发展顶层设计研究，大力推广配电网典型模式、标准界限，提高配电网规划精细度和精准度。配电网发展策略方面，结合国家各类主体功能区发展定位，个性化制定规划目标、技术原则和建设标准，加强中心城市、城市群和都市圈电网建设，打造国际领先城市配电网，服务新型城镇化发展，加快提档升级，助力提升经济发展优势区域的经济和人口承载能力。配电网智能化方面，加大中压配电网智能终端部署和配电信息网建设，提升配电自动化实用化水平，并向低压配电网延伸，大幅提高可观性、可测性、可控性；推动应用新型储能、需求响应，通过多能互补、源网荷储一体化协调控制技术，提高配电网调节能力和适应能力，促进电力电量分层、分级、分群平衡。

◎ 国网辽宁电力全面服务乡村振兴

国网辽宁电力深入推动东北全面振兴，牢牢把握东北在维护国家"五大安全"中的重要使命，持续加大配电网投资力度，实施农网巩固提升工程，全面服务乡村振兴。着力提升供电服务水平，优化无功配置，扩大全自动型馈线自动化应用范围，稳步提升网络自愈能力。积极服务新能源发展，探索源网荷储多要素协同互动模式，加快推进绿色转型，推进感知终端优化布局，负荷控制能力逐步达到地区最大负荷的20%，建设现代智慧配电网示范区，打造安全可靠型、普惠利民型、灵活友好型、数字前瞻型、经济高效型的"五型"现代智慧配电网。图9-9所示为辽宁阜新高山子风电场。

图9-9　辽宁阜新高山子风电场

◎ 国网上海电力建成世界首个 35 千伏公里级超导输电示范工程

　　该工程于 2021 年 12 月投运，是目前世界上输送容量最大、距离最长、接头数量最多的全商业化运行的超导输电工程，也是唯一采用全排管敷设的公里级超导输电工程，工程开创了公里级超导电缆在大型城市核心区域运行的先例（见图 9-10），加速了超导全产业链国产化，大幅提升了我国在超导输电领域的国际影响力。截至 2023 年 8 月，工程已累计为供电区域内徐家汇商圈、上海体育馆等 4.9 万户用户供电近 3 亿千瓦时。

图 9-10　35 千伏公里级超导输电示范工程

　　（3）通过配套电网工程建设、分布式电源并网服务等方式加大对清洁能源并网的支撑力度。高效服务新能源大规模开发利用方面，加快开辟风电、太阳能发电等新能源配套电网工程"绿色通道"建设，确保电网、电源同步投产；加快水电、核电并网和送出工程建设，支持四川等地区水电开发，超前研究西藏水电开发外送方案。提升分布式新能源发展支持能力方面，研究探索分布式光伏、新型储能和微电网等各类新兴要素与配电网平等友好互动、可持续发展的模式与机制，做好并网型微电网接入服务，发挥微电网就地消纳分布式电源、集成优化供需资源作用；为分布式新能源接入申请、接入系统方案评审、并网验收及调试、计量结算、并网咨询等提供"一站式"并网服务及后评价服务；加强与配电网信息互联互通，开展配电台区接纳低压分布式新能源开放容量计算评估。

◎ 国网分布式光伏云网

国网分布式光伏云网为政府部门、电网公司、电站业主、建设单位、运维企业等提供分布式光伏线上并网、电费结算、电站监测、智慧运维等全流程一揽子平台综合服务，打造"业务协同高效、流程便捷透明、服务开放共享"的分布式光伏综合服务体系。国网分布式光伏云网平台如图 9-11 所示。

图 9-11　国网分布式光伏云网平台

◎ 安徽金寨分布式发电集群示范区

该示范区工程系统集成调容调压变压器、智能测控保护装置、集中和分散式太阳能光伏发电站（见图 9-12）、小型气象监测装置等 300 多套智能并网装置，整体实现了可观测、可控制、可治理，确保高渗透率分布式发电集群"发得出、并得上、用得掉"。

图 9-12　安徽金寨金刚台村集中式光伏电站

◎ 国网天津电力建成新能源车综合服务中心

国网天津电力加快充电基础设施建设，构建"光储充换"绿色充电系统和"冷热电"综合能源系统，建成国内首座集数字化、网联化、生态化功能于一体的津门湖新能源车综合服务中心。中心设有 71 个智能充电车位，利用屋顶和车棚建设 379 千瓦光伏电站，配有 1000 千瓦时储能设施和绿色能源管理服务平台（见图 9-13），构建了一套"2+1"的源网荷储交直流绿色微能源网。截至 2023 年 8 月，光伏发电累计 85 万千瓦时，储能累计充放电量 126.31 万千瓦时，全站实现节能减排二氧化碳 11640 吨，楼宇能源自给率达到 85%，整体达到绿色二星建筑和"近零能耗"标准。中心提供国内技术最先进、充电方式最全、充电安全性最高、互动性最强的充电体验，自投运以来，累计充换电 50.43 万次，充换电量超 1082 万千瓦时，日最高充换电量 2.4 万千瓦时，在天津市公共充电站排名第一位。

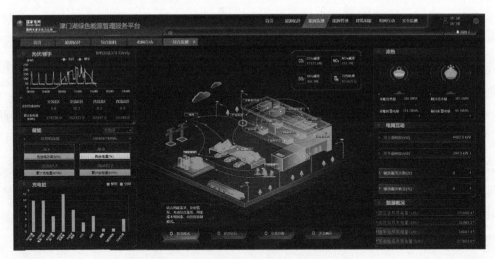

图 9-13 津门湖绿色能源管理服务平台

（4）提升电网安全风险防控能力。建立健全电网安全管理体系，推动电网安全生产治理体系和治理能力现代化。从网架、技术、设备、管理、机制等方面统筹发力，完善安全立体防御体系。强化电网运行和结构安全，针对电力系统"双高""双峰"特征，加强基础理论研究，完善电网控制策略。筑牢电网"三道防线"，持续完善应急体系建设，密切关注气候变化，加强负荷高峰时段调度管理和需求侧管理，确保大电网安全。强化设备管理安全，深化特高压全过程技术监督、变电站远程智能巡视和重要输电通道运维，强化直流精益化检修。加强网络信息安全，加快完善全网联防联控机制，建设全场景网络安全防护体系，建立健全全天候网络安全在线监测机制，定期开展攻防演练，提高综合防御能力。

第二节 能源生产清洁化

一、能源生产清洁化内涵

能源生产供应清洁化是能源清洁低碳转型的必然要求。近年来，风能、太阳能等可再生能源快速发展，全球能源结构加快调整，已有超过 130 个国家和地区设定了碳中和目标，绿色低碳成为能源发展的鲜明底色。"双碳"目标下，我国能源生产将加速提升清洁化水平。近年来，我国先后印发《中共中央　国务院关于完整准确全面贯彻新发展理念做好碳达峰碳中和工作的意见》（中发〔2021〕36 号）、《2030 年前碳达峰行动方案》《关于完善能源绿色低碳转型体制机制和政策措施的意见》（发改能源〔2022〕206 号）、《关于促进新时代新能源高质量发展的实施方案》（国办函〔2022〕39 号）等文件，明确在保障能源安全的前提下，大力实施可再生能源替代，加快构建清洁低碳、安全高效的能源体系，预计到 2030 年，风电、太阳能发电总装机容量达到 12 亿千瓦以上，"十四五""十五五"期间分别新增水电装机容量 4000 万千瓦左右。

能源生产供应清洁化突出体现为清洁低碳能源的大规模开发利用及开发利用模式的创新。我国将加快推进以沙漠、戈壁、荒漠地区为重点的大型风电光伏基地建设，促进新能源开发利用与乡村振兴融合发展，推动新能源在工业和建筑领域应用，引导全社会消费新能源等绿色电力，加强煤炭清洁高效利用，推动煤电由支撑性电源向调节性电源转变，统筹水电开发和生态保护，积极安全有序发展核电，加强能源产供储销体系建设，非化石能源发电将逐步转变为装机主体和电量主体。

　　能源生产供应清洁化以能源保供为基础，坚持以电力为中心。全球能源体系正经历着一场前所未有的系统性、根本性变革。在减少化石能源消费、推动能源清洁转型的进程中，需要立足我国能源资源禀赋，平衡考虑各方面因素，坚持先立后破、通盘谋划，积极稳妥推动传统能源与新能源优化组合，守住能源安全可靠供应的底线。同时，推动绿色发展、推进能源革命是共创美好能源未来的必由之路。电能是清洁、高效的二次能源，以电为中心，电、气、冷、热、氢等多能互补、灵活转换是能源系统发展演变的潮流趋势，高度电气化也将成为未来经济社会的显著特征，电力行业将在能源转型发展中发挥日益重要的作用。图 9-14 展示了煤电与新能源优化组合功能示意。

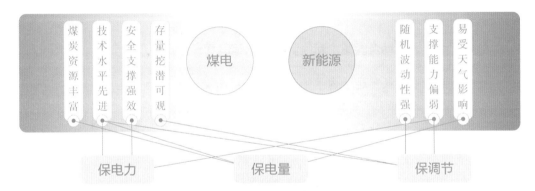

图 9-14　煤电与新能源优化组合功能示意

　　能源生产供应清洁化以科技创新和产业升级为重要动力。以新能源大规模开发利用为特征的新一轮能源革命深入推进，部分技术和基础理论研究进入"无人区"，对创新支撑的需求十分迫切。因此，必须坚持需求导向、问题导向，大力推进原始创新，强化先进技术集成，以源源不断的创新成果为能源转型注入新动能。同时，合理的新能源产业规划及规范的产业发展秩序，有利于促进我国新能源产业的健康发展，提升国际竞争力。

二、能源生产清洁化实现路径

　　实现能源生产供应清洁化，从保障能源安全、推动能源转型、服务"双碳"目标的高度，构建多元合理的能源供应体系，坚持集中式和分布式并举，全面提升电力系统调节能力和灵活性，引导形成绿色低碳的能源消费模式。

（1）以保障能源安全供应为前提，构建多元合理的能源供应体系。受能源资源禀赋差异分布影响，我国的能源资源和生产供应以西部地区为主，而能源消费则大多分布在东中部沿海经济发达地区，如何加速构建多元合理的能源供应体系，切实保障能源供应安全，是全力推动能源清洁低碳转型的重要前提。一方面，以"双碳"目标为指引，大力推进化石能源清洁高效利用，不断完善水电、核电、风电、太阳能发电等清洁能源生产体系，加快提升非化石能源在能源供应中的比重；另一方面，持续推进能源科技创新，推动新能源设备制造、核能利用、煤炭绿色智能开采等新技术、新模式、新业态发展，使能源科技创新成为推动能源变革的中坚力量。

◎ 国网宁夏电力推动全国首个新能源综合示范区建设

作为国家"西电东送"的重要送端，国网宁夏电力借助宁夏"地域小、风光足、电网强、送出稳"的独特优势，着力打造"强电网、大送端"为特点的骨干电网网架，区内形成了以 750 千伏双环网为主网架，打通了向山东、浙江送电的两大直流外送大通道，奠定了如今宁夏"强电网、大送端"格局，形成了"内供""外送"两个市场，在全力保障宁夏电力可靠供应的同时，将电力通过直流外送大通道（见图 9-15）送至全国十几个省份，累计外送电量突破 6600 亿千瓦时。国网宁夏电力持续攻关以输送新能源为主的特高压直流送电技术难题，推进"新能源＋储能"、源网荷储互动等新技术示范应用，新能源利用率连续 6 年保持在 97% 以上，有力推动了宁夏作为全国首个新能源综合示范区建设。

图 9-15　宁东—浙江 ±800 千伏特高压直流输电工程

◎ 国网福建电力建成多元清洁能源互济互补供应体系

　　国网福建电力依托于省内齐全的清洁资源品类，形成水、核、风、光多元清洁能源互济互补的供应体系，成为我国东南沿海地区重要的清洁能源基地。2022 年，福建清洁能源装机容量、发电量占比分别达 60.3%、54.5%，分别高出我国均值 4.1 个、12.9 个百分点，并连续多年保持清洁能源 100% 消纳。图 9-16 所示为福建南平松溪县光伏发电站。

图 9-16　福建南平松溪县光伏发电站

　　（2）坚持集中式和分布式并举，大力开发利用可再生能源。对于风电，在"三北"地区和东部沿海地区进行重点开发，形成以成片区的、较大规模的集中式风电场为主的开发模式；支持风能资源一般地区因地制宜地推进开发中小型分布式风电场，在沿海和中部地区建设若干分布式风电群。对于太阳能发电，重点开发建设一批百万千瓦、十万千瓦光伏基地，在条件具备地区建设一批城市并网光伏发电系统。对于水电，全面推进西部地区大型水电能源基地建设，合理开发中部地区剩余水能资源，重点做好东部地区已建电站的扩机和改造升级。

◎ 国网河北电力助力雄安新区绿色智慧能源建设

雄安高铁站（见图9-17）站房外观呈水滴状椭圆造型，站房屋顶的分布式光伏发电板犹如水滴上的一颗明珠，闪闪发光。该项目采用多晶硅光伏组件，铺设面积4.2万米^2，总容量为5.97兆瓦，年均发电量580万千瓦时，为雄安高铁站提供源源不断的清洁电力。项目每年可节约标准煤约1800吨，相应减少二氧化碳排放4500吨，相当于植树0.12千米^2。项目采用"自发自用、余量上网"的并网模式，国网河北电力严格组织项目前期并网方案评审和项目竣工阶段验收，确保光伏项目如期并网发电。该项目的顺利投运为雄安新区绿色智慧能源建设提供了样板，打造了绿色智慧交通的应用典范，助力雄安绿色之城建设。

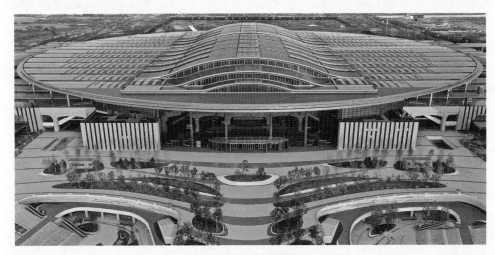

图 9-17　雄安高铁站

（3）全面提升电力系统调节能力和灵活性，适应新能源占比的逐渐提高。加快抽水蓄能电站和燃气电站等调峰电源建设。对已开工建设的抽水蓄能电站项目，优化施工工期，力争提前投运；积极推进已列入规划的抽水蓄能电站建设，力争按期投产；结合特高压电网建设、新能源发展，适时调整抽水蓄能选点规划。推进天然气调峰电站建设，在有条件的华北、华东、南方、西北等地区建设一批天然气调峰电站，增加系统的灵活性资源供给能力。推进煤电机组深度调峰改造与储能应用。我国已具备自主改造锅炉、汽轮机、蓄热罐、电锅炉等设备的能力，且掌握了兆瓦级、10兆瓦级电池储能电站的集成、运行和控制技术，未来应通过市场化手段激发灵活性改造积极性和储能商业化推广能力，深入挖掘需求响应潜力，提高负荷侧灵活调节能力，促进新能源消纳。

（4）引导绿色低碳的能源消费模式，促进新能源大规模利用。近年来，我国大力推进能源消费结构调整，太阳能、风能、核能、水能等清洁能源产业步入发展的快车道。但受限于我国以煤为主的能源资源禀赋，煤炭在能源消费体系中仍将长期占据主导地位，因此必须不断优化煤炭与清洁能源的配比组合，抑制不合理的能源消费。一方面，持续推进工业企业、城市综合体、大型学校、医院、办公楼等提升电气化水平，支持重大用能设备如工业窑炉等的电气化改造行动并制定相应的补贴政策。另一方面，引导居民家庭优化用能结构，加大新能源汽车的推广范围与力度，做好充换电配套设施建设，夯实发展基础。

第三节　能源消费电气化

一、能源消费电气化内涵

在消费领域，要增强全民节约意识，倡导简约适度、绿色低碳的生活方式，反对奢侈浪费和过度消费。电气化水平是现代文明进步的重要标志，提升消费侧电气化水平是推动能源消费结构持续优化的重要途径。

国家层面高度重视能源消费电气化水平提升，相继在《中共中央　国务院关于完整准确全面贯彻新发展理念做好碳达峰碳中和工作的意见》（中发〔2021〕36号）、《"十四五"现代能源体系规划》（发改能源〔2022〕210号）、《"十四五"节能减排综合工作方案》（国发〔2021〕33号）、《国家发展改革委等部门关于进一步推进电能替代的指导意见》（发改能源〔2022〕353号）等文件中提出，在工业、交通等领域推广电炉钢、电动汽车、港口岸电等技术，并大幅提升建筑采暖、生活、炊事等电气化普及率。国家电网公司主动推动三峡坝区岸电实验区建设，图9-18所示为船舶停靠重庆的港口使用岸电。

图 9-18　船舶停靠重庆的港口使用岸电

　　电气化发展是推动能源绿色低碳转型，助力实现碳达峰碳中和的重要途径，在国民经济各部门和人民生活广泛使用电力的基础上，能源消费侧将与供应侧协同推进电气化进程。在大力发展非化石能源电源的同时，以提高电能占终端能源消费比重为目标，稳妥有序实施电能替代，加强节能节电技术创新与电力需求侧管理，构建现代供电服务体系，拓展综合能源服务业务，同时通过相应的技术创新支撑与体制机制保障，推动能源生产与消费变革，助力经济社会全面绿色转型。

　　随着工业、建筑、交通等各领域的电气化、自动化、智能化发展，以及清洁电力供应在经济和环境方面的优势逐步显现，全社会电气化水平将明显提高。根据预测，2025 年，我国终端能源消费电气化水平将达到 30% 左右；2030 年，随着先进电气化技术的持续进步及经济性不断提升，我国终端能源消费电气化水平将增长到39%；2060 年，绿色低碳循环发展的经济体系和清洁低碳安全高效的能源体系全面建立，能源利用率达到国际先进水平，终端能源消费电气化水平将达 70%。

二、能源消费电气化实现路径

　　（1）统筹电气化发展与电力供应保障，积极稳妥推进电能替代。结合各地区中长期电力供需形势，科学匹配新增用电需求与电力供应能力，合理安排各类电能替代项目建设运营时序。在电力供需形势相对宽松地区，结合工业、建筑、交通部门电能替代潜力和产业低碳电气化转型政策支持力度，积极推动实施技术成熟度高、经济性好、减污降碳效果明显的电能替代项目，更好满足终端用户日益增长的清洁电力需求；在电力供需形势时段性偏紧地区，稳步推广非高峰季节电能替代项目，或建设布局具备错峰功能的电能替代项目，如"热泵＋蓄能"、建筑电蓄冷、农业电烘干等；在电网网架薄弱的边远、边疆、海岛地区，考虑电能替代项目建设运营成本，稳妥布局分布式能源微电网项目。

◎ 国家电网公司科学有序实施电能替代

国家电网公司落实《国家发展改革委等部门关于进一步推进电能替代的指导意见》（发改能源〔2022〕353号），围绕工（农）业生产制造、建筑、交通运输等重点领域拓宽电能替代深度广度，优化终端能源消费结构。优化岸电设施报装流程，简化报装手续，多措并举服务客户便捷用电，推动长江经济带、京杭大运河及东部沿海等更广泛区域岸电发展（见图9-19）。成立能源行业岸电标准委员会，加快标准制修订，持续提升岸电标准化、规范化水平。2016—2022年，国家电网公司累计推广电能替代项目42万余个，替代电量超过9000亿千瓦时。

图9-19　国网湖北电力工作人员在长江沿岸为游轮提供岸电接入服务

◎ 国网北京电力推进电能替代工作

　　国网北京电力积极推广建筑和消费电能替代，截至 2022 年年底，完成 1006 个村 36.65 万户"煤改电"改造（见图 9-20），预计每个采暖季可减少散煤燃烧 146.61 万吨，减少二氧化碳排放 381.18 万吨，累计乡村"煤改电"户数居全国首位。与此同时，国网北京电力全面推进商业餐饮领域的液化石油气电能替代，累计完成 4936 户商业餐饮"瓶装气改电"改造，其中首都核心区 1149 户，预计年替代电量 5.4 亿千瓦时，减少二氧化碳排放 11.53 万吨。

图 9-20　国网北京电力加强"煤改电"配套电网建设

　　（2）细化完善电能替代产业支持政策。在工业部门，通过拓展奖励、补贴等方式，对符合条件的工业电能替代技术的研发和具有复制推广应用价值的工业电能替代项目的实施予以支持，提升重点行业参与电能替代的积极性。在建筑部门，推动完善零碳智慧建筑设计、建造、运营管理标准体系，制定环保、价格、补贴支持政策，激发公共建筑领域电能替代市场活力。在交通部门，加大充电基础设施建设运营补贴支持力度，引导企业联合建立充电设施运营服务平台，实现互联互通、信息共享与统一结算。在农业农村部门，完善农村电采暖、农业生产电能替代支持政策，制定鼓励农村地区分布式能源微电网等新业态发展的支持政策，扩大农村清洁能源利用规模。推动建立发电侧与用电侧联动的价格机制、研究电力与其他能源之间的比价关系合理化，确保价格信号的有效传递，改善现阶段经济性欠佳的分散式电采暖、工业电窑炉等替代项目的经济性，促进各类主体共享电气化发展红利。

（3）健全电气化发展市场机制。推动电能替代项目市场化运作，鼓励设备厂商及综合能源服务商以合同能源管理方式或设备租赁方式开展电能替代，减少用户一次性投资压力。丰富融资渠道，鼓励银行、金融机构和社会资本参与电能替代工作，提供多样化的电能替代资金解决方案。支持电能替代用户参与电力市场竞争，与各类发电企业开展电力直接交易，增加用户选择权。探索由第三方代理、替代电量以集中打包方式参与电力市场化交易，实施"政府授权、分表计量、打包交易"工作机制，完成协议替代电量，促使用户平均用电成本处于合理区间。

◎ 国网湖南电力成功打造"无烟囱工业园"

　　国网湖南电力加强配套电网建设，创新合同能源管理模式，将某工业园37家铸锻造企业53台燃煤冲天炉改造为中频炉（见图9-21），成功打造"无烟囱工业园"。该工业园实现年替代电量1.55亿千瓦时，园区企业平均利润提高1100元/吨，年减少二氧化碳排放15万吨，有效促进了当地经济社会发展。以"电"为中心的清洁能源正对当地的生产、生活方式进行重构，推动基础设施建设和乡村振兴建设朝着绿色智能方向跨越发展。

图 9-21　湖南某工业园实施合同能源管理

（4）拓展以电能为主要供能形式的综合能源服务。推动电、热、冷、气多元聚合互动，助力智慧能源系统建设，优化完善新能源微电网、"光伏+"应用等新业态的实施路径，培育新型商业模式，拓展多元化、定制化区域综合能源服务。推进"电能替代+综合能源服务"业态融合发展，优选典型公共建筑、工业企业、园区和县域乡镇，鼓励开展电、热、冷、气等多类型能源混业售卖模式，以政府指导签订市场化协议的模式形成综合能源价格。

◎ 国网江苏电力为客户量身定做能效提升专业方案

国网江苏综合能源服务有限公司为江苏某公司开展"能效提升服务专项行动"，为客户量身定做能效提升专业方案，通过富氧燃烧技术、精确空燃比控制技术、精确温度控制技术、新型保温技术的综合利用，降低企业的吨钢能耗。分别对江苏某公司钢包烘烤器、水泵开展节能改造，节能改造实施后（见图9-22），减少约70%的排烟量，实测节能率接近80%，整体循环水系统节电率可达21.1%以上。该公司每年可节约用电925万千瓦时，节约天然气907.48米^3，项目整体节能效益881.92万元/年。

图9-22 江苏某公司进行节能改造提升能效

（5）创新引领用能高效转换与电力供需互动。推动工农业生产、公共建筑供暖供冷、交通运输、居民生活等重点行业和领域高效电能替代技术创新，开展高温蒸汽热泵、高密度长寿命蓄热材料、电转气等高效电气化技术装备研发攻关，努力在电力用户多源信息智能感知与实时控制技术、电力—热力—交通—天然气管网综合能源网络协调运行技术等领域取得突破，逐步扩大新型负荷灵活调节技术、用户灵活资源即插即用接口技术、适应大规模电动汽车接入的车网互动技术应用范围。

◎ 国网安徽电力助力客户打造智慧建筑

国网安徽综合能源服务有限公司与安徽某大厦管理中心签订能源托管合同，对大厦三栋大楼约 6.7 万米² 公建实施节能改造。改造内容主要包括供配电系统、照明系统、中央空调系统、空调末端系统、热水系统和数据机房，提供从用能监测、用能诊断到能效提升的全过程服务，打造从能源托管到智能运维的一站式解决方案，建成集清洁低碳、安全可靠、智能高效于一体的智慧建筑。安徽某建筑能效智能管控平台如图 9-23 所示。托管期内，建筑的能耗消费每平方米降低 7.78 元，综合节能率 13.01%，减少二氧化碳排放 2300 吨。

图 9-23 安徽某建筑能效智能管控平台

（6）推动电气化领域融通创新。建立跨行业科研联合攻关机制，融合各行业科研平台，根据各行业的工艺流程、技术发展趋势、电能替代需求、碳减排精细化核算等，共同开展各行业电气化关键技术研究，协同开展"光储直柔"、区域综合能源服务等电气化领域跨行业标准制修订。形成电气化产业链协同创新合力，打造行业间创新主体高效协作、创新资源有序流动、创新活力竞相迸发的新生态，推动新型储能、虚拟电厂等先进前沿技术创新，加速向宽场景、大规模商业应用转化。

第四节　能源创新融合化

一、能源创新融合化内涵

当今世界以科技为先导、以经济为中心的综合国力竞争不断加剧，技术之争已经成为国际竞争和大国博弈的主要战场。创新在我国现代化建设全局中处于核心地位，科技自立自强成为国家发展的战略支撑。我国能源电力发展长期面临保障能源供给、加快能源转型的双重挑战。《"十四五"能源领域科技创新规划》（国能发科技〔2021〕58号）、《"十四五"现代能源体系规划》（发改能源〔2022〕210号）等文件要求，充分发挥科技创新引领能源发展第一动力作用，立足能源产业需求，着眼能源发展未来，健全科技创新体系、夯实科技创新基础、突破关键技术瓶颈，为推动能源技术革命，构建清洁低碳、安全高效的能源体系提供坚强保障。

能源科技创新有利于保障能源安全供应。通过构建安全防御体系和多层级协同运行控制体系，提升电网运行风险防控能力与精益化水平，提升大电网安全驾驭能力，保障电网安全可靠运行。

能源科技创新有利于服务清洁能源发展。通过强化可再生能源功率预测和优化调度技术，提升源网荷储协调互动能力，构建能源大范围高效配置的物理基础平台，推动西电东送、北电南供、水火互济、风光互补，促进清洁能源大规模开发、大范围配置和高效率利用。图9-24所示为阿里电力联网工程日土羊景观塔。

图 9-24 阿里电力联网工程日土羊景观塔

能源科技创新有利于服务能源消费优质供给。通过提升电网智能互动水平，加强多种能源灵活转换与集成优化技术攻关和示范应用，构建智慧能源服务体系，推动能源综合利用效率优化，以更可靠的电力和更优质的服务，持续为客户创造最大价值，助力经济社会发展，服务人民美好生活。

二、能源创新融合化实现路径

从电力领域关键技术及重点装备研发、多领域关键技术融合创新、标准规范体系建设，以及试点示范工程建设等方面，提出强化核心技术创新与应用的实现路径。

（1）实施科技攻关行动计划。实施"新型电力系统科技攻关行动计划"，以"三加强"（加强源网荷储协同发展、加强绿色低碳交易市场体系构建、加强电力系统可观可测可控能力建设）、"三提升"（提升新能源发电主动支撑、提升系统安全稳定运行、提升终端互动调节）为攻关方向，统筹推进基础理论研究、关键技术攻关、标准研制、成果应用和工程示范。联合能源电力行业上下游高校院所、企业协同攻关，深化产研用协同，打造开放共享创新平台。图 9-25 展示了面向"双碳"目标的基础支撑关键技术方向。

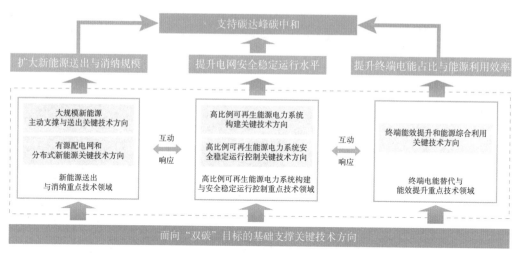

图 9-25　面向"双碳"目标的基础支撑关键技术方向

（2）加强关键创新技术攻关。加强基础、前瞻研究领域的研发投入，优先保障关键创新技术攻关支持力度，加强研究成果的示范应用。瞄准电力科技和产业发展制高点，实现电力高端芯片、关键核心部件、基础应用软件等国产化替代，把科技的命脉牢牢掌握在自己手中，保障电网的安全性、独立性和自主性。

（3）开展关键技术标准顶层设计。以畅通产业链合作为导向，编制"新型电力系统技术标准体系框架"，重点开展新型电力系统构建及运行控制、分布式新能源及微电网、新能源和储能并网、需求响应等标准制定，超前布局标准国际化方向。制定技术成熟度评价体系，筛选出一批前景广阔、成熟度高的新技术、新产品，加快推广应用。

◎ 国家电网公司积极建立健全新型技术标准创新体系

国家电网公司承建我国能源领域首个国家级技术标准创新平台，高质量完成我国首个国家重大工程标准化示范、国家科技成果转化为技术标准等重大标准化试点任务。截至 2022 年年底，累计制定国家标准 1185 项、行业标准 2477 项、团体标准 1164 项，牵头立项国际标准 157 项、发布国际标准 83 项，推动 525 项中国标准海外应用。连续 7 届荣获中国标准创新贡献奖一等奖，一等奖获奖数量位列全国首位。

（4）加强实验研究能力建设。面向电网发展新兴技术和核心技术领域，加强电力智能传感、区域能源互联网、大型变压器组部件等实验研究能力建设，加强重点领域国家级实验室培育与申报。面向"大云物移智链"技术在电网运行、企业管理、客户服务等方面的应用，加快数字化转型的实验研发能力建设。加强实验研究资源开放共享，鼓励社会资源强强联合、优势互补，共同提升实验水平。完善实验研究人才引进和培养机制，不断完善实验研究基础条件，探索高端技术专家资源的灵活高效共享机制，充分发挥人力资源优势。

（5）推进新型电力系统示范区建设。选择福建、浙江、青海作为省级示范区，重点研究送受端大电网与分布式、微电网融合发展方案，以及适应新能源发展的政策和市场机制；选择西藏藏中、新疆南疆、河北张家口作为地区级示范区，重点研究送端高比例可再生能源电力系统构建方案，推广"新能源＋储能＋调相机"发展模式。

◎ 国网浙江电力积极打造新型电力系统示范工程

　　国网浙江电力结合省内地域的不同禀赋、不同电网特征，积极打造新型电力系统示范工程，为新型电力系统构建提供多样化实践和参考。投运世界首个高压大容量柔性低频换流站——杭州 220 千伏亭山站，建成台州 35 千伏柔性低频输电工程（见图 9-26）、宁波和台州氢电耦合工程、嘉兴数字孪生配电网规划系统、绍兴中压直挂式储能电站等一批全国首创性示范工程。推动分布式潮流控制器、柔性短路电流抑制、移动式即插即用储能电站、动态增容等一批"首台首套""首面首域"项目试点运行。

图 9-26　浙江台州 35 千伏柔性低频输电工程

◎ 国网青海电力推动新型电力系统示范工程先行先试

国网青海电力聚焦"双碳"目标和构建新型电力系统示范区的任务要求，推动重大示范工程先行先试：研究应用柔性直流技术及成套设备，示范解决缺乏常规电源支撑情况下，高比例或者纯新能源远距离外送难题；推进氢电耦合项目落地示范，探索氢储能对电网提供辅助服务的市场机制和运营模式，缓解电网保供压力；试点新能源主动支撑技术，提高新能源主动支撑、调节与故障穿越能力；加强"大云物移智链"等数字技术在电力系统中的融合应用研究，建设青海省智慧双碳大数据中心（见图9-27），开展绿电溯源服务，实现全清洁能源生产、传输、消费全链条动态溯源。

图9-27　青海省智慧双碳大数据中心

（6）营造能源互联网创新生态。加强科研协同创新，主动对接国家部委和行业龙头企业，充分发挥国家电网公司主体支撑和融通带动作用，将原创技术策源地、现代产业链链长与技术创新联盟一体推进，以重大工程示范、重大项目攻关、重大科技基础设施建设、重大标准研制等为纽带，推动"政产学研用"深度贯通合作，持续增强公司核心竞争力，保障产业链供应链安全稳定。

◎ 国网能源院持续开展新型电力系统产业链供应链研究

国网能源研究院聚焦"双碳"目标和构建新型电力系统的要求，持续开展新型电力系统产业链供应链相关研究（见图9-28）：立足新发展格局下"经济—能源—电力"的新关系，研判电力产业定位的新变化，建立新型电力系统产业链"四形态"分析方法，从产业的价值形态、企业形态、循环形态和空间形态四个维度展望了我国新型电力系统产业链发展演化趋势，提出我国电力产业链将从以化石能源为底色转变为以技术创新为基础，其价值创造模式的跃迁也将带来全新的业务逻辑和产业发展空间。

图 9-28　国网能源院开展新型电力系统产业链发展形态研判

第五节 能源业态数字化

一、能源业态数字化内涵

发展数字经济是把握新一轮科技革命和产业变革新机遇的战略选择，要推动能源技术与现代信息、新材料和先进制造技术深度融合，探索能源生产和消费新模式。党的十八大以来，党中央对建设网络强国、数字中国作出一系列重要部署。2023年3月，中共中央、国务院印发了《数字中国建设整体布局规划》，指出建设数字中国是数字时代推进中国式现代化的重要引擎，是构筑国家竞争新优势的有力支撑。加快数字中国建设，对全面建设社会主义现代化国家、全面推进中华民族伟大复兴具有重要意义和深远影响。

当前，能源电力发展面临保障安全可靠供应、加快清洁低碳转型、助力实现"双碳"目标等重大战略任务。电网是能源转换利用和输送配置的枢纽平台，提高电网数字化水平是数字经济发展的必然趋势，也是构建新型电力系统、促进能源清洁低碳转型的现实需要。党的十九届五中全会提出，要推进能源革命，加快数字化发展，构建智慧能源系统。《"十四五"现代能源体系规划》（发改能源〔2022〕210号）中提到要推动能源基础设施数字化、建设智慧能源平台和数据中心、实施智慧能源示范工程，进而加快信息技术和能源产业融合发展，推动能源产业数字化升级，并加强能源数据资源开放共享，发挥能源大数据在行业管理和社会治理中的服务支撑作用。《关于加快推进能源数字化智能化发展的若干意见》指出，到2030年，能源系统各环节数字化智能化创新应用体系初步构筑、数据要素潜能充分激活，能源系统智能感知与智能调控体系加快形成，能源数字化智能化新模式新业态持续涌现，能源系统运行与管理模式向全面标准化、深度数字化和高度智能化加速转变，能源行业网络与信息安全保障能力明显增强，能源系统效率、可靠性、包容性稳步提高，能源生产和供应多元化加速拓展、质量效益加速提升，数字技术与能源产业融合发展对能源行业提质增效与碳排放"双控"的支撑作用全面显现。

未来，随着"大云物移智链"等新一代信息技术和能源技术深度融合、广泛应用，能源转型的数字化、智能化特征凸显。在电网向能源互联网方向的演化升级过程中，无论是适应新能源大规模高比例并网和消纳要求，还是支撑分布式电源、储能、电动汽车等交互式、移动式设施广泛接入，都离不开数字技术赋能。

二、能源业态数字化实现路径

（1）加快构建多元能源协同的大数据中心服务体系。坚持"平台＋服务＋生态"协同发展模式，整合跨专业、跨领域资源，创新能源大数据中心的商业模式、服务和产品。建立健全能源数据管理规范标准、数据资产治理体系、数据资产运营体系和共享体制机制，以能源大数据中心为载体，加快水、电、油、气等多种外部数据统一汇聚，建成能源数据资产共享目录，推动能源数据融通共享，实现能源全领域数据资产运营标准化、智能化和体系化。打造能源大数据中心服务体系，着力能源大数据价值链延伸，面向政府、能源企业、金融企业、用能企业等打造产品服务体系，在服务政府科学决策、经济社会发展、企业能效提升、社会民生改善等领域打造能源大数据优势产品，用数字技术服务企业创新发展，服务政府宏观经济和能源辅助决策，为智慧能源服务等业务提供数据支撑，构建共创共赢的能源数据生态。

（2）加速提升新能源友好并网数字化水平。数字技术的广泛应用能够实现对海量新能源设备的电气量、状态量、物理量、环境量、空间量、行为量的全方位感知，并通过大数据分析与智能决策，有效提升新能源发电出力预测精度、运行调控智能水平、运行维护能力，提高新能源并网的友好性，确保新型电力系统的安全稳定运行。同时，利用数字技术构建新能源云等工业互联网平台，还能够通过对新能源发电数据科学分析和合理利用，有效促进风电、太阳能发电等新能源发电的科学规划、合理开发、高效建设、安全运营、充分消纳。依托绿电交易平台，支撑绿电交易业务，满足市场主体的绿电消费需求，激发市场主体参与绿色电力交易的热情，有效支撑"双碳"目标实现。

◎ 国网新能源云（新能源数字经济平台）

为加速推进能源转型，服务绿色发展和"双碳"目标，国家电网公司聚焦市场化、透明度、高效率，创新建设国网新能源云（新能源数字经济平台），推动构建智慧能源体系，打造新能源生态圈，促进产业链上下游共同发展。自2018年10月启动新能源云建设以来，国家电网公司抽调内外部专家300余人，组建柔性工作团队开展平台建设，完成了15个子平台、63个一级功能、278个二级功能的设计研发，并在公司经营区27家省电力公司全面部署和应用，得到政府部门、企业和用户的广泛关注和普遍认可。

截至2022年年底，新能源云已形成包含环境承载、资源分布、电网服务等子平台，可提供信息分析和咨询、全景规划布局和建站选址、全流程一站式接网、全域消纳能力计算和发布、全过程补贴申报管理等多项服务的一体化平台体系，实现了将新能源业务办理由线下转为线上的转变，以流程驱动、数字驱动的方式实现了新能源管理数字化转型（见图9-29）。累计接入风光场站超过283万座，装机4.59亿千瓦，注册用户超过25万个，入驻企业1万余家，为推动构建产业生态、促进新能源产业链上下游协同发展提供了有效支撑。同时，新能源云已归集了国家电网公司经营区接入的198万座新能源场站分布、装机、发电量、利用小时数等信息，可滚动监测国家电网公司经营区内各区域、省、地市的风电、光伏发电发展和消纳情况，并归集了全国各地区过去30年的风能、太阳能资源数据，具备了风速、气温、风功率密度等关键指标监测预报能力，为支撑政府部门新能源信息监测及开发规划提供了数据支持。

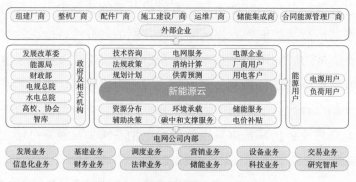

图 9-29　国网新能源云平台架构

（3）充分激活用户侧资源灵活互动能力。随着电能占终端能源消费比重的提高，电力用户用能需求也已经呈现出多元化、智能化、互动化发展趋势。数字技术的广泛应用，能够实现终端用户数据的广泛交互、充分共享和价值挖掘，提升终端用能状态的全面感知和智慧互动能力，支撑各类用能设施高效便捷接入，保障各类市场主体的互动与灵活交易，从而满足各类用户个性化、多元化、互动化用能需求。

（4）提升电网资源高效配置的智能互联能力。电网连接能源生产和消费，作为能源转换利用和输送配置的枢纽平台，在促进各类能源互通互济、高效配置、综合利用等方面的作用日益凸显。数字技术的广泛应用，一方面能够助力电力系统实现源网荷储各要素可观、可测、可控，有效提升电力系统运行整体效能，实现源网荷储的"纵向"协同互动；另一方面，也能够发挥能源数据要素的放大、叠加、倍增效应，大力开展综合能源服务，支撑电网向能源互联网升级，实现电、热、冷、气、氢的"横向"多能互补和高效利用，促进全社会能效提升。

（5）加快数智化，支撑新型电力系统市场化变革。依托数字技术为新型电力系统源网荷储海量、分散的调节性、支撑性资源参与辅助服务市场、现货市场、容量市场等多类型市场提供技术支撑，推动多元化主体参与的市场格局加快形成，不断催生负荷聚合服务、综合能源服务、虚拟电厂等新业务、新模式、新业态，提升了市场活力。依托能源电力数据网络平台等新型基础设施，多渠道为市场主体提供广泛、及时、准确的电力市场信息，促进市场主体提高交易决策水平，支撑市场化、高透明度、高效率的电力市场建设；向监管机构提供公开、透明、可信的市场监管信息，挖掘电力大数据监管价值，促进电力市场监管实现监管手段现代化。

（6）构建能源业态生态圈，提升能源服务水平。"大云物移智链"等新一代信息技术的发展将推动能源产品及服务的互联互通，通过建设能源服务数字平台，融汇能源产业价值链的信息流、资金流和业务流；通过整合产业资源赋能生态伙伴，打造覆盖所有生态主体的价值网络，为能源生态各类主体提供多元化服务，逐步打造全业务、全流程的服务支持；通过提供覆盖能源生产、能源输送、能源消费、能源管理和能源咨询等全电力产业链各环节的生态入口和协作途径，降低能源全过程服务和管理成本，为能源领域相关企业建设能源生态提供共生土壤。

◎ 国家电网智慧车联网平台

国家电网公司坚决落实党中央决策部署，全力扛起能源骨干央企责任担当，全力投入并推动充电基础设施布局，积极服务新能源汽车产业发展。已建成"十纵十横两环"高速公路快充网络，覆盖高速公路5万余千米；建设运营全球覆盖范围最广、服务能力最强的国家电网智慧车联网平台（见图9-30）。

截至2023年8月，智慧车联网平台在为超过1160万用户绿色出行提供便捷智能的充换电服务。平台不断提升开放共享能力，推动充电运营商互联互通，为车主提供智能推荐、站（桩）导航、即插即充、无感支付、电池安全监测等充电服务，实现"一个APP走遍全中国"。通过挖掘智慧车联网平台海量"车桩网"数据服务行业高质量发展，为充电运营商提供建站规划、运营分析、智能运维等大数据服务。依托智慧车联网平台建设负荷聚合运营系统，为各类充电设施提供参与绿电交易、需求响应、电网辅助服务市场的渠道。

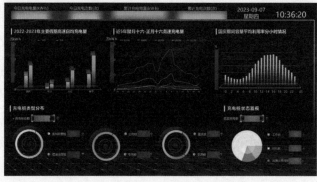

图 9-30　国家电网智慧车联网平台监控屏幕

◎ 国网浙江电力首创"电碳一张图"

国网浙江电力围绕提升系统调节能力、提升社会能效和支撑碳排放"双控"三条主线，增强数字化描述，促进全要素融合，提升电力系统智能化管控水平。该公司建成和运维省级能源的大数据中心（见图9-31），汇聚融合煤、电、油气、热等内外部能源数据，以此为依托，在我国首创"电碳一张图"，建成"节能降碳e本账"应用场景体系，围绕服务政府科学决策、经济社会发展、社会民生治理等方向，创新研发60余项数据产品，助力浙江省率先实现碳达峰工作。

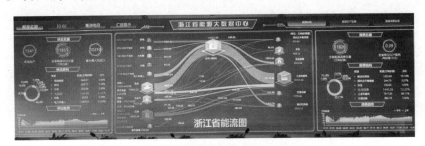

图 9-31 浙江能源大数据中心

◎ 国网山东电力开展配电网主设备健康状态在线评价

传统现场开展配电网设备状态评价任务量大、效率低，国网山东电力依托电网资源业务中台，开发配电网主设备健康评估模块（见图9-32），汇集全省配电网主设备电气量、状态量等3类45项数据，创新构建变压器、环网箱等5类14种配电网主设备30类评估诊断模型，综合研判设备隐患、缺陷等异常状态，为差异化检修策略制定提供决策依据。2022年12月应用以来，累计发现设备异常状态1100余台次，现场工作量降低60%以上，评价准确率达到90%以上。

图 9-32 配电网主设备健康评估模块

◎ 国家电网公司不断完善"供电＋能效服务"工作

为支撑实施能效公共服务和市场化服务，国家电网公司建设了"网上国网""绿色国网"和省级智慧能源服务平台，依托平台挖掘客户深层用能需求，以电能替代、综合能源服务、需求响应服务等方式开展能效市场化服务，不断完善"供电＋能效服务"工作。"供电＋能效服务"数字化平台架构如图9-33所示。"供电＋能效服务"依托信息平台，已为1.4亿低压客户和271.8万高压客户推送电能能效账单，开展能效诊断、需求响应、智能运维等在线服务72.3万户次，其中，提供综合能效诊断报告8万余份，能效服务解决方案、案例等各类服务资源6000余项。

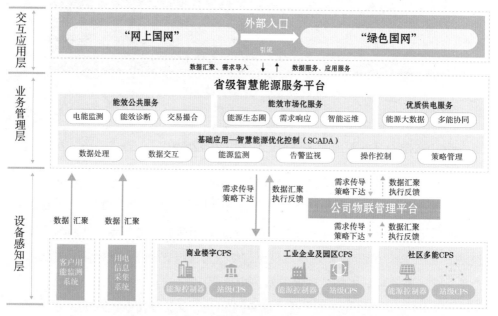

图9-33 "供电＋能效服务"数字化平台架构

内容索引

插图索引

Z

参考文献

［1］ 辛保安.新型电力系统构建方法论研究［J］.新型电力系统,2023,1（1）:1-18.

［2］ 辛保安.为保障国家能源安全作出更大贡献［N］.人民日报,2023-02-23（09）.

［3］ 丁俊,王欣怡,邵烨楠,等.新型电力系统的影响因素分析［J］.电气技术,2022,23
（7）:42-45.

［4］ 中国能源研究会,自然资源保护协会.构建新型电力系统路径研究［R/OL］.（2023-
08）.http://www.nrdc.cn/information/informationinfo?id=334&cook=2.

［5］ 黄蕾,唐悦,茅鑫同.电力"蛟龙"过江 华东特高压环网合环［N］.国家电网报,
2021-12-15（002）.

［6］ 卢奇秀.构建新型能源体系关键在电力［N］.中国能源报,2023-06-05（002）.

［7］ 水电水利规划设计总院.中国可再生能源发展报告2022［M］.北京:中国水利水电
出版社,2023.

［8］ 孙宝奎,王江涌,周剑波,等.柔性直流换流阀等效运行试验方法研究综述［J/OL］.电网
技术:1-14［2023-09-10］.https://doi.org/10.13335/j.1000-3673.pst.2023.0820.

［9］ 周竞,耿建,唐律,等.可调节负荷资源参与电力辅助服务市场规则分析与思考［J］.
电力自动化设备,2022,42（07）:120-127.

［10］ 孙瑜歌,丁涛,黄雨涵,等.高比例新能源电力市场不同发展阶段划分及形态结构
演进［J］.高电压技术,2023,49（07）:2725-2743.

［11］ 辛保安.为实现"碳达峰、碳中和"目标贡献智慧和力量［N］.人民日报,2021-02-
23（10）.

［12］ Kaplinsky R,Morris M. A handbook for value chain research［M］. Brighton:
University of Sussex, Institute of Development Studies, 2002:10-30.

［13］ 迈克尔·波特.竞争优势［M］.陈小悦,译.北京:华夏出版社,1997:33-39.

［14］ 贺俊,吕铁.从产业结构到现代产业体系:继承、批判与拓展［J］.中国人民大学学
报,2015,29（02）:39-47.

［15］ 聂巍,张国兴.基于社会—技术系统理论的中国电力系统演化路径分析［J］.中国

人口·资源与环境,2020,30(11):87-97.

[16] 芮明杰.双循环核心:建立有强大国际竞争力的现代产业体系[J].上海经济,2021(01):1-10.

[17] 吴金明,邵昶.产业链形成机制研究——"4+4+4"模型[J].中国工业经济,2006(04):36-43.

[18] 张所续.美国确保能源转型所需关键矿产供应链安全的战略启示[J].油气与新能源,2022,34(06):1-9.

[19] 张其仔.产业链供应链现代化新进展、新挑战、新路径[J].山东大学学报(哲学社会科学版),2022(01):131-140.

[20] 张耀辉.产业创新的理论探索——高新产业发展规律研究[M].北京:中国计划出版社,2002.

[21] 赵红岩.产业链整合的阶段差异与外延拓展[J].改革,2008(06):56-60.

[22] 周孝信,曾嵘,高峰,等.能源互联网的发展现状与展望[J].中国科学:信息科学,2017,47(02):149-170.

[23] 李晓华,刘峰.产业生态系统与战略性新兴产业发展[J].中国工业经济,2013(03):20-32.

[24] 蔡坚.产业创新链的内涵与价值实现的机理分析[J].技术经济与管理研究,2009(06):53-55.

[25] 林伯强,杨芳.电力产业对中国经济可持续发展的影响[J].世界经济,2009(07):3-13.

[26] 张治河,谢忠泉,周国华,等.产业创新的理论综述与发展趋势[J].技术经济,2008,27(01):35-43+48.

[27] 李春艳,刘力臻.产业创新系统生成机理与结构模型[J].科学学与科学技术管理,2007(01):50-55.

[28] 张治河,胡树华,金鑫,等.产业创新系统模型的构建与分析[J].科研管理,2006,27(02):36-39.

[29] 谭忠富,刘严,杨力俊,等.以电价为纽带的中国电力产业价值链优化研究[J].中国软科学,2004(10):30-35.

[30] 马健.产业融合理论研究评述[J].经济学动态,2002(05):78-81.

[31] 张耀辉.产业创新:新经济下的产业升级模式[J].数量经济技术经济研究,2002,19(01):14-17.

[32] 中国电力企业联合会.中国电气化年度发展报告2022[M].北京:中国建材工业

出版社,2023.

［33］ 闫华光,万金明,康建东.推动电氢耦合发展　助力新型电力系统建设［N］.国家电网报,2023-07-18（008）.

［34］ 黄鹏飞,姜凯,厉旻.专利与标准创新融合机制的初步研究与建议［J］.竞争情报,2022,18（02）:49-56.

［35］ 贺俊宾,向德.标准和专利的融合研究——以计量检测领域为例［J］.标准科学,2021（10）:36-39.

［36］ 薛宝军,赫畅.专利技术融入技术标准分析［J］.中国标准化,2021（13）:45-51.

［37］ 王庆红.电力行业专利标准化研究［J］.技术经济与管理研究,2014（03）:36-42.

［38］ 辛保安.坚决扛牢电网责任　积极推进碳达峰碳中和［N］.人民日报,2022-02-23（12）.

［39］ 孙金龙,黄润秋.新时代新征程建设人与自然和谐共生现代化的根本遵循［N］.人民日报,2023-08-01（9）.

［40］ 苏克敬.深入打好净土保卫战　推动实现人与自然和谐共生的现代化［J］.环境与可持续发展,2023,48（03）:39-44.

［41］ 贺克斌.中国实现碳中和与清洁空气的协同路径［J］.高科技与产业化,2023,29（02）:54-57.

［42］ 吴国梁.特高压全球化面临的知识产权机遇和挑战［J］.中国电力企业管理,2015（11）:54-56.

［43］ 王志刚.坚定创新自信　紧抓创新机遇　以科技强国支撑引领现代化强国建设［N］.光明日报,2022-08-03（004）.

［44］ 王志刚.加快实现高水平科技自立自强［N］.人民日报,2022-12-23（009）.

［45］ 王志刚.稳步推进科技政策扎实落地　加快科技自立自强和科技强国建设步伐［J］.中国科技产业,2022（05）:5-9.

［46］ 辛保安.全面打造原创技术策源地　实现高水平科技自立自强　为建设科技强国贡献国家电网智慧和力量［N］.科技日报,2022-05-23（01）.

［47］ 李晓红.聚焦自立自强　让科技政策扎实落地［N］.中国经济时报,2022-12-23（002）.

［48］ 李晓红.精准发力　打赢科技体制改革攻坚战［N］.中国经济时报,2021-11-29（001）.

［49］ 陈元志,陈劲.社会主义现代化强国视域下的科技创新:历史演进、内涵特征和实现路径［J］.上海大学学报（社会科学版）,2023,40（03）:1-18.

［50］ 杜鹏,赵秉钰,孙粒,等.新时代科研范式变革的内涵及应对[J].中国科学院院刊,2023,38(07):991-1000.

［51］ 谢荷锋,蒋晓莹.创新范式:概念建构、理论基础与演化评价研究进展述评[J].中国科技论坛,2023,(07):42-52+62.

［52］ 丁一,谢开,庞博,等.中国特色、全国统一的电力市场关键问题研究(1):国外市场启示、比对与建议[J].电网技术,2020,44(07):2401-2410.

［53］ 夏清,陈启鑫,谢开,等.中国特色、全国统一的电力市场关键问题研究(2):我国跨区跨省电力交易市场的发展途径、交易品种与政策建议[J].电网技术,2020,44(08):2801-2808.

［54］ 曾丹,谢开,庞博,等.中国特色、全国统一的电力市场关键问题研究(3):省间省内电力市场协调运行的交易出清模型[J].电网技术,2020,44(08):2809-2819.

［55］ 国家发展改革委,国家能源局.国家发展改革委 国家能源局关于印发《电力现货市场基本规则(试行)》的通知[EB/OL].(2023-09-18).https://www.ndrc.gov.cn/xxgk/zcfb/ghxwj/202309/t20230915_1360625_ext.html.

［56］ 辛保安.为美好生活充电 为美丽中国赋能[J].求是,2022(15):59-64.

［57］ 武泽辰,马莉,范孟华."双碳"目标下电力市场的关键问题探讨[J].中国电力企业管理,2021(25):45-46.

［58］ 李竹,宋莉,于松泰,等.促进可再生能源市场化的省内中长期运行策略研究[J].太阳能学报,2023,44(02):317-325.

［59］ 徐政.电力系统广义同步稳定性的物理机理与研究途径[J].电力自动化设备,2020,40(09):3-9.

［60］ 韩民晓,范溢,刘金峻,等.换流器型电网的理念与探索[J].电网技术,2023,47(02):539-555.

［61］ 王继业.人工智能赋能源网荷储协同互动的应用及展望[J].中国电机工程学报,2022,42(21):7667-7682.

［62］ 谢小荣,李浩志.电力系统振荡研究进展[J].科学通报,2020,65(12):1119-1129.

［63］ 熊刚.社会物理信息系统(CPSS)及其典型应用[J].自动化博览,2018,35(08):54-58.

［64］ 赵会茹.运筹学在电网规划中的应用[J].华北电力学院学报,1988,(04):69-75.

［65］ 陈梓瑜,朱继忠,刘云,等.基于信息物理社会融合的新能源消纳策略[J].电力系统自动化,2022,46(09):127-136.

［66］ 邓建玲,王飞跃,陈耀斌,等.从工业4.0到能源5.0:智能能源系统的概念、内涵及

体系框架[J].自动化学报,2015,41(12):2003-2016.

[67] 国家电网有限公司党组.旗帜领航　走中国式现代化电力发展之路[J].党建,2022(12):15-17.

[68] 国务院发展研究中心资源与环境政策研究所能源政策研究团队.加快规划建设新型能源体系[N].经济日报,2023-06-05(11).

[69] 曹睿卓,董贵成.新型举国体制:概念、内涵与实现机制[J].科学社会主义,2021(04):83-90.

[70] 肖人彬,侯俊东.新型举国体制的运行机理——综合集成大成智慧的视角[J/OL].系统科学学报,2024,(02):73-79+85[2023-09-10].http://kns.cnki.net/kcms/detail/14.1333.N.20230717.1510.028.html.

[71] 辛保安.服务构建新发展格局　奋力推动高质量发展　谱写中华民族伟大复兴电力新篇章[N].学习时报,2022-11-04(001).

[72] 国家发展改革委,国家能源局.国家发展改革委　国家能源局关于印发《"十四五"现代能源体系规划》的通知[EB/OL].(2022-01-29).http://www.gov.cn/zhengce/zhengceku/2022-03/23/content_5680759.htm.

[73] International Panel on Climate Change. Global warming of 1.5℃[R/OL]. Cambridge：Cambridge University Press, 2018. https://www.ipcc.ch/sr15/.

[74] International Energy Agency. World energy outlook 2022[EB/OL].(2022-10-01). https://www.iea.org/reports/world-energy-outlook-2022.

[75] International Renewable Energy Agency. Global energy transformation：a roadmap to 2050(2019 edition)[R/OL].(2019-04). https://www.irena.org/publications/2019/Apr/Global-energy-transformation-A-roadmap-to-2050-2019Edition.

[76] 国际能源署.中国能源体系碳中和路线图[EB/OL].(2021-09). https://www.iea.org/reports/an-energy-sector-roadmap-to-carbon-neutrality-in-china?language=zh.

[77] 辛保安.加快建设新型电力系统　助力实现"双碳"目标[N].经济日报,2021-07-23(01).

[78] 胡博,谢开贵,邵常政,等.双碳目标下新型电力系统风险评述:特征、指标及评估方法[J].电力系统自动化,2023,47(05):1-15.

[79] World Energy Council in Partnership with Oliver Wyman. World energy trilemma index 2022[R]. London：World Energy Council, 2022.

[80] 辛保安,单葆国,李琼慧,等."双碳"目标下"能源三要素"再思考[J].中国电机工

程学报,2022,42(09):3117-3126.

[81] 余璇.加快构建新型电力系统 关键在于坚持系统观念——访国家电网有限公司副总工程师兼国网能源研究院有限公司执行董事(院长)、党委书记欧阳昌裕[J].中国电业与能源,2022(07):8-13.

[82] 张智刚,康重庆.碳中和目标下构建新型电力系统的挑战与展望[J].中国电机工程学报,2022,42(8):2806-2818.

[83] 林楚.欧阳昌裕:高质量实现城市碳达峰碳中和目标[N].机电商报,2023-07-10(A07).

[84] 舒印彪,张智刚,郭剑波,等.新能源消纳关键因素分析及解决措施研究[J].中国电机工程学报,2017,37(1):1-9.

[85] 康重庆,姚良忠.高比例可再生能源电力系统的关键科学问题与理论研究框架[J].电力系统自动化,2017,41(9):2-11.

[86] 庞骁刚.加快提升科技创新实力 助力世界一流企业建设[J].经济导刊,2021(11):51-52.

[87] 康重庆,杜尔顺,李姚旺,等.新型电力系统的"碳视角":科学问题与研究框架[J].电网技术,2022,46(03):821-833.

[88] 张运洲,张宁,代红才,等.中国电力系统低碳发展分析模型构建与转型路径比较[J].中国电力,2021,54(03):1-11.

[89] 李晖,刘栋,姚丹阳.面向碳达峰碳中和目标的我国电力系统发展研判[J].中国电机工程学报,2021,41(18):6245-6259.

[90] 鲁宗相,李昊,乔颖.从灵活性平衡视角的高比例可再生能源电力系统形态演化分析[J].全球能源互联网,2021,4(01):12-18.

[91] 舒印彪,赵勇,赵良,等."双碳"目标下我国能源电力低碳转型路径[J].中国电机工程学报,2023,43(5):1663-1671.

[92] 黄雨涵,丁涛,李雨婷,等.碳中和背景下能源低碳化技术综述及对新型电力系统发展的启示[J].中国电机工程学报,2021,41(S1):28-51.

[93] 韩笑,郭剑波,蒲天骄,等.电力人工智能技术理论基础与发展展望(一):假设分析与应用范式[J].中国电机工程学报,2023,43(08):2877-2891.

[94] 周孝信,赵强,张玉琼."双碳"目标下我国能源电力系统发展前景和关键技术[J].中国电力企业管理,2021(31):14-17.

[95] 中华人民共和国国务院新闻办公室.《新时代的中国能源发展》白皮书[EB/OL].(2022-12-22).http://www.scio.gov.cn/ztk/dtzt/42313/44537/index.htm.

［96］ 杨昆.加快电力市场建设助力构建新型电力系统［J］.中国电力企业管理,2022
（13）:12-15.

［97］ International Energy Agency. Enhancing China's ETS for carbon neutrality:focus
on power sector［EB/OL］.（2022-05）. https://www.iea.org/reports/enhancing-
chinas-ets-for-carbon-neutrality-focus-on-power-sector.

［98］ 辛保安,李明节,贺静波,等.新型电力系统安全防御体系探究［J］.中国电机工程
学报,2023,43（15）:5723-5732.

［99］ 陈国平,董昱,梁志峰.能源转型中的中国特色新能源高质量发展分析与思考［J］.
中国电机工程学报,2020,40（17）:5493-5505.

［100］ 赵云龙,孔庚,李卓然,等.全球能源转型及我国能源革命战略系统分析［J］.中国工
程科学,2021,23（01）:15-23.

［101］ 国家发展改革委,国家能源局.国家发展改革委　国家能源局关于推进电力源网荷
储一体化和多能互补发展的指导意见［EB/OL］.（2021-02-25）. https://www.gov.cn/
zhengce/zhengceku/2021-03/06/content_5590895.htm.

［102］ 国家能源局.国家能源局发布 2022 年全国电力工业统计数据［EB/OL］.（2023-01-
18）. https://www.gov.cn/xinwen/2023-01/18/content_5737696.htm.

［103］ 闫华锋.基于学习的知识转移改进模型及其在国家电力智能调度支持系统开发
管理中的应用［J］.软科学,2014,28（09）:129-133.

［104］ 葛俊,刘辉,江浩,等.虚拟同步发电机并网运行适应性分析及探讨［J］.电力系统
自动化,2018,42（09）:26-35.

［105］ 辛保安,郭铭群,王绍武,等.适应大规模新能源友好送出的直流输电技术与工程
实践［J］.电力系统自动化,2021,45（22）:1-8.

［106］ 国网重庆市电力公司,清华大学能源互联网创新研究院,清华四川能源互联网研
究院.新型电力系统 100 问［M］.北京:中国电力出版社,2022.

［107］ 《新型电力系统发展蓝皮书》编写组.新型电力系统发展蓝皮书［M］.北京:中国
电力出版社,2023.

［108］ 国家电网有限公司.国家电网有限公司服务新能源发展报告 2023［M］.北京:中
国电力出版社,2023.

主要编辑出版人员

责任编辑 杨敏群　周天琦　孙世通　刘红强　钟　瑾

马　丹　王冠一　胡堂亮　高　畅　王　欢

朱安琪　董洋辰　张冉昕　邓慧都　刘　薇

陈　倩　高　芬　赵　杨

审稿人员 张运东　周　莉　李建强　王春娟　石　雪

王惠娟　刘　薇　丰兴庆　李文娟

封面设计 张俊霞　久米创意

正文设计 赵姗姗　永诚天地

责任校对 黄　蓓　常燕昆

责任印制 钱兴根